O2O | 高等院校O2O新形态立体化系列规划教材

Photoshop CS6 图像处理立体化教程 | 双色微课版

余妹兰 解睿 ◎ 主编
王艳丽 王一方 沈洋 ◎ 副主编

人 民 邮 电 出 版 社
北 京

图书在版编目（CIP）数据

Photoshop CS6图像处理立体化教程 : 双色微课版 / 余妹兰，解睿主编. -- 2版. -- 北京 : 人民邮电出版社，2017.8（2021.6重印）
高等院校O2O新形态立体化系列规划教材
ISBN 978-7-115-45938-1

Ⅰ. ①P… Ⅱ. ①余… ②解… Ⅲ. ①图象处理软件－高等学校－教材 Ⅳ. ①TP391.413

中国版本图书馆CIP数据核字(2017)第170280号

内容提要

Photoshop 是现在非常主流的一款图像处理和设计软件，广泛应用于平面设计的各个领域，其中 Photoshop CS6 版本是比较常用的版本。本书即以 Photoshop CS6 为蓝本，讲解使用 Photoshop CS6 处理图像的相关知识。

本书由浅入深、循序渐进，采用情景导入案例式讲解软件知识，然后通过“项目实训”和“课后练习”加强对学习内容的训练，最后通过“技巧提升”来提升学生的综合学习能力。全书通过大量的案例和练习，着重对学生实际应用能力的培养，并将职业场景引入课堂教学，让学生提前进入工作的角色中。本书在附录中列出一些 Photoshop CS6 快捷键，以方便读者快速查阅，还列举了一些经典设计网站，帮助读者进阶。

本书可作为高等院校设计类相关课程的教材，也可作为各类社会培训学校相关专业的教材，同时还可供 Photoshop CS6 图像处理初学者自学使用。

◆ 主　　编　余妹兰　解　睿
副 主 编　王艳丽　王一方　沈　洋
责任编辑　马小霞
责任印制　焦志炜

◆ 人民邮电出版社出版发行　　北京市丰台区成寿寺路 11 号
邮编　100164　　电子邮件　315@ptpress.com.cn
网址　http://www.ptpress.com.cn
北京鑫丰华彩印有限公司印刷

◆ 开本：787×1092　1/16　　彩插：2
印张：16　　2017 年 8 月第 2 版
字数：395 千字　　2021 年 6 月北京第11次印刷

定价：56.00 元

读者服务热线：(010)81055256　印装质量热线：(010)81055316
反盗版热线：(010)81055315
广告经营许可证：京东市监广登字 20170147 号

前　言

PREFACE

根据现代教学的需要，我们组织了一批优秀的、具有丰富教学经验和实践经验的作者团队编写了本套“高等院校O2O新形态立体化系列规划教材”。

教材进入学校已有三年多的时间，在这个时间里，我们很庆幸这套图书能够帮助老师授课，得到广大老师的认可；同时我们更加庆幸，很多老师给我们提出了宝贵的建议。为了让本套书更好地服务于广大老师和同学，我们根据一线老师的建议，开始着手教材的改版工作。改版后的丛书拥有“案例更多”“行业知识更全”“练习更多”等优点。在教学方法、教学内容和教学资源等3个方面体现出自己的特色，更能满足现代教学需求。

教学方法

本书设计“情景导入→课堂案例→项目实训→课后练习→技巧提升”5段教学法，将职业场景、软件知识、行业知识进行有机整合，各个环节环环相扣，浑然一体。

- **情景导入**：本书以日常办公中的场景开展，以主人公的实习情景模式为例引入本章教学主题，并贯穿于课堂案例的讲解中，让学生了解相关知识点在实际工作中的应用情况。教材中设置的主人公如下。

  米拉：职场新进人员，昵称小米。

  洪钧威：人称老洪，米拉的顶头上司，职场的引入者。

- **课堂案例**：以来源于职场和实际工作中的案例为主线，以米拉的职场路引入每一个课堂案例。因为这些案例均来自职场，所以应用性非常强。在每个课堂案例中，我们不仅讲解了案例涉及的 Photoshop 软件知识，还讲了与案例相关的行业知识，并通过“行业提示”的形式展现出来。在案例的制作过程中，穿插有“知识提示”“多学一招”小栏目，以提升学生的软件操作技能，拓展知识面。
- **项目实训**：结合课堂案例讲解的知识点和实际工作的需要的综合训练。训练注重学生的自我总结和学习，因此在项目实训中，我们只提供适当的操作思路及步骤提示供参考，要求学生独立完成操作，充分训练学生的动手能力。同时增加与本实训相关的“专业背景”让学生提升自己的综合能力。
- **课后练习**：结合本章内容给出难度适中的上机操作题，可以让学生强化和巩固所学知识。
- **技巧提升**：以本章案例涉及的知识为主线，深入讲解软件的相关加深知识，让学生可以更便捷地操作软件，或者可以学到软件的更多高级功能。

教学内容

本书的教学目标是循序渐进地帮助学生掌握 Photoshop 图像处理的相关应用，具体包括掌握 Photoshop 基本操作、Photoshop 图像处理、Photoshop 综合应用等。全书共12章，可分为以下3个方面的内容讲解。

- **第1~6章**：主要讲解 Photoshop CS6 基础、创建和调整图像选区、绘制图像、修饰图像、图层的应用和添加文本等知识。
- **第7~11章**：主要讲解调整图像色彩和色调、蒙版、通道与 3D 应用、滤镜的应用、使用动作与输出图像等知识。
- **第12章**：使用 Photoshop 完成一个综合案例，在完成案例的过程中融汇前面所学的知识和操作，练习 Photoshop 的综合应用。

平台支撑

人民邮电出版社充分发挥在线教育方面的技术优势、内容优势、人才优势，潜心研究，为读者提供一种“纸质图书+在线课程”相配套，全方位学习Photoshop软件的解决方案。读者可根据个人需求，利用图书和“微课云课堂”平台上的在线课程进行碎片化、移动化的学习，以便快速全面地掌握Photoshop软件以及与之相关联的其他软件。

“微课云课堂”目前包含近50000个微课视频，在资源展现上分为“微课云”“云课堂”这两种形式。“微课云”是该平台中所有微课的集中展示区，用户可随需选择；“云课堂”是在现有微课云的基础上，为用户组建的推荐课程群，用户可以在“云课堂”中按推荐的课程进行系统化学习，或者将“微课云”中的内容进行自由组合，定制符合自己需求的课程。

◇“微课云课堂”主要特点

微课资源海量，持续不断更新：“微课云课堂”充分利用了出版社在信息技术领域的优势，以人民邮电出版社60多年的发展积累为基础，将资源经过分类、整理、加工以及微课化之后提供给用户。

资源精心分类，方便自主学习：“微课云课堂”相当于一个庞大的微课视频资源库，按照门类进行一级和二级分类，以及难度等级分类，不同专业、不同层次的用户均可以在平台中搜索自己需要或者感兴趣的内容资源。

多终端自适应，碎片化移动化：绝大部分微课时长不超过十分钟，可以满足读者碎片化学习的需要；平台支持多终端自适应显示，除了在PC端使用外，用户还可以在移动端随心所欲地进行学习。

◇“微课云课堂”使用方法

扫描封面上的二维码或者直接登录“微课云课堂”（www.ryweike.com）→用手机号码注册→在用户中心输入本书激活码（bdb56fcf），将本书包含的微课资源添加到个人账户，获取永久在线观看本课程微课视频的权限。

此外，购买本书的读者还将获得一年期价值168元的VIP会员资格，可免费学习50000微课视频。

教学资源

本书的教学资源包括以下几个方面的内容。

- **素材文件与效果文件：**包含书中实例涉及的素材与效果文件。
- **模拟试题库：**包含丰富的关于 Photoshop 的相关试题，读者可自动组合出不同的试卷进行测试。另外，本书中还提供了两套完整模拟试题，以便读者测试和练习。
- **PPT课件和教学教案：**包括PPT课件和Word文档格式的教学教案，以方便老师顺利开展教学工作。
- **拓展资源：**包含图片设计素材、笔刷素材、形状样式素材和Photoshop图像处理技巧等。

特别提醒：上述教学资源可访问人民邮电出版社人邮教育社区（http://www.ryjiaoyu.com/）搜索书名下载，或者发电子邮件至dxbook@qq.com索取。

本书涉及的所有案例、实训、讲解的重要知识点都提供了二维码，学生只需要用手机扫描即可查看对应的操作演示，以及知识点的讲解内容，方便学生灵活运用碎片时间即时学习。

本书由余妹兰、解睿任主编，王艳丽、王一方、沈洋任副主编。虽然编者在编写本书的过程中倾注了大量心血，但恐百密之中仍有疏漏，恳请广大读者不吝赐教。

编　者

2017年5月

目 录

CONTENTS

第1章 Photoshop CS6基础 1

第2章 创建和调整图像选区 29

第3章　绘制图像　49

第4章　修饰数码照片　64

第5章　图层的初级应用　80

第8章 蒙版、通道和3D应用 145

第9章 使用路径和形状 172

第10章 滤镜的应用 192

第11章 使用动作与输出图像 213

第12章　综合案例——设计洗面奶广告　227

附录　241

CHAPTER 1

第1章 Photoshop CS6基础

情景导入

临近毕业，米拉决定找一份设计助理的工作，于是她开始熟悉Photoshop CS6软件，并在网上投递了关于设计师助理岗位的简历。

学习目标

- 了解Photoshop CS6的基础知识。

  如图像处理的基本概念、Photoshop CS6的工作界面、Photoshop CS6的基本操作等。

- 掌握Photoshop CS6的基本操作，掌握“照片墙”图像的制作方法。

  如新建图像、设置标尺、网格线、参考线和设置绘图颜色等。

案例展示

▲制作人物拼图

▲制作“照片墙”

1.1 Photoshop CS6的应用领域

据米拉所知，Photoshop是一款常用的图像处理软件，广泛应用于各种图像处理领域。为了更好地使用Photoshop，米拉决定先了解一下Photoshop CS6的应用领域。

1.1.1 在平面设计中的应用

Photoshop在平面广告设计方面的应用是非常广泛的，如制作招贴式宣传的促销传单、POP海报和公益广告或手册式的宣传广告等。这些具有丰富图像的平面印刷品，通过Photoshop都能进行设计与制作，图1-1所示即为设计的平面广告。

图1-1 平面广告效果

1.1.2 在插画设计中的应用

插画作为视觉表达艺术之一，利用Photoshop可以在计算机上模拟画笔绘制多样的插画和插图，不但能表现出逼真的传统绘画效果，还能制作出画笔无法实现的特殊效果，如图1-2所示。

图1-2 插画设计

1.1.3 在网页设计中的应用

网页是使用多媒体技术在计算机与人们之间建立的一组具有展示和交互功能的虚拟界面。利用Photoshop可在平面设计理念的基础上对网页进行版面设计，并将制作好的页面导入到相应的动画软件中进行处理，即可生成互动式的网页版面，图1-3所示为网站设计首页。

图1-3 网站首页设计

1.1.4 在界面设计中的应用

界面设计这一行业现如今受到各软件企业及开发者的重视，从以前的软件界面和游戏界面，到现在的各种移动电子产品的界面，绝大多数都是使用Photoshop的渐变、图层样式和滤镜等功能来制作各种真实的质感和特效，如图1-4所示。

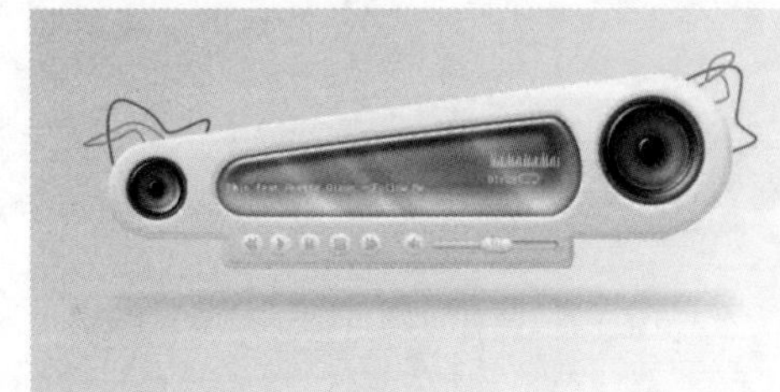

图1-4 界面设计

1.1.5 在数码照片后期处理中的应用

Photoshop提供的图像调色命令及图像修饰等功能，在数码照片后期处理中发挥着巨大作用，为数码爱好者提供了广阔的设计空间，通过这些功能可以快速制作出需要的照片特效，如图1-5所示。

图1-5 数码照片后期处理

1.1.6 在效果图后期处理中的应用

通常在制作建筑效果图、人物和配景等许多三维场景后都需要通过Photoshop进行后期处理，如添加和调整颜色，这样不仅可以增强画面的美感，还可节省渲染时间，如图1-6所示。

图1-6 效果图后期处理

1.1.7 在电子商务中的应用

电子商务行业的飞速发展，使Photoshop在电子商务领域的应用也越来越广泛，店铺设计、店标设计、商品效果图处理、商品促销海报设计等一系列操作，一般都需通过Photoshop来完成，如图1-7所示。

图1-7 淘宝商品海报

1.2 图像处理的基本概念

米拉投递了设计师助理职位简历后就开始为面试做准备，在面试过程中，可能需要回答一些关于图像处理的基本问题，因此应先熟悉一下。

本节主要介绍图像处理的基本概念，包括位图与矢量图的区别、什么是图像分辨率、图像的色彩模式和常用图像文件格式等等。

1.2.1 位图与矢量图

位图与矢量图是使用图形图像软件时首先需要了解的基本图像概念，理解这些概念和区别有助于更好地学习和使用Photoshop CS6。

1. 位图

位图也称像素图或点阵图，是由多个像素点组成的。将位图尽量放大后，可以发现图像是由大量的正方形小块构成，不同的小块上显示不同的颜色和亮度。图1-8所示为正常显示和放大显示后的图像效果。

图1-8 位图放大前后对比效果

2. 矢量图

矢量图又称向量图，是以几何学进行内容运算、以向量方式记录的图像，以线条和色块为主。矢量图形与分辨率无关，无论将矢量图放大多少倍，图像都具有同样平滑的边缘和清晰的视觉效果，更不会出现锯齿状的边缘现象，而且文件尺寸小，通常只占用少量空间。矢量图在任何分辨率下均可正常显示或打印，而不会损失细节。因此，矢量图形在标志设计、插图设计及工程绘图上占有很大的优势，其缺点是所绘制的图像一般色彩简单，不容易绘制出色彩变化丰富的图像，也不便于在各种软件之间进行转换使用。图1-9所示为矢量图放大前后的对比效果。

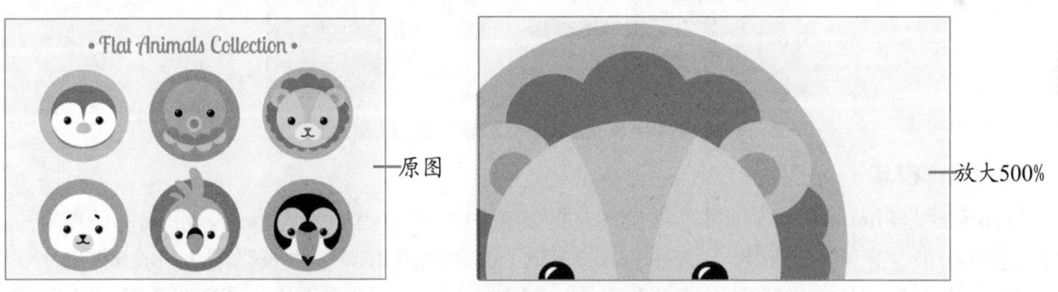

图1-9 矢量图放大前后对比效果

1.2.2 图像分辨率

图像分辨率是指单位面积上的像素数量，通常用像素/英寸或像素/厘米表示。分辨率的高低直接影响图像的效果。单位面积上的像素越多，分辨率越高，图像就越清晰。使用的分辨率过低会导致图像粗糙，在排版打印时图片会变得非常模糊，而使用较高的分辨率则会增加文件的大小，并降低图像的打印速度。

1.2.3 图像的色彩模式

图像的色彩模式是图像处理过程中非常重要的概念，是图像可以在屏幕上显示的重要前提，常用的色彩模式有RGB模式、CMYK模式、Lab模式、灰度模式、位图模式、双色调模式、索引颜色模式、多通道模式等。

色彩模式还影响图像通道的多少和文件大小，每个图像具有一个或多个通道，每个通道都存放着图像中颜色元素的信息。图像中默认的颜色通道数取决于色彩模式。在Photoshop CS6中选择【图像】/【模式】菜单命令，在弹出的子菜单中可以查看所有色彩模式，选择相应的命令可在不同的色彩模式之间相互转换。下面分别对各个色彩模式进行介绍。

1．RGB模式

RGB模式由红、绿和蓝3种颜色按不同的比例混合而成，也称真彩色模式，是Photoshop默认的模式，也是最为常见的一种色彩模式。该色彩模式在“颜色”和“通道”面板中显示的颜色和通道信息如图1-10所示。

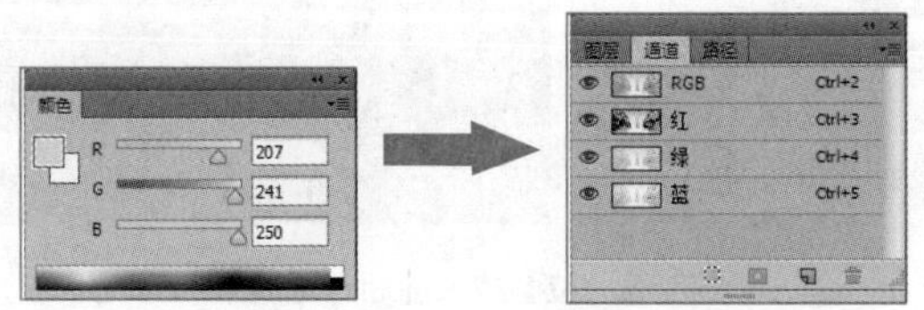

图1-10　RGB模式对应的“颜色”和“通道”面板

2．CMYK模式

CMYK模式是印刷时使用的一种颜色模式，由Cyan（青）、Magenta（洋红）、Yellow（黄）和Black（黑）4种色彩组成。为了避免和RGB三基色中的Blue（蓝色）发生混淆，其中的黑色用K来表示，若Photoshop中制作的图像需要印刷，则必须将其转换为CMYK模式。该色彩模式在“颜色”和“通道”面板中显示的颜色和通道信息如图1-11所示。

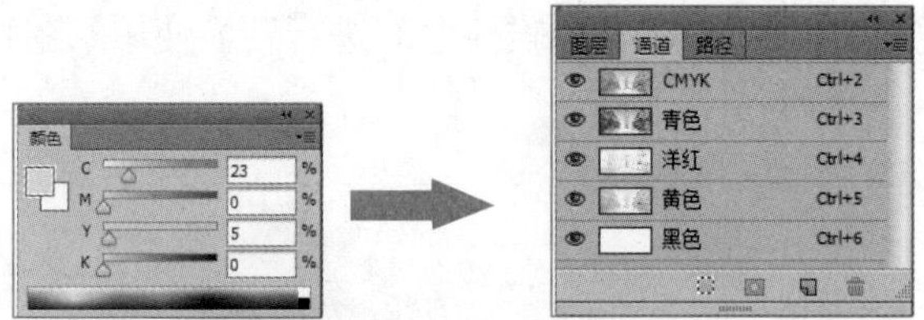

图1-11　CMYK模式对应的“颜色”和“通道”面板

3．Lab模式

Lab模式是Photoshop在不同色彩模式之间转换时使用的内部颜色模式，能毫无偏差地在不同系统和平台之间进行转换。该颜色模式有3个颜色通道，一个代表亮度（Luminance），另外两个代表颜色范围，分别用a、b来表示，其中a通道包含的颜色从深绿（低亮度值）到灰（中亮度值）到亮粉红色（高亮度值），b通道包括的颜色从亮蓝（低亮度值）到灰（中亮度值）再到焦黄色（高亮度值）。该色彩模式在“颜色”和“通道”面板中显示的颜色和通道信息如图1-12所示。

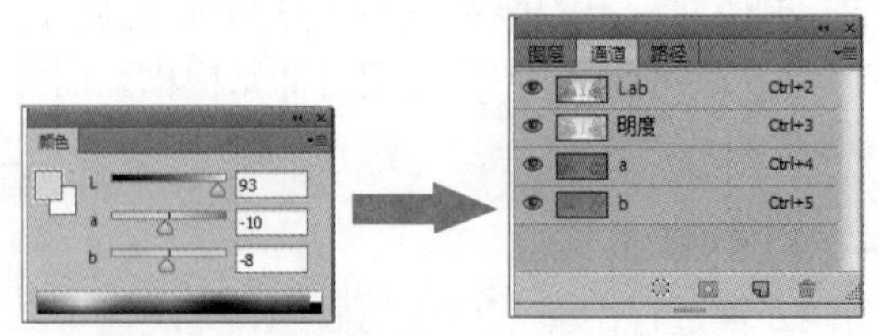

图1-12　Lab模式对应的“颜色”和“通道”面板

4．灰度模式

灰度模式只有灰度颜色而没有彩色。在灰度模式图像中，每个像素都有一个0（黑色）~255（白色）的亮度值。当一个彩色图像转换为灰度模式时，图像中的色相及饱和度等有关色彩的信息消失，只留下亮度。该色彩模式在“颜色”和“通道”面板中显示的颜色和通道信息如图1-13所示。

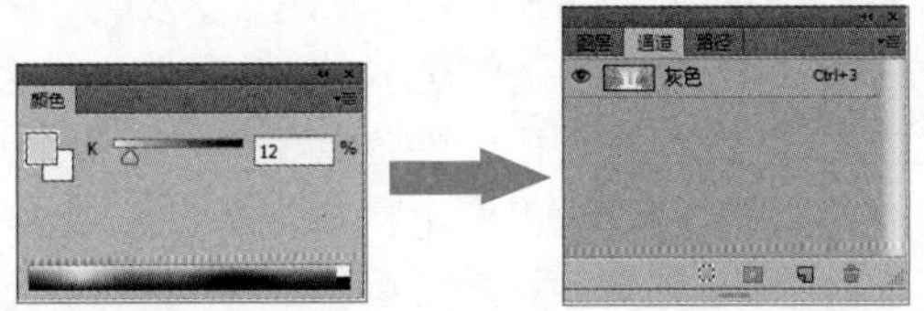

图1-13　灰度模式对应的“颜色”和“通道”面板

5．位图模式

位图模式使用两种颜色值（黑、白）来表示图像中的像素。位图模式的图像也叫做黑白图像，其中的每一个像素都是用1bit的位分辨率来记录的，所需的磁盘空间最小。只有处于灰度模式或多通道模式下的图像才能转化为位图模式。

6．双色调模式

双色调模式是用一灰度油墨或彩色油墨来渲染一个灰度图像的模式。双色调模式采用两种彩色油墨来创建由双色调、三色调和四色调混合色阶来组成的图像。在此模式中，最多可向灰度图像中添加4种颜色。

7．索引颜色模式

索引颜色模式是系统预先定义好的一个含有256种典型颜色的颜色对照表。当图像转换为索引颜色模式时，系统会将图像的所有色彩映射到颜色对照表中，图像的所有颜色都将在它的图像文件中定义。当打开该文件时，构成该图像的具体颜色的索引值都将被装载，然后根据颜色对照表找到最终的颜色值。

8．多通道模式

多通道模式图像包含了多种灰阶通道。将图像转换为多通道模式后，系统将根据原图像产生相同数目的新通道，每个通道均由256级灰阶组成，常用于特殊打印。

当将RGB色彩模式或CMYK色彩模式图像中的任何一个通道删除时，图像模式会自动转换为多通道色彩模式。

1.2.4　常用图像文件格式

Photoshop CS6共支持20多种格式的图像，并可对不同格式的图像进行编辑和保存，在使用时可以根据工作环境的不同选用相应的图像文件格式，以便获得最理想的效果。下面分别介绍常见的文件格式。

- PSD（*.psd）格式：它是由Photoshop软件自身生成的文件格式，是唯一能支持全部图像色彩模式的格式。以PSD格式保存的图像可以包含图层、通道、色彩模式等信息。
- TIFF（*.tif；*.tiff）格式：TIFF格式是一种无损压缩格式，主要用于应用程序之间或计算机平台之间进行图像的数据交换。TIFF格式是应用非常广泛的一种图像格式，可以在许多图像软件之间转换。TIFF格式支持带Alpha通道的CMYK、RGB和灰度文件，支持不带Alpha通道的Lab、索引颜色和位图文件。另外，它还支持LZW压缩。
- BMP（*.bmp）格式：用于选择当前图层的混合模式，使其与下面的图像进行混合。

- JPEG（*.jpg）格式：JPEG是一种有损压缩格式，支持真彩色，生成的文件较小，也是常用的图像格式之一。JPEG格式支持CMYK、RGB和灰度的颜色模式，但不支持Alpha通道。在生成JPEG格式的文件时，可以通过设置压缩的类型，产生不同大小和质量的文件。压缩越大，图像文件就越小，相对的图像质量就越差。
- GIF（*.gif）格式：GIF格式的文件是8位图像文件，最多为256色，不支持Alpha通道。GIF格式的文件较小，常用于网络传输，在网页上见到的图片大多是GIF和JPEG格式的。GIF格式与JPEG格式相比，其优势在于GIF格式的文件可以保存动画效果。
- PNG（*.png）格式：PNG格式主要用于替代GIF格式文件。GIF格式文件虽小，但在图像的颜色和质量上较差。PNG格式可以使用无损压缩方式压缩文件，它支持24位图像，产生的透明背景没有锯齿边缘，所以可以产生质量较好的图像效果。
- EPS（*.eps）格式：EPS可以包含矢量和位图图形，最大的优点在于可以在排版软件中以低分辨率预览，而在打印时以高分辨率输出。不支持Alpha通道，可以支持裁切路径，支持Photoshop所有的颜色模式，可用来存储矢量图和位图。在存储位图时，还可以将图像的白色像素设置为透明的效果，它在位图模式下也支持透明。
- PCX（*.pcx）格式：PCX格式与BMP格式一样支持1bit~24bit的图像，并可以用RLE的压缩方式保存文件。PCX格式还可以支持RGB、索引颜色、灰度和位图的颜色模式，但不支持Alpha通道。
- PDF（*.pdf）格式：PDF格式是Adobe公司开发的用于Windows、MAC OS、UNIX和DOS系统的一种电子出版软件的文档格式，适用于不同平台。该格式文件可以存储多页信息，其中包含图形和文件的查找和导航功能。因此，使用该软件不需要排版或图像软件即可获得图文混排的版面。由于该格式支持超文本链接，所以其是网络下载经常使用的文件格式。
- PICT（*.pct）格式：PICT格式广泛用于Macintosh图形和页面排版程序中，是作为应用程序间传递文件的中间文件格式。PICT格式支持带一个Alpha通道的RGB文件和不带Alpha通道的索引文件、灰度、位图文件。PICT格式对于压缩具有大面积单色的图像非常有效。

1.3 初识Photoshop CS6

米拉发现，目前很多公司都使用CS6版本的Photoshop软件，但自己之前接触的Photoshop版本较低，所以熟悉Photoshop CS6的工作界面很有必要。

本节主要介绍Photoshop CS6的工作界面，包括打开文件、认识Photoshop CS6工作界面和关闭文件等。

1.3.1 打开文件

在Photoshop中处理图像或进行设计时，打开文件是很常用的操作。下面将讲解打开文件的方法，具体操作如下。

（1）选择【开始】/【所有程序】/【Adobe Photoshop CS6】菜单命令，启动Photoshop CS6，如图1-14所示。

（2）选择【文件】/【打开】菜单命令或按【Ctrl+O】组合键，打开

"打开"对话框，在"查找范围"下拉列表框中找到要打开文件所在的位置，选择要打开的图像文件，如图1-15所示。

（3）单击 打开(O) 按钮即可打开选择的文件。

图1-14　启动Photoshop CS6

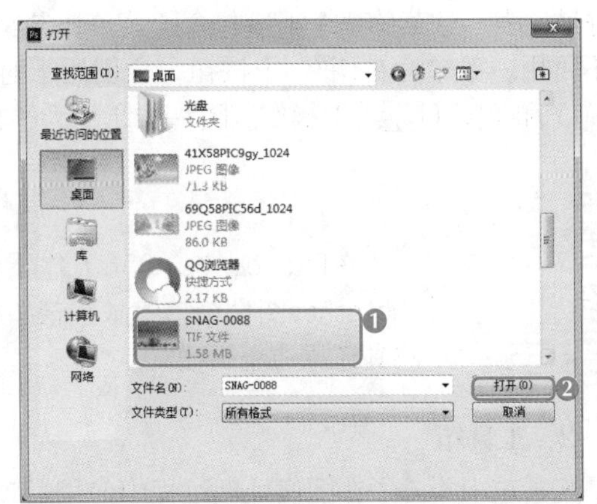

图1-15　选择需打开的文件

其他打开图像文件的方式

双击桌面或任务栏快速启动区中的Photoshop CS6快捷方式图标 Ps，或双击保存在任意磁盘中的后缀名为".psd"的文件，都可以启动Photoshop CS6并打开所选文件。

1.3.2　认识Photoshop CS6工作界面

启动Photoshop CS6后，将打开如图1-16所示的工作界面，其主要由菜单栏、工具箱、工具属性栏、面板组、图像窗口和状态栏组成，下面进行具体讲解。

图1-16　Photoshop CS6工作界面

1．菜单栏

菜单栏由“文件”“编辑”“图像”“图层”“选择”“滤镜”“3D”“视图”“窗口”和“帮助”等11个菜单项组成，每个菜单项下内置了多个菜单命令。菜单命令右侧标有▶符号，表示该菜单命令下还包含子菜单，若某些命令呈灰色显示时，表示没有激活，或当前不可用。菜单栏右侧有3个按钮，分别用于对图像窗口进行最小化（−）、最大化/还原（⧉）和关闭（×）操作。图1-17所示为“文件”菜单。

> 多学一招
>
> **图像窗口快捷操作**
>
> 在Photoshop CS6工作界面的菜单栏中双击鼠标左键，可快速将Photoshop图像窗口缩放成窗口模式，再次在菜单栏中双击鼠标左键，可将其还原成全屏模式。

2．工具箱

工具箱中集合了在图像处理过程中使用最频繁的工具，使用它们可以绘制图像、修饰图像、创建选区和调整图像显示比例等。工具箱的默认位置在工作界面左侧，将鼠标移动到工具箱顶部，可将其拖曳到界面中的其他位置。

单击工具箱顶部的折叠按钮▶▶，可以将工具箱中的工具以双列方式排列。单击工具箱中对应的图标按钮，即可选择该工具。工具按钮右下角有黑色小三角形，表示该工具位于一个工具组中，其下还包含隐藏的工具，在该工具按钮上按住鼠标左键不放或单击鼠标右键，即可显示该工具组中隐藏的工具，如图1-18所示。

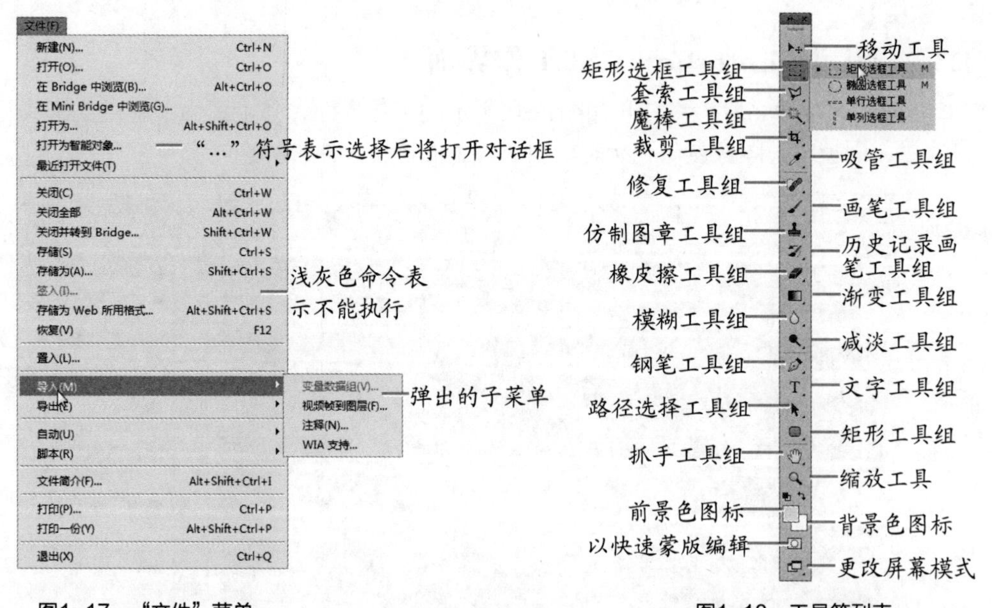

图1-17 “文件”菜单　　图1-18 工具箱列表

3．工具属性栏

工具属性栏用于对当前所选工具进行参数设置。属性栏默认位于菜单栏的下方，当用户选择工具箱中的某个工具时，工具属性栏将变成相应工具的属性设置，用户可以方便地利用它来设置该工具的各种属性。图1-19所示为画笔工具的属性栏。

图1-19 "画笔工具"的工具属性栏

4．面板组

Photoshop CS6中的面板默认显示在工作界面的右侧，是工作界面中非常重要的一个组成部分，用于进行选择颜色、编辑图层、新建通道、编辑路径和撤销编辑等操作。

选择【窗口】/【工作区】/【基本功能（默认）】菜单命令，将得到如图1-20所示的面板组合。单击面板右上方的灰色箭头◀◀，可以将面板设置为只有面板名称的缩略图，如图1-21所示，再次单击灰色箭头▶▶可以展开面板组。当需要显示某个单独的面板时，单击该面板名称即可，如图1-22所示。选择"窗口"菜单命令，在弹出的菜单中选择对应的菜单命令，可以设置面板组中显示的对象。

移动面板组的位置

将鼠标移动到面板组的顶部标题栏处，按住鼠标左键不放拖动到窗口中间释放，可移动面板组的位置。另外，在面板组的选项卡上按住鼠标左键不放进行拖动，可将当前面板拖离该组。

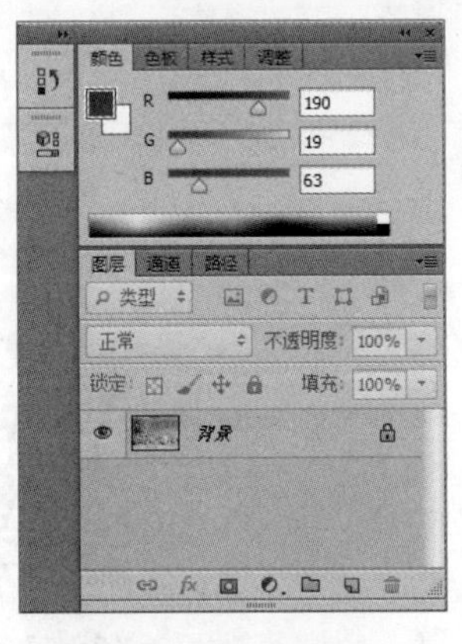

图1-20 面板组

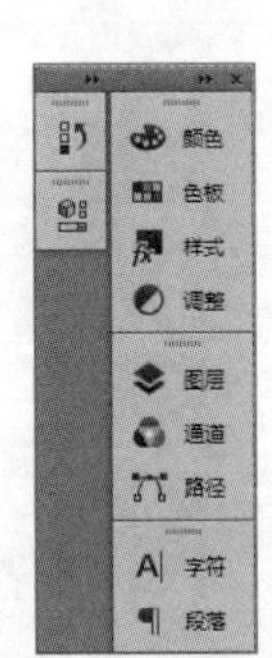

图1-21 面板组缩略图

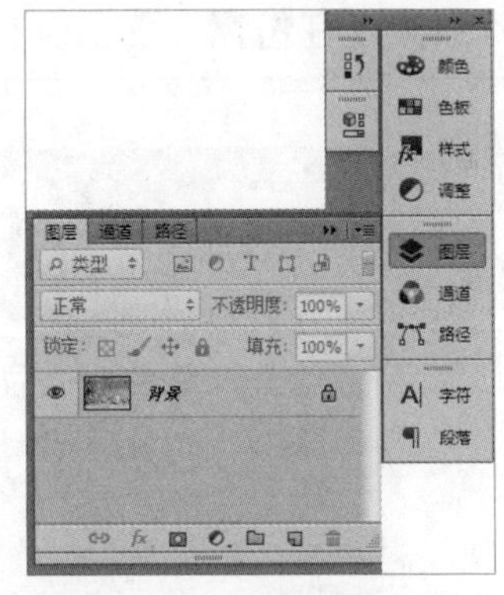

图1-22 显示面板

5．图像窗口

图像窗口是对图像进行浏览和编辑操作的主要场所，所有的图像处理操作都是在图像窗口中进行的。图像窗口的上方是标题栏，标题栏中可以显示当前文件的名称、格式、显示比例、色彩模式、所属通道和图层状态。如果该文件未被存储过，则标题栏以"未命名"并加上连续的数字作为文件的名称。另外，Photoshop CS6中，当打开多个图像文件时，可以选项卡的方式排列显示，便于切换查看和使用。

6．状态栏

状态栏位于图像窗口的底部，最左端显示当前图像窗口的显示比例，在其中输入数值并按【Enter】键后可改变图像的显示比例，中间显示了当前图像文件的大小。

1.3.3 关闭文件和退出软件

图像编辑完成后，可关闭文件，然后退出软件，以节约计算机资源。

1．关闭文件

关闭文件主要有以下几种方法。

- 单击图像窗口右侧的“关闭”按钮。
- 选择【文件】/【关闭】菜单命令可关闭当前图像文件，选择【文件】/【关闭全部】菜单命令将关闭所有打开的图像文件。
- 按【Ctrl+W】组合键。
- 按【Ctrl+F4】组合键。

2．退出软件

退出Photoshop CS6主要有以下几种方法。

- 单击Photoshop CS6工作界面标题栏右侧的“关闭”按钮。
- 选择【文件】/【退出】菜单命令。

1.4 课堂案例：制作“照片墙”图像

熟悉Photoshop CS6工作界面后，米拉发现相对于自己学习的版本，Photoshop CS6只是增加了一些新功能，为了能通过面试，米拉决定先熟悉基本操作，练习制作一个“照片墙”图像，如图1-23所示，为面试做准备。下面将具体讲解其制作方法。

素材所在位置 素材文件\第1章\课堂案例1\照片
效果所在位置 效果文件\第1章\照片墙.psd

图1-23 “照片墙”最终效果

1.4.1 新建“照片墙”图像文件

新建图像文件的操作是使用Photoshop CS6进行平面设计的第一步，因此要在一个空白图像中制作图像，必须先新建图像文件。

微课视频
新建“照片墙”图像文件

（1）选择【文件】/【新建】菜单命令或按【Ctrl+N】组合键，打开“新建”对话框。

（2）在打开的对话框的“名称”文本框中输入“照片墙”名称，在“宽度”和“高度”数值框中分别输入650和400，在其后的下拉列表框中选择“像素”选项，用于设置图像文件的尺寸。

（3）在“分辨率”数值框中输入72，设置图像分辨率的大小。

（4）在“颜色模式”下拉列表框中选择“RGB颜色”选项，设置图像的色彩模式，在其中的下拉列表框中选择“8位”选项，在“背景内容”下拉列表中选择“白色”选项，设置图像文件的背景颜色，如图1-24所示。

（5）单击 确定 按钮，即可新建一个图像文件，如图1-25所示。

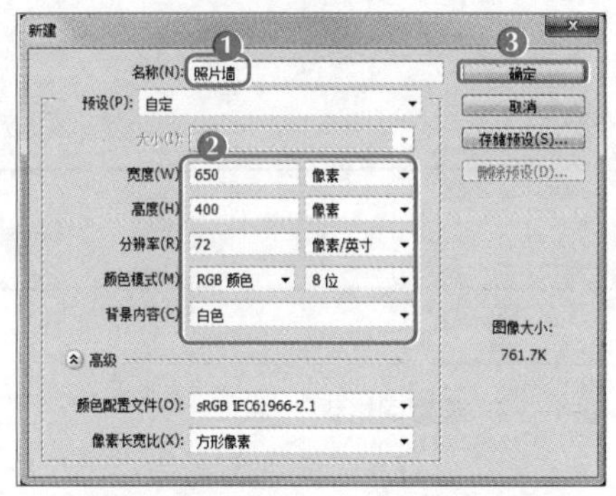

图1-24 设置“新建”对话框

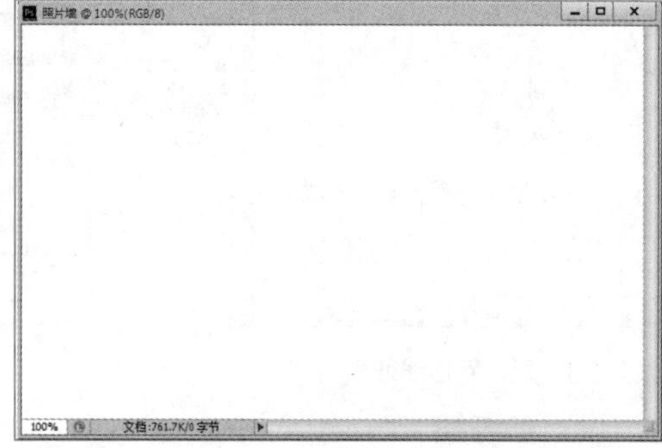

图1-25 新建的图像文件

1.4.2 设置标尺、网格和参考线

Photoshop CS6提供了多个辅助处理图像的工具，大多在“视图”菜单中。这些工具对图像不起任何编辑作用，仅用于测量或定位图像，使图像处理更精确，并可提高工作效率。下面将进行具体讲解。

1. 设置标尺

标尺一般用于辅助用户确定图像中的位置，当不需要使用标尺时，可以将标尺隐藏。设置标尺的具体操作如下。

（1）选择【视图】/【标尺】菜单命令，或按【Ctrl+R】组合键即可显示标尺，如图1-26所示。

（2）在标尺上单击鼠标右键，在弹出的快捷菜单中选择“像素”命令即可将标尺单位设置为像素，如图1-27所示。

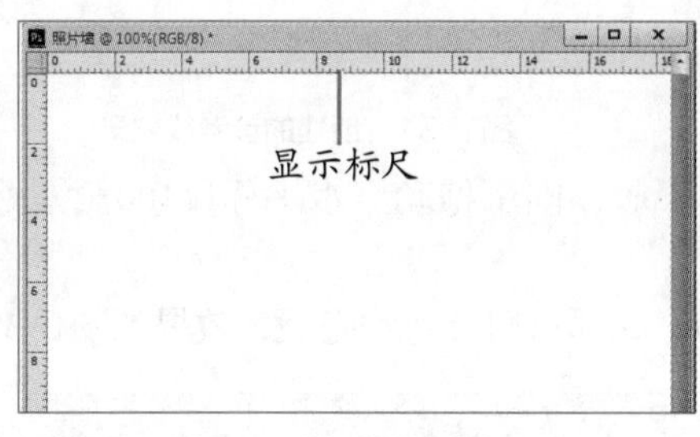

图1-26 显示标尺

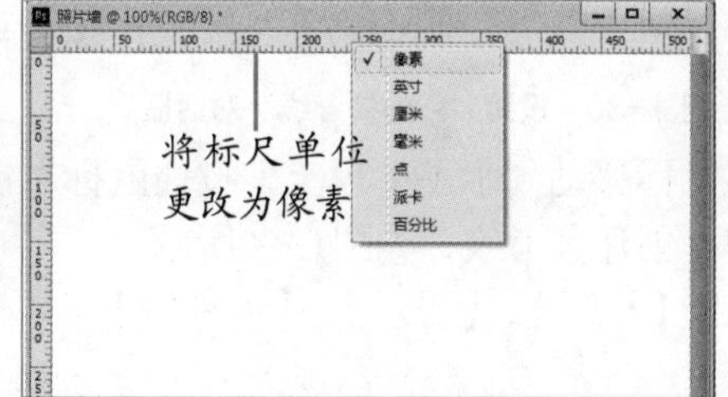

图1-27 设置标尺单位

（3）再次选择【视图】/【标尺】菜单命令，或按【Ctrl+R】组合键可隐藏标尺。

2. 设置网格

网格主要用于辅助用户设计图像，可以使图像更加的精确。下面将精修网格设置，其具体操作如下。

（1）选择【视图】/【显示】/【网格】菜单命令或按【Ctrl+’】组合键，可以在图像窗口中显示或隐藏网格线，如图1-28所示。

（2）按【Ctrl+K】组合键，打开“首选项”对话框，单击“参考线、网格和切片”选项卡，在右侧“网格”栏下可以设置网格的颜色、样式、网格间距和子网格数量，如图1-29所示。

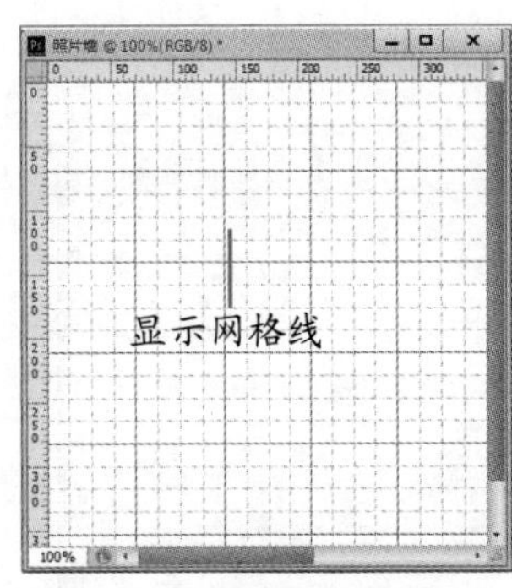

图 1-28　显示网格线效果

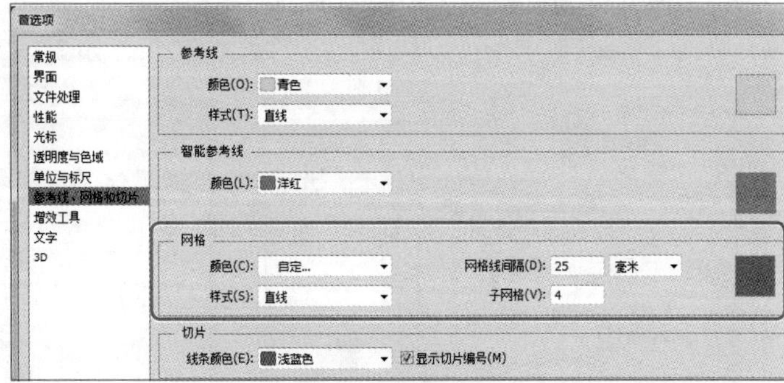

图1-29　设置网格线

3. 设置参考线

参考线是浮动在图像上的直线，只用于给设计者提供参考位置，不会被打印出来，下面将进行参考线设置，其具体操作如下。

（1）选择【视图】/【新建参考线】菜单命令，打开“新建参考线”对话框，在“取向”栏中单击选中◉垂直(V)单选项，设置参考线方向，在“位置”文本框中输入“1像素”，设置参考线位置，如图1-30所示。

（2）单击 确定 按钮，即可新建一条垂直参考线，效果如图1-31所示。

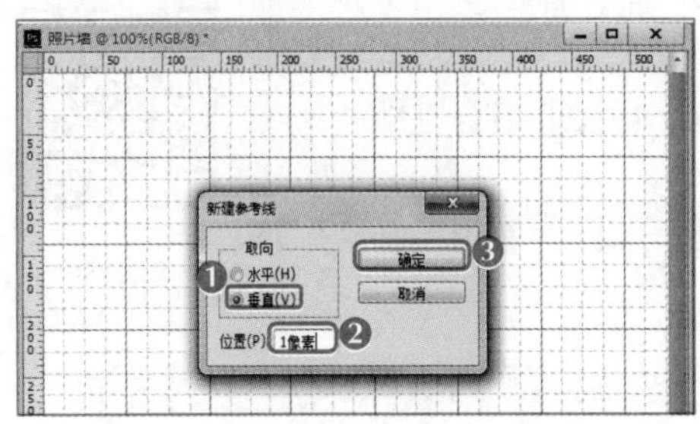

图 1-30　设置“新建参考线”对话框

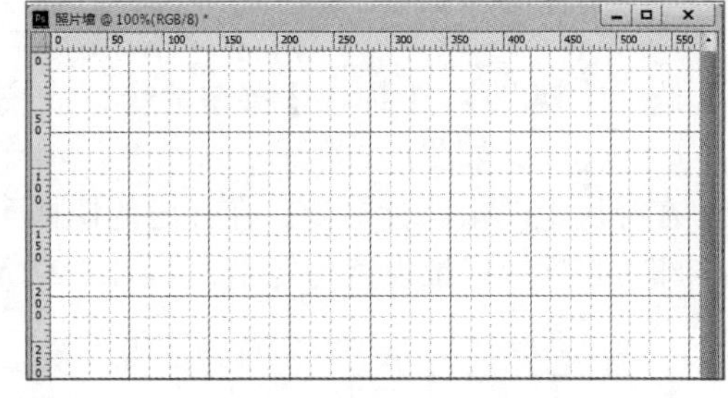

图1-31　创建的参考线效果

（3）将鼠标移动到水平标尺上，按住鼠标左键不放，向下拖动至水平标尺100像素处释放，即可创建参考线，如图1-32所示。

（4）选择【视图】/【显示】/【参考线】菜单命令，即可将参考线隐藏，效果如图1-33所示。

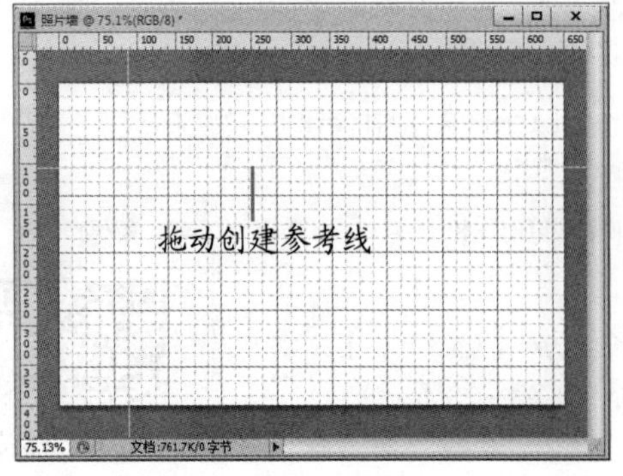

图 1-32　创建水平参考线

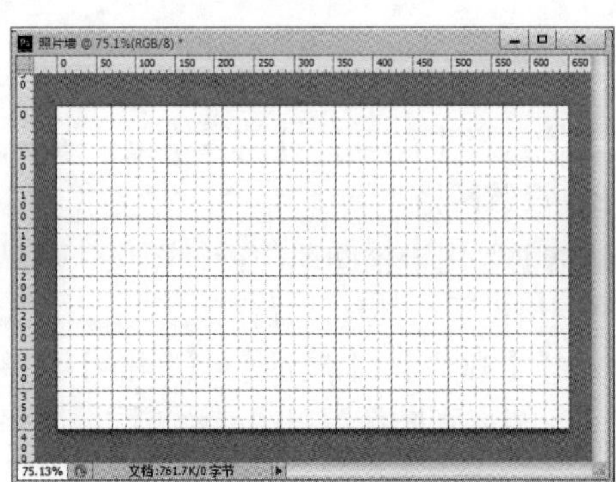

图1-33　隐藏参考线

1.4.3 打开文件和置入图像

打开文件是图像处理中必不可少的操作，在制作照片墙时，需先将素材文件打开。打开图像后，再将图像置入到文件中，使其以形状的样式进行显示，其具体操作如下。

（1）选择【文件】/【打开】菜单命令或按【Ctrl+O】组合键，打开“打开”对话框。

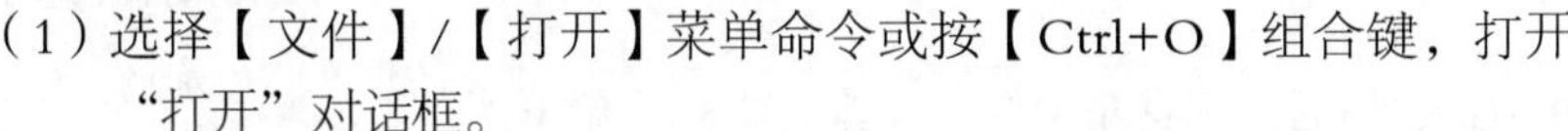

（2）在对话框的“查找范围”下拉列表框中选择图像的路径，在中间的列表框中按住【Ctrl】键不放，选择“1.jpg”“2.jpg”图像文件，单击 打开(O) 按钮，即可打开图像，如图1-34所示。

（3）返回工作界面，即可看到打开的“1.jpg”“2.jpg”的图像显示效果。切换到“照片墙背景”图像窗口，选择【文件】/【置入】菜单命令，打开“置入”对话框，在打开的对话框的“查找范围”下拉列表框中选择图像的路径，在中间的列表框中选择“照片墙背景.jpg”图像文件，单击 置入(P) 按钮，即可将图像置入到新建的文件中，如图1-35所示。

图1-34 打开图像文件

图1-35 置入图片

（4）返回工作界面，即可看到置入的图像。将鼠标光标移动到图像的右下角，当其呈形状时，按住【Shift】键不放向右拖动鼠标，等比例放大图像，使其与右侧的边线对齐，如图1-36所示。

（5）在工具箱中选择移动工具，打开“要置入文件吗？”提示框，单击 置入(P) 按钮，完成图像的置入操作，如图1-37所示。

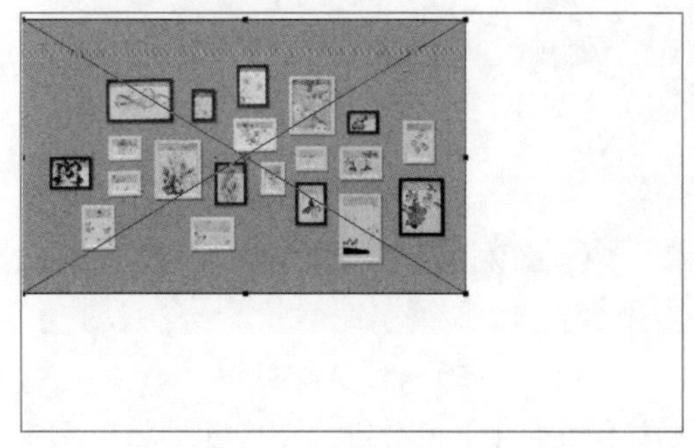

图1-36 调整图片大小

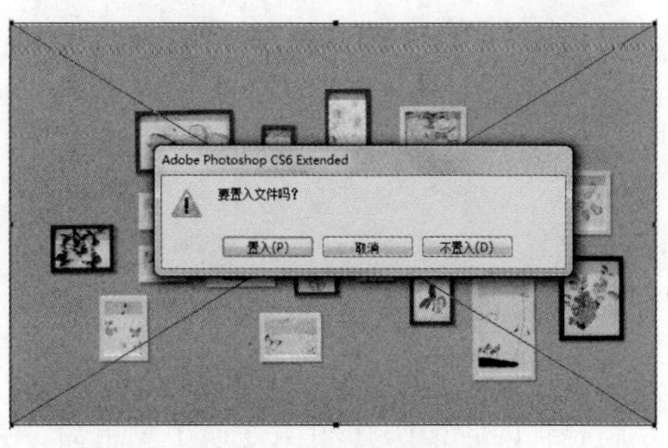

图1-37 完成图片的置入

1.4.4 编辑图像

在制作图像的过程中，将图像拖动到需要制作的文件中后，还需要对图像进行基本的操作，让图像的大小、位置更加符合图像的要求。下面将对“1.jpg”“2.jpg”进行图像处理，包括裁剪、移动、变换等，其具体操作如下。

（1）选择“1.jpg”图像窗口，然后在工具箱中选择裁剪工具，单击图像，此时图像周围将出现黑色的网格线和不同的控制点。将鼠标指针移动到图像的下方，选择中间的控制点，当其呈形状时，拖动鼠标裁剪图片，被裁剪的区域将呈灰色显示，如图1-38所示。

（2）选择“2.jpg”图像窗口，然后在工具箱中选择裁剪工具，在工具属性栏的“不受约束”下拉列表中选择“大小和分辨率”选项。打开“裁剪图像大小和分辨率”对话框，在“宽度”“高度”和“分辨率”文本框中分别输入“100”“55”和“72”，单击 确定 按钮，如图1-39所示。

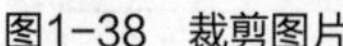

图1-38 裁剪图片

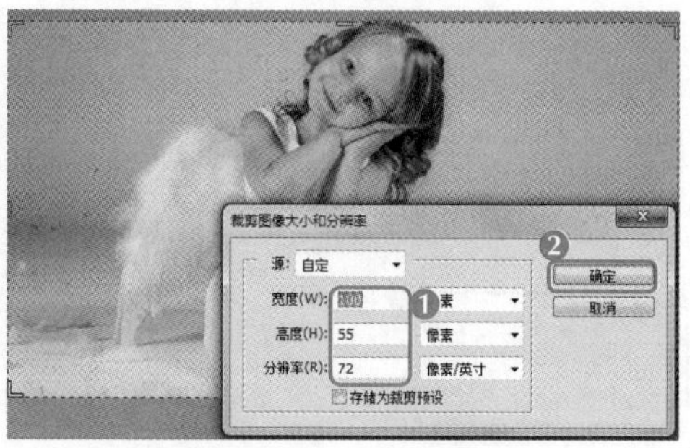

图1-39 自定义裁剪

（3）此时需裁剪的图像四周将出现定义的裁剪框，按住鼠标左键不放，拖动裁剪框中的图像调整裁剪区域，完成后选择移动工具。打开“要裁剪图像吗？”提示框，单击 裁剪(C) 按钮，完成裁剪操作。

（4）选择“1.jpg”图像窗口，在“图层”面板中双击背景图层，在打开的对话框中单击 确定 按钮，将其转换为普通图层。在工具箱中选择移动工具，将鼠标指针移到图像上，按住鼠标左键将其拖动到“照片墙背景.jpg”图像窗口上，如图1-40所示。

（5）切换到“照片墙背景”图像窗口，当鼠标变为形状后释放鼠标，即可查看“01”移动到“照片墙背景”中的效果，如图1-41所示。

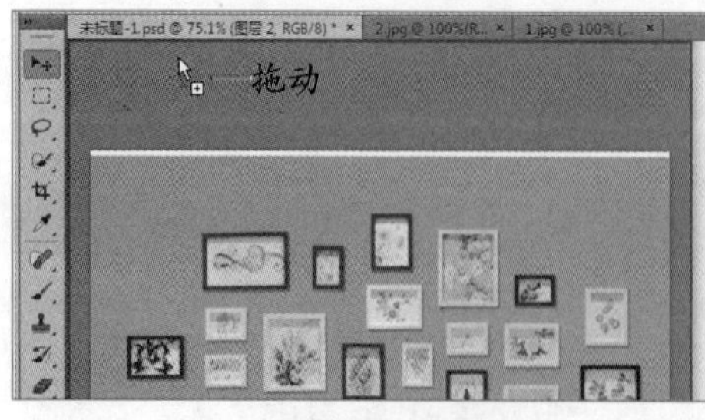

图1-40 移动图片

图1-41 完成移动

（6）选择【编辑】/【自由变换】菜单命令，或按【Ctrl+T】组合键，图像四周将显示定界框、中心点和控制点，使用鼠标拖动控制点可改变图像的大小。将鼠标指针移动到图像右下角的控制点上，按住【Shift】键不放并拖动图像，直到图像与背景图像中的相框契合，如图1-42所示。完成后按【Enter】键确认变换。

（7）切换到“2.jpg”图像窗口，将其转换为普通图层，并拖动到“照片墙背景.jpg”图像窗口中，调整其大小，效果如图1-43所示。

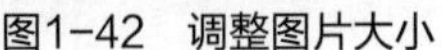
图1-42 调整图片大小

图1-43 完成调整

1.4.5 设置绘图颜色

Photoshop CS6中的绘图颜色一般是通过前景色和背景色来表达的。下面分别讲解设置前景色和背景色及填充前景色和背景色的方法。

1. 设置前景色和背景色

前景色用于显示当前绘图工具的颜色，背景色用于显示图像的底色，相当于画布本身颜色。可以通过拾色器、吸管工具和“色板”面板对其进行设置，下面具体进行讲解。

- 通过拾色器设置：单击工具箱中的“设置前景色”图标■，打开“拾色器（前景色）”对话框，在对话框右侧的RGB颜色数值框中输入色值，或直接利用鼠标在色彩区域中单击选择需要的颜色，都可设置前景色，如图1-44所示。使用相同的方法可设置背景色。
- 通过吸管工具设置：打开任意一幅图像，选择工具箱中的吸管工具，在其工具属性栏的“取样大小”下拉列表框中选择颜色取样方式，然后将鼠标光标移动到图像所需颜色周围并单击，如图1-45所示，取样的颜色会成为新的前景色；按住【Ctrl】键不放的同时在图像上单击可取样新的背景色。

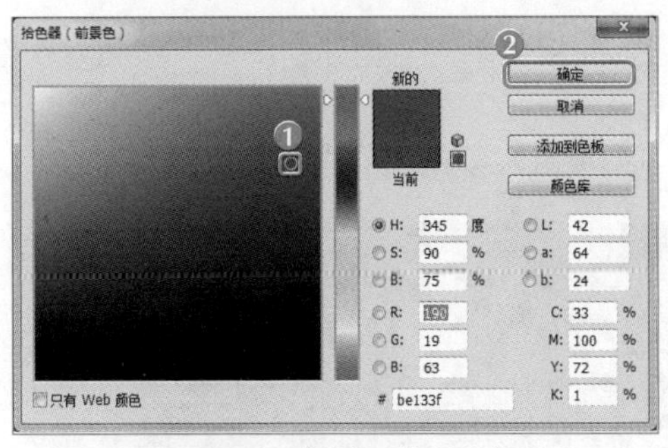

图 1-44 “拾色器”对话框

图1-45 吸取颜色

- 通过“色板”面板设置：选择【窗口】/【色板】菜单命令，打开“色板”面板，如图1-46所示。将鼠标光标移至色块中，当鼠标光标变为形状时单击可设置前景色，按住【Ctrl】键不放单击所需的色块，可将其设为背景色。另外，在图像中移动鼠标的同时，“信息”面板中也将显示出鼠标光标相对应的像素点的色彩信息，如图1-47所示。

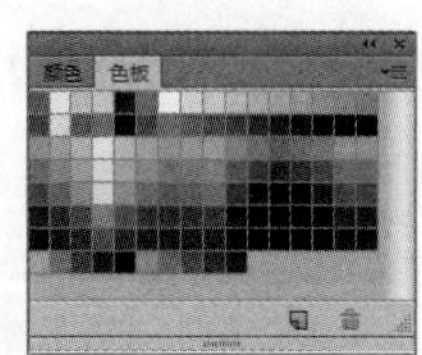

图 1-46 “色板”面板

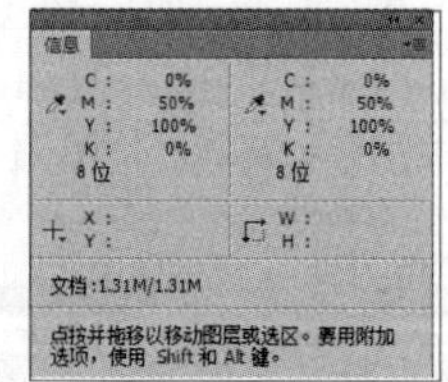

图 1-47 “信息”面板

2. 填充前景色和背景色

填充前景色和背景色的方法很简单，选择【编辑】/【填充】菜单命令，打开“填充”对话框，在“使用”下拉列表框中选择从前景色或背景色进行填充，如图1-48所示。也可以按【Ctrl+Delete】组合键以前景色填充图像，或按【Alt+Delete】组合键以背景色填充图像。

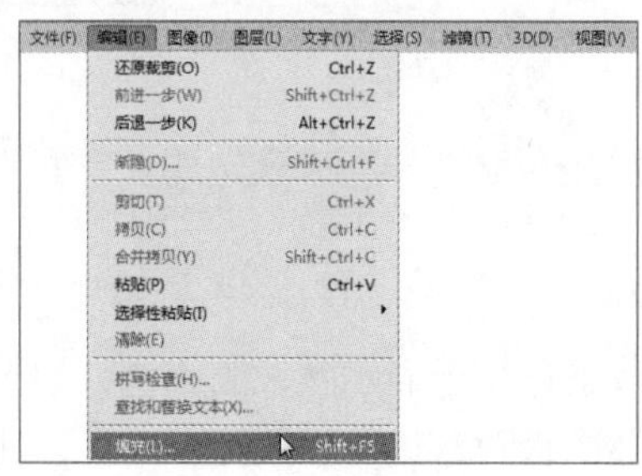

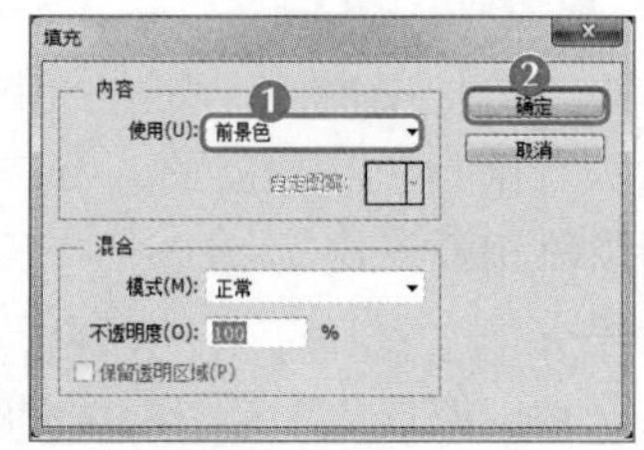

图 1-48 “填充”对话框

1.4.6 填充图层

在Photoshop CS6中，新建一个图像文件后，系统会自动生成一个图层，用户可以通过各种工具在图层上进行绘图处理。图层是图像的载体，没有图层，就没有图像。一个图像通常都是由若干个图层组成，用户可以在不影响其他图层图像的情况下，单独对每一个图层中的图像进行编辑、添加图层样式或更改图层的顺序和属性等操作，从而改变图像的合成效果，其具体操作如下。

（1）在“照片墙背景.jpg”图像窗口中的“图层”面板中单击“创建新图层”按钮，新建一个图层，如图1-49所示。

（2）在工具箱中选择矩形选框工具，在图像中拖曳鼠标绘制矩形选区，如图1-50所示。

图1-49 新建图层

图1-50 绘制矩形选区

（3）单击工具箱中的“设置背景色”图标，打开“拾色器（前景色）”对话框。在该对话框右侧的“R”“G”“B”数值框中分别输入色值“255、186、179”，单击确定按钮，如图1-51所示。

（4）按【Alt+Delete】组合键为矩形选区填充颜色。按照该方法，依次新建其他图层，绘制矩形选区，并为其填充颜色，填充完成后按【Ctrl+D】组合键取消选区，效果如图1-52所示。

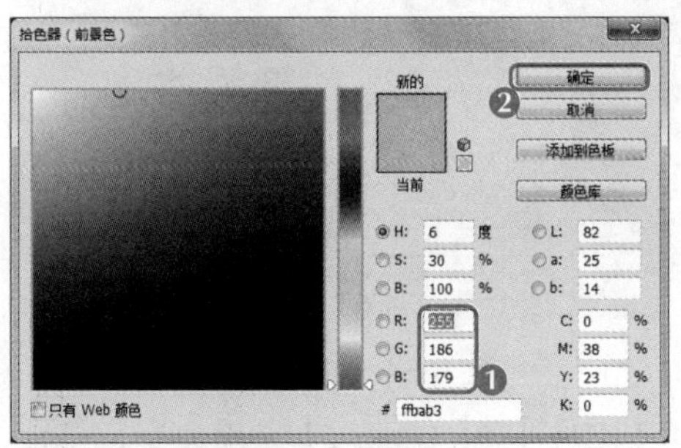

图1-51 设置前景色

图1-52 填充后效果

调整图层顺序

图层的叠放顺序不同，图像的效果则不同，将鼠标指针移动到图层上，拖动鼠标，在图层面板中会出现一条黑线，黑线移动到的位置就是释放鼠标后图层所在的位置。单击图层前面的按钮可显示或隐藏图层。

1.4.7 撤销与重做操作的应用

在编辑图像时常有操作失误的情况，而Photoshop的还原图像功能可轻松还原错误前状态，并可通过该功能制作一些特殊效果。

1．使用撤销命令还原图像

编辑图像时，若发现有操作不当或操作失误后应立即撤销失误操作，然后再重新进行设置。可以通过下面几种方法来撤销误操作。

- 按【Ctrl+Z】组合键可以撤销最近一次进行的操作，再次按【Ctrl+Z】组合键又可以重做被撤销的操作；每按一次【Ctrl+Alt+Z】组合键可以向前撤销一步操作；每按一次【Ctrl+Shift+Z】组合键可以向后重做一步操作。
- 选择【编辑】/【还原】菜单命令可以撤销最近一次进行的操作；撤销后选择【编辑】/【重做】菜单命令又可恢复该步操作；每选择一次【编辑】/【后退一步】菜单命令可以向前撤销一步操作；每选择一次【编辑】/【前进一步】菜单命令可以向后重做一步操作。

2．使用“历史记录”面板还原图像

如果在Photoshop中对图像上进行了误操作，还可以使用“历史记录”面板来恢复图像在某个阶段操作时的效果。用户只需要单击“历史记录”面板中的操作步骤，即可回到该步骤状态，其具体操作如下。

（1）在面板组中单击“历史记录”按钮，打开“历史记录”面板，在其中可以看到之前对图像进行的操作，如图1-53所示。

（2）在其中单击“矩形选框”记录，可以将图像恢复到绘制矩形选框时，这之后所做的填充颜色等操作将被撤销，且操作记录都变成

了灰色，如图1-54所示。如果用户没有做新的操作，可以单击这些状态来重做一步或多步操作。

图1-53 查看历史记录

图1-54 撤销历史记录

（3）在历史记录面板中单击“取消选择”，选择【文件】/【存储为】菜单命令，打开“存储为”对话框，在“保存在”下拉列表中可设置图像文件的存储路径，在“文件名”文本框中可输入其文件名，在“格式”下拉列表框中可设置图像文件的存储类型，单击 保存(S) 按钮保存文件，如图1-55所示。

图1-55 保存图像文件

1.5 课堂案例：查看和调整“风景”图像大小

通过前面的学习，米拉觉得要通过面试，仅熟悉Photoshop CS6的基本设置还不够，为了能提高工作效率，还需要熟悉快速查看和调整图像大小的方法。下面将具体讲解其操作方法。

素材所在位置 素材文件\第1章\课堂案例\风景.jpg

效果所在位置 效果文件\第1章\课堂案例\风景.jpg

1.5.1 切换图像文件

Photoshop CS6窗口图像文件以选项卡的方式进行排列，也可将其以单一窗口的方式排列，转换方法是将鼠标指针移动到图像选项卡上，按住鼠标左键，向下拖曳即可将图像切换到窗口排列方式，而切换图像文件的方法主要有以下两种。

- 在图像区域的选项卡上单击，即可切换到对应的图像文件，或在图像区域中单击对应的图像窗口也可完成图像的切换，如图1-56所示。
- 选择“窗口”菜单命令，在弹出的菜单底部选择需要切换到的图像文件对应的菜单命令即可完成切换，如图1-57所示。

图1-56 选项卡切换图像

图1-57 图像窗口切换图像

1.5.2 查看图像的显示效果

使用Photoshop CS6设计图像时，还应熟悉如何快速查看图像，提高工作效率，其中包括使用导航器、使用缩放工具和抓手工具查看等操作。

1. 使用导航器查看

导航器位于面板组的左侧，通过“导航器”面板可以精确地设置图像的缩放比例，其具体操作如下。

（1）选择【文件】/【打开】菜单命令，打开“风景.jpg”素材文件。

（2）在面板组中单击“导航器”图标，打开“导航器”面板，其中显示当前图像的预览效果，按住鼠标左键左右拖曳“导航器”面板底部滑动条上的滑块，可实现图像缩小与放大显示，如图1-58所示。

（3）当图像放大超过100%时，“导航器”面板中的图像预览区中便会显示一个红色的矩形线框，表示当前视图中只能观察到矩形线框内的图像。将鼠标指针移动到预览区，此时光标变成形状，这时按住左键不放并拖曳，可调整图像的显示区域，如图1-59所示。

图1-58 左右拖动滑块后图像显示缩小与放大效果

图1-59 调整图像显示区域

2．使用缩放工具查看

微课视频

使用缩放工具查看

使用缩放工具可放大和缩小图像，也可使图像呈100%显示，其具体操作如下。

（1）在工具箱中选择缩放工具，在图像上向左拖动鼠标可放大图像，如图1-60所示。

（2）也可直接使用缩放工具单击放大图像。此外，按住【Alt】键，当鼠标指针变为形状时，单击要缩小的图像区域的中心，每单击一次，视图便缩小到上一个预设百分比，如图1-61所示。当文件到达最大缩小级别时，鼠标指针显示为形状。

图1-60　拖曳鼠标

图1-61　放大图像

多学一招

“缩放工具”属性栏中的主要按钮

在工具箱中选择缩放工具后，可在工具属性栏中单击实际像素按钮将图像以实际像素大小显示，单击适合屏幕按钮，图像将以最适合屏幕大小的方式显示，再单击填充屏幕按钮，图像将填充满整个屏幕。

3．使用抓手工具查看

微课视频

使用抓手工具查看

使用工具箱中的抓手工具可以在图像窗口中移动图像，其具体操作如下。

（1）使用缩放工具放大图像，如图1-62所示。

（2）在工具箱中选择抓手工具，在放大的图像窗口中按住鼠标左键拖曳，可以随意查看图像，如图1-63所示。

图1-62　放大图像

图1-63　移动图像

图像的显示比例与图像实际尺寸

图像的显示比例与图像实际尺寸是有区别的，图像的显示比例是指图像上的像素与屏幕的比例关系，而不是与实际尺寸的比例。改变图像的显示是为了操作方便，与图像本身的分辨率及尺寸无关。

1.5.3 调整图像

新建或打开图像之后，需要对图像进行一些基本操作。下面主要介绍图像大小和图像画布尺寸的调整以及裁切图像尺寸的操作。

1．调整图像大小

图像的大小由宽度、长度和分辨率决定。在新建文件时，“新建”对话框右侧会显示当前新建文件的大小。图像文件完成创建后，如果需要改变其大小，可选择【图像】/【图像大小】菜单命令，打开“图像大小”对话框，如图1-64所示，在其中进行设置即可。

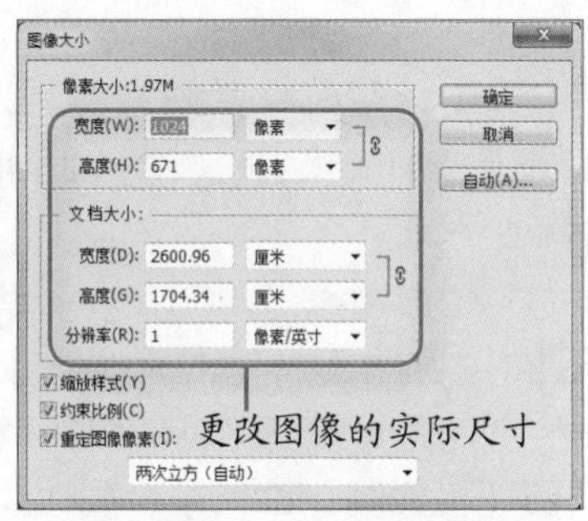

图1-64 “图像大小”对话框

“图像大小”对话框中各项含义如下。

- “像素大小”/“文档大小”栏：通过在数值框中输入数值来改变图像大小。
- “分辨率”数值框：在数值框中重设分辨率来改变图像大小。
- 缩放样式(Y) 复选框：单击选中该复选框，可以保证图像中的各种样式（如图层样式等）按比例进行缩放。当选中约束比例(C)复选框后，该选项才能被激活。
- 约束比例(C) 复选框：单击选中该复选框，在“宽度”和“高度”数值框后将出现“链接”标志，表示改变其中一项设置时，另一项也将按相同比例改变。
- 重定图像像素(I): 复选框：单击选中该复选框可以改变像素的大小。

2．调整图像画布尺寸

通过“画布大小”命令可以精确地设置图像的画布尺寸，其具体操作如下。

（1）选择【图像】/【画布大小】菜单命令，打开“画布大小”对话框，显示当前画布的宽为1024像素，高为671像素，默认“定位”位置为中央，表示增加或减少画布时图像中心的位置，增加或者减少的部分会由中心向外进行扩展，如图1-65所示。

（2）单击↑按钮，在“高度”数值框中输入“900”，其余设置不变，得到调整画布后的图像如图1-66所示。

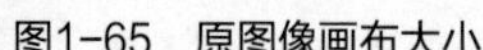
图1-65　原图像画布大小

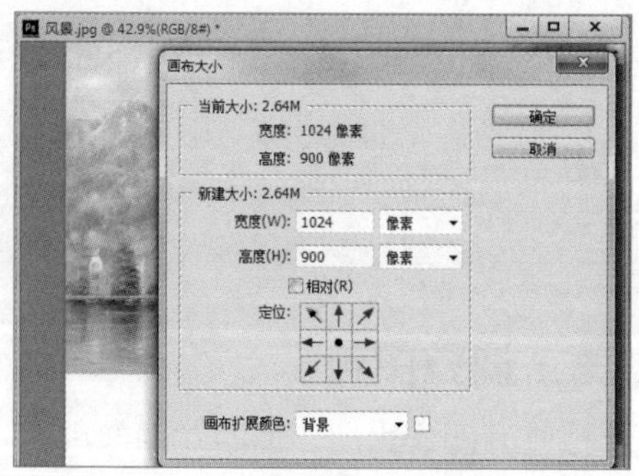

图1-66　改变画布大小后的图像效果

“画布大小”对话框中各项含义如下。

- “当前大小”栏：显示当前图像画布的实际大小。
- “新建大小”栏：设置调整后图像的宽度和高度，默认为当前大小。如果设定的宽度和高度大于图像的尺寸，Photoshop则会在原图像的基础上增加画布面积。反之，则减小画布面积。
- 相对(R)复选框：若单击选中该复选框，则“新建大小”栏中的“宽度”和“高度”表示在原画布的基础上增加或减少的尺寸（而非调整后的画布尺寸），正值表示增大尺寸，负值表示减小尺寸。

3．裁切图像

使用工具箱中的裁剪工具可以对图像的大小进行裁剪，通过裁剪工具，可方便、快捷地获得需要的图像尺寸。需要注意的是，裁剪工具的属性栏在执行裁剪操作时的前后显示状态不同。选择裁剪工具，其属性栏如图1-67所示，属性栏中的各选项含义如下。

图1-67　裁剪工具属性栏

- 不受约束按钮：单击该按钮，在弹出的下拉列表中可选择不同裁剪宽度和高度选项，若选择“不受约束”选项，可自由调整裁剪框的大小；选择“原始比例”选项，可在调整裁剪框时始终保持图像原始长宽比例；也可选择“预设长宽比”选项，如选择4×3或5×7选项，或在右侧的文本数值框中输入精确的数值。
- “旋转裁剪框”按钮：单击该按钮，裁剪框将自动在横向与纵向之间旋转切换。
- “拉直”按钮：单击该按钮后，通过在图像上画一条线来拉直图像。
- “视图”按钮三等分：单击该按钮，在弹出的下拉列表中可选择并设置裁剪工具的视图选项。
- 删除裁剪的像素复选框：选中该复选框，可删除裁剪框外部的像素数据；撤销选中删除裁剪的像素复选框，则保留裁剪框外部的像素数据。

在工具栏中单击裁剪工具，将鼠标光标移到图像窗口中，按住鼠标拖曳选框，框选要保留的图像区域，如图1-68所示。在保留区域四周有一个节点，拖曳节点可调整裁剪区域的大小，如图1-69所示。

图1-68　框选图像区域

图1-69　调整区域大小

1.6　项目实训

1.6.1　制作寸照效果

1．实训目标

本实训的目标是将所提供的照片制作成寸照效果，要求图片清晰严谨，满足各种证件对寸照的要求。本实训处理前后对比效果如图1-70所示。

素材所在位置　素材文件\第1章\项目实训\照片.jpg
效果所在位置　效果文件\第1章\项目实训\照片.jpg

图1-70　照片处理前后对比效果

2．专业背景

照片的尺寸一般以英寸为单位，为了方便使用，可将其换算成厘米，目前通用标准照片尺寸大小有较严格的规定，现在国际通用的照片尺寸如下。

- 1英寸证件照的尺寸应为3.6厘米×2.7厘米。
- 2英寸证件照的尺寸应是3.5厘米×5.3厘米。
- 5英寸（最常见的照片大小）照片的尺寸应为12.7厘米×8.9厘米。
- 6英寸（国际上比较通用的照片大小）照片的尺寸是15.2厘米×10.2厘米。
- 7英寸（放大）照片的尺寸是17.8厘米×12.7厘米。
- 12英寸照片的尺寸是30.5厘米×25.4厘米。

3．操作思路

完成本实训主要需使用裁剪工具，按要求对照片进行裁剪和调整即可，其操作思路如图

1-71所示。

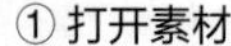

① 打开素材　② 裁剪图片　③ 完成裁剪

图1-71　制作寸照的操作思路

【步骤提示】

（1）打开“照片.jpg”素材文件，在工具箱中选择裁剪工具。

（2）在“裁剪工具”属性栏中对应的文本框中输入一寸照片对应的尺寸和像素。

（3）在图像区域拖动鼠标创建裁剪区域，然后拖动创建的区域到合适位置后释放鼠标。

（4）单击✓按钮完成寸照制作。

1.6.2　为室内装修图换色

1．实训目标

本实训的目标是对室内装修图中的颜色效果进行调整，要求颜色明亮，符合客户的要求，然后将图片裁剪为16:9的比例，使图片效果更大气美观。本实训处理前后对比效果如图1-72所示。

素材所在位置　素材文件\第1章\项目实训\室内.jpg
效果所在位置　效果文件\第1章\项目实训\室内.jpg

图1-72　室内装修图处理前后对比效果

2．专业背景

室内装修设计是一个与Photoshop关系比较密切的行业，通常客户在进行室内装修之前，都会向装修公司说明自己的装修要求，装修公司会根据客户的要求设计相应的效果图，供客户查看和选择。

室内装修一般包括房间设计、装修、家具布置等，因此在前期准备中，设计这一概念几乎渗入了室内装修的方方面面，大到房间布局，小到饰品摆放，都可以通过Photoshop来设计完成。

3．操作思路

完成本实训主要需使用选择工具和裁剪工具。首先选择选区，对选区颜色进行填充；然后使用裁剪工具将其裁剪成合适的比例，其操作思路如图1-73所示。

① 打开素材

② 填充选区

③ 完成裁剪

图1-73 为室内装修图换色的操作思路

【步骤提示】

（1）打开“室内.jpg”素材文件，在工具箱中选择快速选择工具，选择需填充颜色的选区。

（2）打开“拾色器（前景色）”对话框，设置前景色为（R:251,G:248,B:8），为选区填前景色。

（3）选择裁剪工具，将图片裁剪为16:9大小。

1.7 课后练习

本章主要介绍了Photoshop CS6的基础操作，包括图像处理的基本概念、Photoshop CS6的工作界面、辅助工具的使用、图像文件的基本操作、填充图像的操作、查看图像和调整图像大小的操作等。对于本章的内容，读者应认真学习和掌握，为后面设计和处理图像打下坚实的基础。

微课视频

制作人物拼图

练习1：制作人物拼图

本练习要求将一张人物照片制作成具有现代个性化特色的拼图效果。可打开本书提供的素材文件进行操作，参考效果如图1-74所示。

素材所在位置 素材文件\第1章\课后练习\人物.jpg
效果所在位置 效果文件\第1章\课后练习\人物.psd

图1-74 人物拼图效果

要求操作如下。

- 打开“人物.jpg”素材文件，使用参考线将图片分成9份。
- 新建一个850像素×650像素的图像文件，将其填充为（R:225,G:227,B:227）。
- 按照参考线的划分，使用矩形选框工具依次为“人物.jpg”图像创建选区，然后使用移动工具将其移动到新建的图像文件中。
- 排列人物拼图的各个部分，排列完成后保存图片。

练习2：查看和调整图像

本练习要求打开一张风景图像进行放大，并使用抓手工具对图像进行移动查看。可打开本书提供的素材文件进行操作。

素材所在位置 素材文件\第1章\课后练习\风景.jpg

要求操作如下。

- 打开“风景.jpg”素材文件。
- 使用缩放工具将图像放大，查看图像细节，然后使用导航器查看图像的局部细节。
- 使用抓手工具移动图像，依次查看图像的各个部分。

1.8 技巧提升

1．复制和粘贴图像

将图像粘贴到另一张图像中，可使图像效果更加丰富，其方法为：打开需要复制和粘贴的图像，在要复制的图像中按【Ctrl+A】组合键选择图像，选择【编辑】/【拷贝】菜单命令或按【Ctrl+C】组合键，再切换到另一张图像中，选择【编辑】/【粘贴】菜单命令或按【Ctrl+V】组合键。

2．新建和删除参考线

选择【视图】/【新建参考线】菜单命令，在打开的对话框中设置参数可新建参考线。如果要手动拖出参考线，首先需要显示出标尺。如果要删除所有参考线，可选择【视图】/【清除参考线】菜单命令。如果要删除某一条参考线，按住鼠标左键将该参考线拖动到标尺后释放鼠标即可。

3．适合设计和处理图像的色彩模式

如果图像用于印刷，则需要设置CMYK模式来设计图像，如果已经是其他色彩模式的图像，在输出印刷之前，就应该将其转换为CMYK模式。

4．更改Photoshop CS6的历史记录数量

Photoshop CS6的历史记录最多保留20条，选择【编辑】/【首选项】/【性能】菜单命令，在打开的对话框中即可更改历史记录状态的数量。需要注意的是，设置的历史记录数量越多，在处理图像时，运行速度就越慢。

CHAPTER 2

第2章 创建和调整图像选区

情景导入

接到面试通知后，米拉来到设计公司进行面试，面试考官老洪看了米拉的作品，觉得米拉比较有潜力，于是给米拉出了两道考题。

学习目标

- 掌握商品图片的扣取方法。

  如选框工具、套索工具、魔棒工具和“色彩范围”命令的使用。

- 掌握包装立体展示效果的制作方法。

  如选区的调整、变换、复制、移动、羽化、描边、存储和载入操作等。

案例展示

▲扣取一组商品图片

▲制作包装立体展示效果

2.1 课堂案例：抠取一组商品图片

老洪给米拉出的第一道考题是根据提供的素材，抠取一组商品图片，并将其放入适合的背景中。要完成该任务，需要使用各种选择工具创建选区，如快速选择工具、套索工具、色彩范围工具等。本例完成后的参考效果如图2-1所示，下面具体讲解其制作方法。

素材所在位置 素材文件\第1章\课堂案例1\照片
效果所在位置 效果文件\第1章\照片墙.psd

图2-1 商品图片最终效果

网店商品图片的要求

对于网店商品图片而言，图片美化是图片优化的重要内容，而在美化的基础上，还应保证图片的清晰度和真实性。此外，网店商品图片一般都有其固定尺寸大小，因此用户在新建图像文件时需按照其尺寸要求进行新建，如商品主图通常为800像素×800像素，全屏海报通常为1920像素×400像素~1920像素×600像素等。

2.1.1 使用快速选择工具组创建选区

快速选择工具组包括快速选择工具和魔棒工具，通过它们可快速选择一些具有特殊效果的图像选区。下面将打开“商品图片1.jpg”和“商品图片2.jpg”图像文件，分别使用“快速选择工具”和“魔棒工具”为图像创建选区，并将抠取后的选区添加到背景中，查看添加后的效果。

1．使用快速选择工具创建选区

选择快速选择工具，在选取图像的同时按住鼠标左键进行拖动，可以选择更多相似或相同颜色的图像，适合在具有强烈颜色反差的图像中绘制选区。下面将打开“商品图片2.jpg”图像文件并使用快速选择工具为图像创建选区，最后应用到“背景2.jpg”中，其具体操作如下。

（1）打开“商品图片2.jpg”图像文件，在工具箱中选择快速选择工具，将鼠标指针移动至图像显示区域，此时鼠标指针将变为形状。在图像中的手提包部分拖动鼠标，鼠标经过的区域将会被创建为选区，如图2-2所示。

（2）继续拖动鼠标，直至将整个手提包的轮廓都变为选区，然后在工具属性栏中单击“添加到选区”按钮，在按钮后的“画笔”下拉列表框中设置选区画笔的大小为“15”。此时鼠标指针变为形状，在手提包的角位置的边线处按住鼠标不放并进行拖动，将其添加到之前创建的选区范围内，如图2-3所示。

图2-2 绘制皮包的轮廓选区

图2-3 添加选区

（3）在工具属性栏中单击“从选区减去”按钮，此时鼠标指针变为形状，按住鼠标不放，在需要删除的选区位置拖动鼠标，将其从之前的选区中删除，如图2-4所示。

（4）图像窗口中按住【Alt】键不放，向上滚动鼠标滚轮，放大图像在Photoshop CS6界面中的显示比例，查看图像的选区，并使用相同的方法，将其中未被选中的选区添加到其中，如图2-5所示。

图2-4 减去选区

图2-5 绘制选区细节

（5）完成后按住【Alt】键不放，向下滚动鼠标滚轮，将图像缩小到适合的比例，查看选区效果，在工具属性栏中单击调整边缘...按钮，打开“调整边缘”对话框，如图2-6所示。

（6）设置“边缘检测”栏下方的“半径”为“2”像素；设置“调整边缘”栏下方的“平滑”为“10”；设置“羽化”为“1”像素；设置“对比度”为“20%”；在“输出

到”下拉列表中选择“图层蒙版”选项，完成输出位置的设置；单击 确定 按钮，完成边缘的调整，如图2-7所示。

图2-6　完成选区的绘制

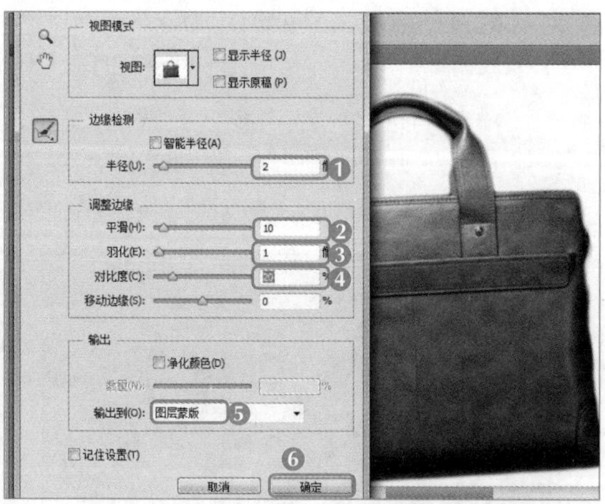

图2-7　调整边缘

（7）返回图像编辑窗口，可发现选区的图像单独显示在图层蒙版中，查看抠取后的手提包效果。

（8）打开“背景2.jpg”图像文件，切换至“商品图片2.jpg”图像窗口，将鼠标指针移动到绘制的选区中，按住鼠标左键不放拖动选区到“背景2.jpg”图像文件中。完成后按住【Alt】键不放，复制一个相同大小的手提包，调整位置，按【Ctrl+S】组合键，打开“保存为”对话框，将其以“商品效果2.psd”为名进行保存，完成商品图片的抠取操作，如图2-8所示。

图2-8　移动图片并更换背景

使用快速选择工具创建选区的技巧

缩放图像显示比例后，选区画笔的大小也会一起改变，此时可在英文输入法状态下，按【[】键减小选区画笔的大小，按【]】键增加选区画笔的大小，使其更符合选区的绘制要求。在“快速选择工具”工具属性栏的下拉列表框中不仅可以设置选区画笔的大小，还可对其硬度、间距、角度、圆度等进行设置，使绘制的选区能更切合图像轮廓。

2．使用魔棒工具创建选区

魔棒工具通常用于选取图像中颜色相同或相近的区域。下面将打开“商品图片 1.jpg”图像文件，并使用魔棒工具为图像创建选区，最后应用到“背景 1.jpg”中，其具体操作如下。

微课视频

使用魔棒工具创建选区

（1）打开“商品图片1.jpg”图像文件，在工具箱中的快速选择工具组上单击鼠标右键，在弹出的面板中选择魔棒工具，当鼠标指针呈形状时，在手提包的白色区域处单击，如图2-9所示。

（2）在工具属性栏中单击“添加到选区”按钮，或按住【Alt】键不放，此时鼠标指针变为形状，在手提包其他需要添加选区的位置处单击，添加选区，让选区框选手提包的每个角落。若在添加过程中添加了不需要添加的区域，可在工具属性栏中单击“从选区减去”按钮，减去该区域，如图2-10所示。

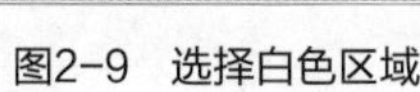

图2-9 选择白色区域

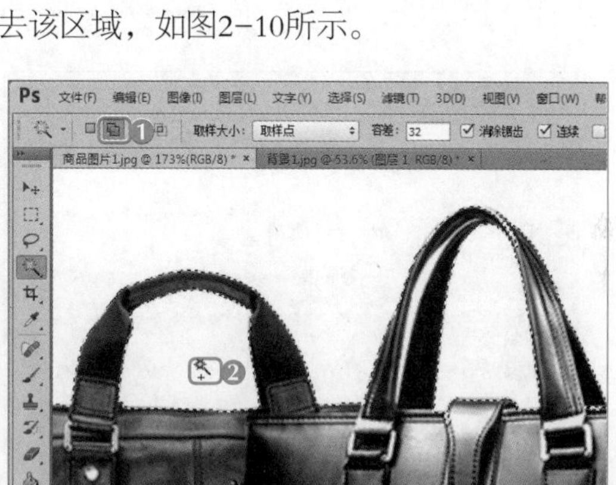

图2-10 添加选区

（3）选择【选择】/【反向】菜单命令，或按【Shift+Ctrl+I】组合键，反向选择选区。查看反选后的商品区域效果，完成后按【Ctrl+J】组合键，复制到新的图层，如图2-11所示。

（4）打开“背景1.jpg”图像文件，将抠取后的商品图片拖动到“背景1.jpg”图像文件中，调整位置并查看添加后的效果。按【Ctrl+S】组合键，打开“保存为”对话框，将其以“商品效果1.psd”为名进行保存操作，完成商品图片的抠取操作，如图2-12所示。

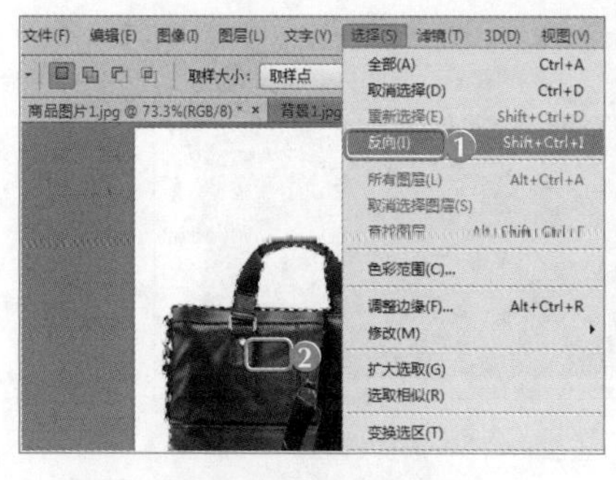

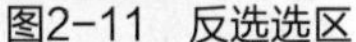

图2-11 反选选区

图2-12 移动图片并更换背景

2.1.2 使用套索工具组创建选区

套索工具组主要由套索工具、多边形套索工具、磁性套索工具组成。通过套索工具组不但能创建不规则的图像选区，还能对图像进行抠取操作，下面具体进行讲解。

1．使用套索工具创建选区

套索工具如同画笔在图纸上绘制线条一样，可以创建手绘类不规则的选区。下面将打开“商品图片 4.jpg”图像文件，并使用套索工具为图像创建选区，最后应用到“背景 4.jpg”中，其具体操作如下。

（1）打开“商品图片4.jpg”图像文件，按住【Alt】键不放，滚动鼠标滚轮调整商品图像的显示比例，在工具箱中选择套索工具，如图2-13所示。

（2）将鼠标指针移动到选区的起始位置，这里选择皮包的一条边，按住鼠标左键不放并沿图像边缘进行拖动，框选整个图像轮廓后即可查看选区效果，如图2-14所示。

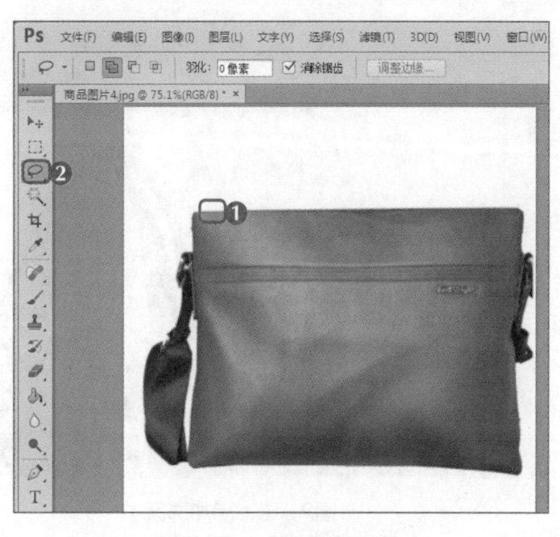

图2-13　选择套索工具

图2-14　绘制选区

（3）在工具属性栏中单击“从选区减去”按钮，此时鼠标光标变为形状，按住【Alt】键不放，放大图像，在皮包的多余区域绘制，将该选区删除，如图2-15所示。

（4）使用相同的方法，减去其他多余选区。在绘制选区的过程中若出现未选中的区域，可在工具属性栏中单击“添加到选区”按钮，将图像放大，选择未被选中的区域，使其与前面的选区合并，如图2-16所示。

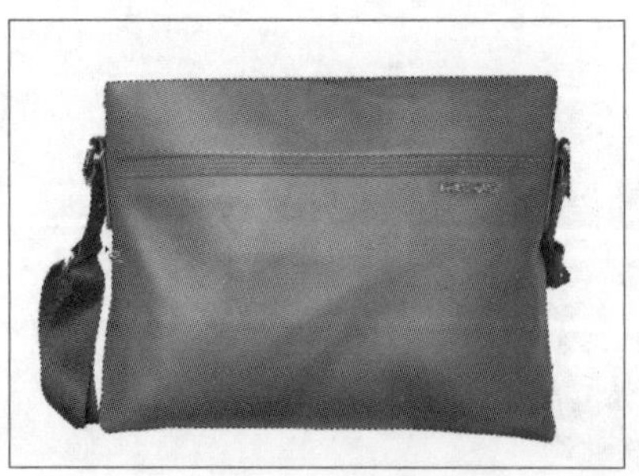

图2-15　减去多余选区

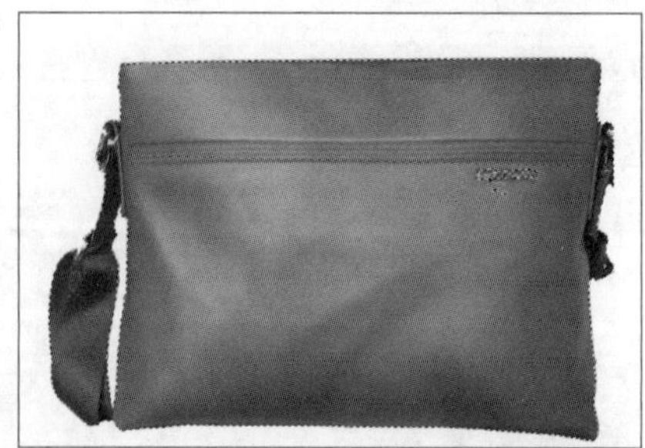

图2-16　添加选区

（5）完成抠取后，按【Ctrl+J】组合键，复制到新的图层。打开“背景4.jpg”图像文件，将抠取后的商品图片拖动到“背景4.jpg”图像文件中，调整位置并查看效果。按【Ctrl+S】组合键打开“保存为”对话框，将其以“商品效果4.psd”为名进行保存，完成商品图片的抠取操作，如图2-17所示。

图2-17　移动图片并更换背景

2．使用磁性套索工具创建选区

微课视频
使用磁性套索工具创建选区

磁性套索工具可以自动捕捉图像色彩对比明显的图像边界，从而快速地进行选区的创建。下面将打开“商品图片 3.jpg”图像文件，并使用套索工具为图像创建选区，最后应用到“背景 3.jpg”中，其具体操作如下。

（1）打开“商品图片3.jpg”图像文件，在套索工具上单击鼠标右键，在弹出的面板中选择磁性套索工具。此时鼠标指针变为形状，按住【Alt】键不放滚动鼠标滚轮，将图像放大显示，如图2-18所示。

（2）将鼠标指针移动至需要绘制选区的起始点，单击鼠标左键确定选区的起始点，拖动鼠标，此时将产生一条套索线并自动附着在对比度较大的图像周围。继续拖动鼠标直到回到起始点处，按【Enter】键，完成选区的创建，如图2-19所示。

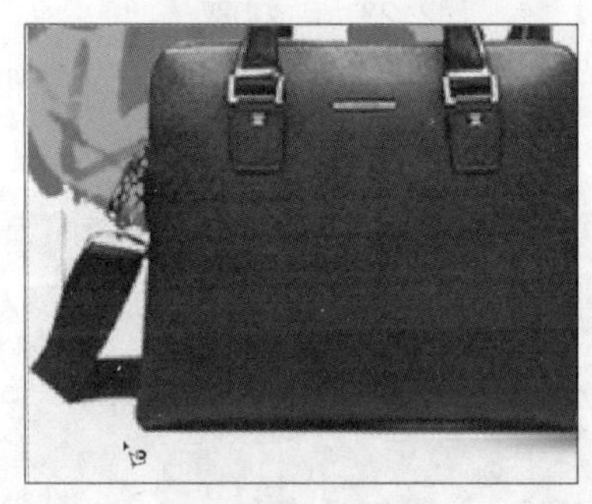

图2-18　放大图片

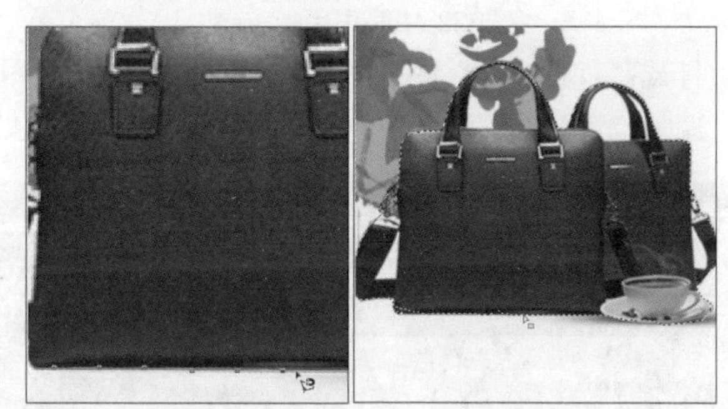

图2-19　创建选区

（3）在工具属性栏中单击“从选区减去”按钮，此时鼠标指针变为形状，在手提包的未选择区域绘制选区，完成后按【Ctrl+J】组合键，复制到新的图层，如图2-20所示。

（4）打开“背景3.jpg”图像文件，将抠取后的商品图片拖动到“背景3.jpg”图像文件中，调整位置并查看效果。再将其以“商品效果3.psd”为名进行保存，如图2-21所示。

图2-20　减去选区

图2-21　移动图片并更换背景

3．使用多边形套索工具创建选区

使用多边形套索工具可以将图像中不规则的直边对象从复杂的背景中选择出来，并可以绘制具有直线段或折线样式的多边形选区，让选区区域更加精确，常用于规则物品的抠取，其具体操作如下。

（1）打开“商品图片5.jpg”图像文件，在工具箱中选择多边形套索工具，在图像中单击创建选区的起始点，然后沿着需要选取的图像区域移动光标，如图2-22所示。

（2）当光标移动到多边形的转折点时，单击鼠标左键确定多边形的一个顶点，当回到起始点时，光标右下角将出现一个小的圆圈，单击即可生成最终的选区，如图2-23所示。

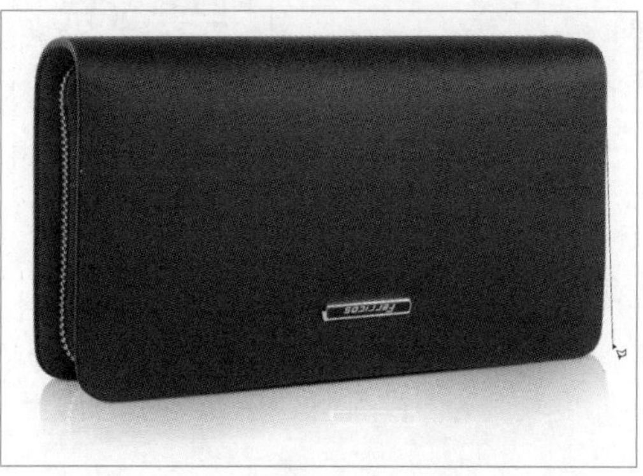
图2-22　抠取图片

图2-23　完成扣取

（3）打开“背景5.jpg”图像文件，将抠取后的商品图片拖动到“背景5.jpg”图像文件中，调整位置并查看效果。再将其以“商品效果5.psd”为名进行保存，如图2-24所示。

图2-24　移动图片并更换背景

2.1.3　使用色彩范围创建选区

“色彩范围”命令与魔棒工具的作用比较相似，但功能更为强大。该命令可以选取图像中某一颜色区域内的图像或整个图像内指定的颜色区域。下面将打开“商品图片6.jpg”并通过“色彩范围”命令选取颜色为深蓝色的图像区域，从而创建选区，其具体操作如下。

（1）打开“商品图片6.jpg”图像文件，选择【选择】/【色彩范围】菜单命令，打开“色彩范围”对话框，单击选中“图像(M)”单选项，以便在对话框中查看原图像。在“选择”下拉列表框中选择需要选取的颜色，这里选择

“取样颜色”选项，然后将鼠标指针移动到图像的深蓝色部分，当指针呈形状时单击，设置选区的颜色为深蓝色，如图2-25所示。

（2）单击选中“选择范围(E)”单选项，在“颜色容差”数值框中输入“150”，并分别单击右侧的“添加到取样”按钮和“从取样中减去”按钮对色彩的范围进行调整，让黑白的对比更明显，单击“确定”按钮完成设置，如图2-26所示。

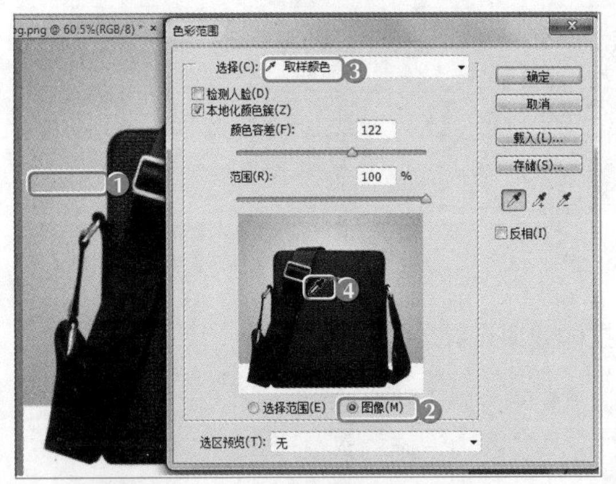

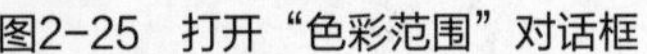
图2-25 打开“色彩范围”对话框

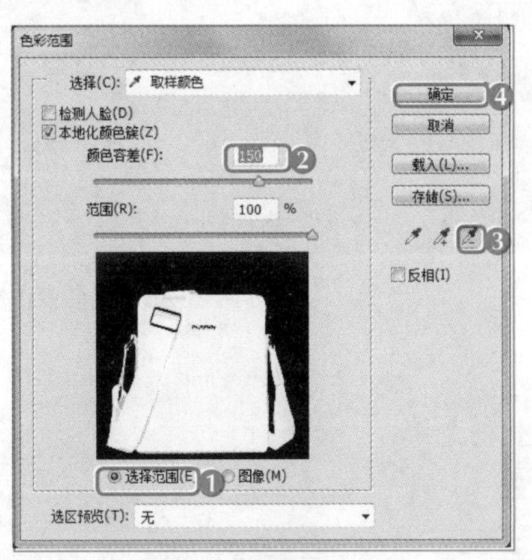

图2-26 选取色彩范围

（3）返回图像编辑窗口，完成选区的创建，并按【Ctrl+J】组合键复制选区到新图层，打开“背景6.jpg”图像文件，将抠取后的商品图片拖动到“背景6.jpg”图像文件中，调整位置并查看效果。再将其以“商品效果6.psd”为名进行保存，完成整套网店商品图片的抠取，如图2-27所示。

图2-27 移动图片并更换背景

2.2 课堂案例：制作包装立体展示效果

老洪给米拉出的第二道考题是将制作好的包装平面图处理成立体展示效果。要完成该任务，除了用到创建选区外，还会涉及选区的调整、变换、复制和移动等。米拉略作思考便开始动手制作了。本例的参考效果如图2-28所示，下面具体讲解其制作方法。

素材所在位置 素材文件\第2章\课堂案例\包装盒平面.psd

效果所在位置 效果文件\第2章\包装立体展示效果.psd

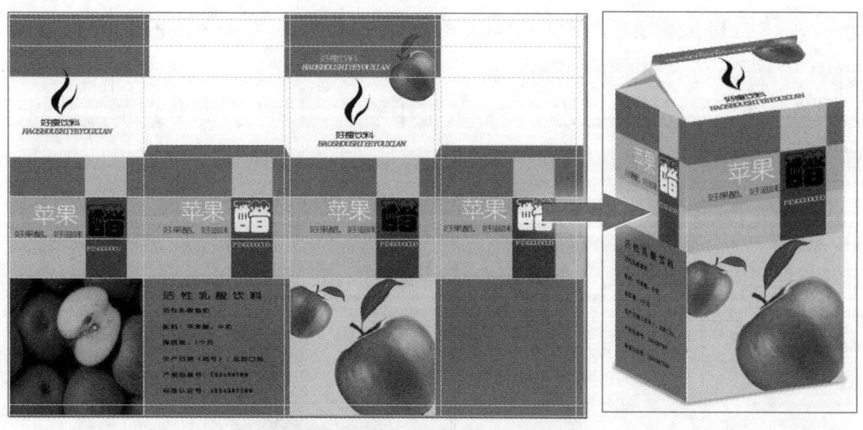

图 2-28　包装立体展示最终效果

包装立体效果设计的注意事项

进行包装立体效果设计时需要注意以下两个方面。

① 商标是企业、机构、商品和各项设施的象征形象。在包装设计中，商标是包装上必不可少的部分。

② 进行立体包装设计时，最好先创建参考线。这样可帮助增强立体效果。

2.2.1　复制和移动选区内的图像

在图像上创建选区后，还可以将选区中的图像复制或移动到其他图像文件中进行编辑，达到需要的效果。下面在包装平面图中创建选区，然后将其复制并进行变换，其具体操作如下。

（1）新建一个图像文档，设置宽度、高度、分辨率、颜色模式和背景内容分别为110毫米、80毫米、300像素/英寸、RGB颜色和白色，并将其以“包装立体展示效果.psd”命名进行保存。

（2）选择【视图】/【标尺】菜单命令，在窗口中显示出标尺，将鼠标指针移动到水平标尺上，按住鼠标左键向下拖动，创建一条水平参考线，如图2-29所示。

（3）将鼠标指针移动到垂直标尺上，按住鼠标左键不放，向右拖动，创建垂直参考线，如图2-30所示。

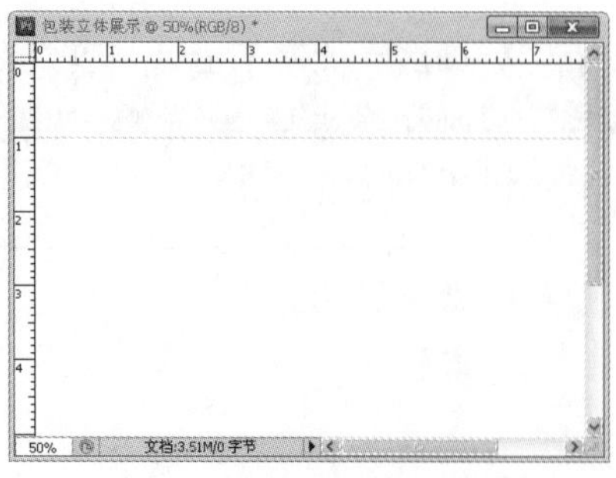

图2-29　创建水平参考线

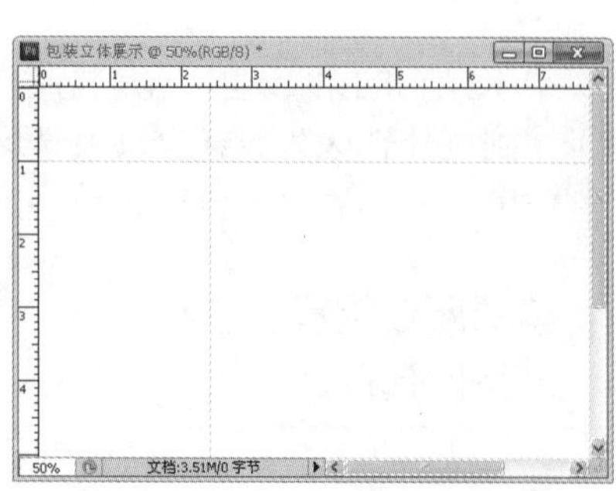

图2-30　创建垂直参考线

（4）使用同样的方法分别创建其他参考线，效果如图2-31所示。

（5）打开“包装盒平面.psd”文件，在工具箱中选择矩形选框工具，在图像中沿参考线绘制出包装盒封面所在的区域，按【Ctrl+C】组合键复制选区内图像，如图2-32所示。

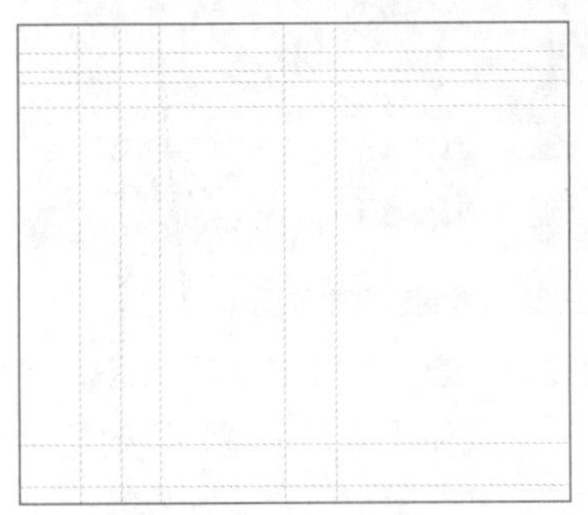

图 2-31　创建多条参考线

图 2-32　创建矩形选区

（6）切换到新建图像中，按【Ctrl+V】组合键粘贴选区图像，并生成“图层1”，如图2-33所示。

（7）按【Ctrl+T】组合键进入变换状态，按住【Ctrl】键的同时分别拖动各个变换控制点，将图像进行透视变换至如图2-34所示效果，再按【Enter】键确认变换。

图2-33　复制选区内的图像

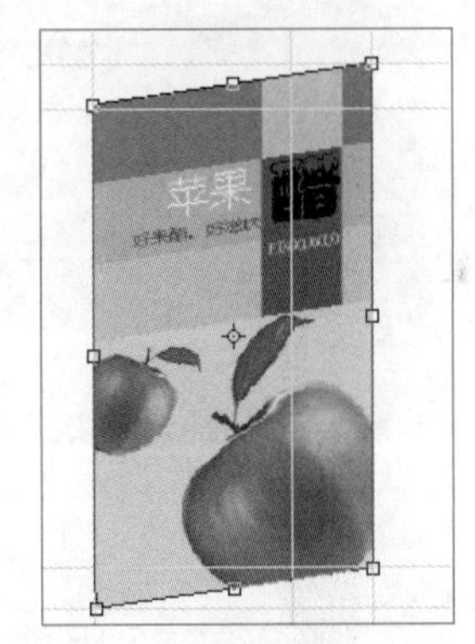

图2-34　变换选区内图像

2.2.2　调整和变换选区

通过对选区进行调整和变换可以得到需要的选区效果。下面将在包装平面图中将创建的选区中的图像复制到立体展示图像中，然后对其进行自由变换操作，其具体操作如下。

（1）切换到包装盒平面图像中，将鼠标指针移动到选区内，当其变为形状时按住鼠标左键不放，向左拖动到需要选择的图像上，如图2-35所示。

（2）按【Ctrl+C】组合键复制选区内图像，然后切换到新建图像窗口中按【Ctrl+V】组合键粘贴，生成“图层2”，如图2-36所示。

图 2-35　移动选区

图 2-36　复制选区中的图像

（3）在图像区域创建两条参考线，然后按【Ctrl+T】组合键进入自由变换状态，将鼠标指针移动到图像四周的控制点上，当其变为形状时，按住【Shift】键的同时拖动鼠标，调整图像大小，如图2-37所示。

（4）在图像上单击鼠标右键，在弹出的快捷菜单中选择“扭曲”命令，然后拖动各个节点，将图像进行透视变换，再按【Enter】键确认变换，效果如图2-38所示。

图2-37　变化选区内图像的大小

图2-38　扭曲选区内的图像

多学一招

变换选区

在选区上单击鼠标右键，在弹出的快捷菜单中选择“变换选区”命令，可对选区进行自由变换，选择“自由变换”命令，则可对选区内图像进行变换。

（5）在图像窗口中创建多条参考线，如图2-39所示。

（6）切换到包装盒平面图像窗口中，利用矩形选框工具将包装盒的上方图像复制到新建图像窗口中，生成“图层3”，如图2-40所示。

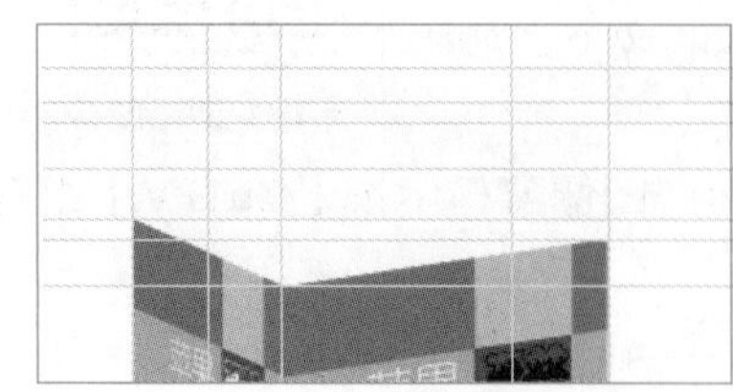

图2-39　创建参考线

图2-40　扭曲选区内的图像

（7）按【Ctrl+T】组合键进入自由变换状态，然后按住【Ctrl】键不放进行透视变换，效果如图2-41所示。

（8）按【Enter】键确认变换，然后切换到包装盒平面图像中，将鼠标指针移动到选区上，当其变为形状时按住鼠标左键不放拖动选择选区，如图2-42所示。

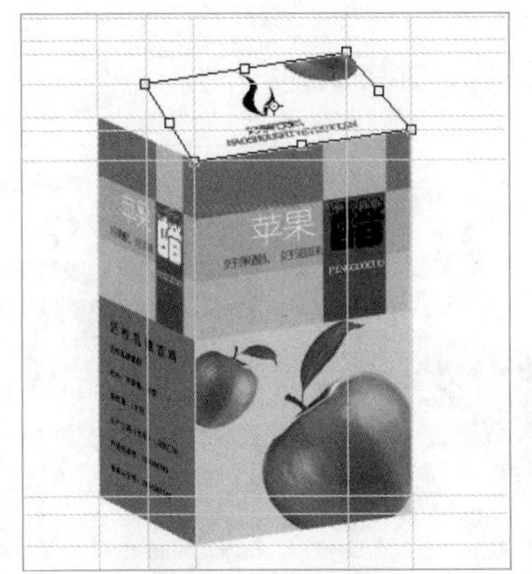

图2-41 进行透视变换

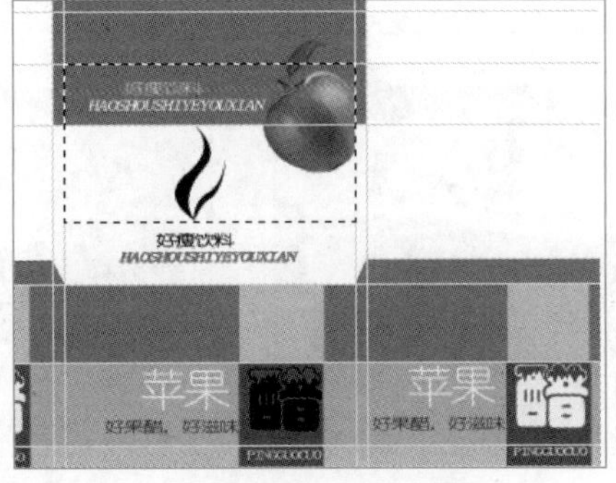

图2-42 移动选区

（9）在选区上单击鼠标右键，在弹出的快捷菜单中选择“变换选区”命令，选区进入变换状态，然后调整选区的大小到合适的图像位置，如图2-43所示。

（10）单击工具属性栏中的“确认”按钮，确认变换，如图2-44所示。

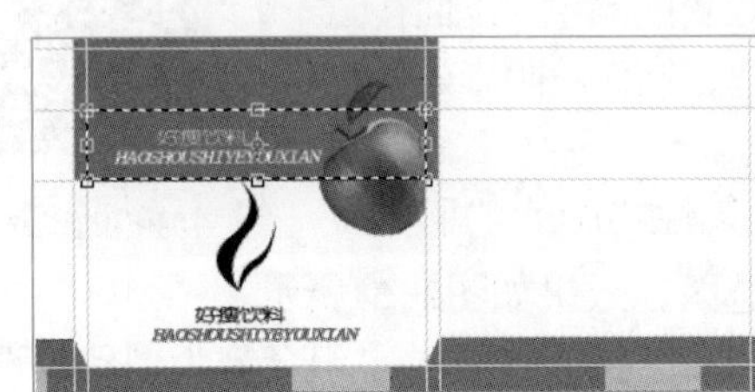

图2-43 变换选区大小

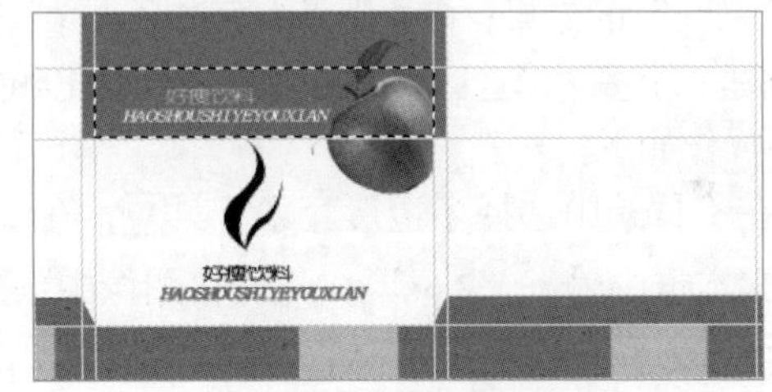

图2-44 确认变换

（11）将选区中的图像复制到新建的图像文件中，生成“图层4”，如图2-45所示。

（12）利用步骤（7）的方法对复制的图像进行透视变换，完成后的效果如图2-46所示。

（13）在工具箱中设置前景色为灰色（R:224、G:224、B:224），在图层面板中单击“创建新图层”按钮，新建“图层5”，如图2-47所示。

图2-45 复制选区中的图像

图2-46 透视变换图像

图2-47 创建新图层

（14）拖动鼠标创建一条水平参考线和一条垂直参考线，然后使用多边形套索工具绘制三角形选区，如图2-48所示。

（15）按【Alt+Delete】组合键为选区填充前景色，然后按【Ctrl+D】组合键取消选区，效果如图2-49所示。

（16）利用相同的方法绘制另一个选区并填充前景色，如图2-50所示。

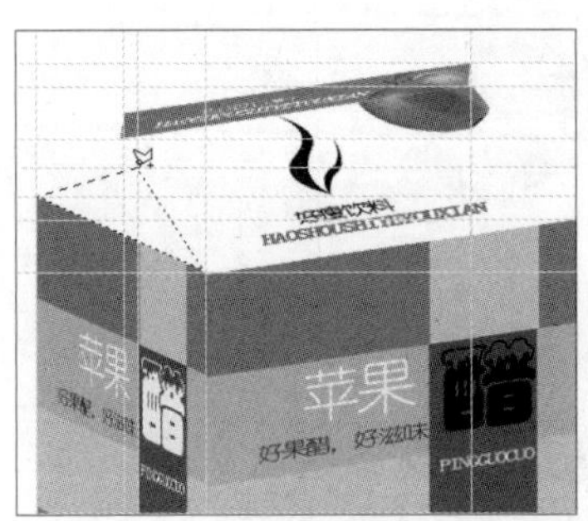

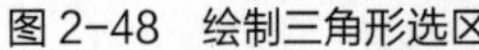

图 2-48　绘制三角形选区

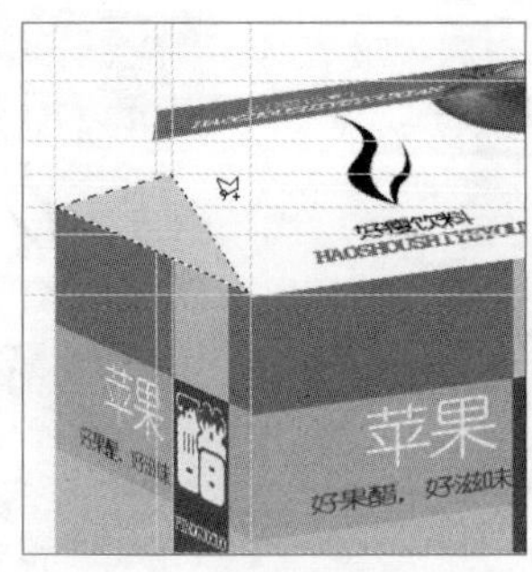

图 2-49　使用前景色填充选区

图 2-50　绘制另一选区并填充

2.2.3　羽化和描边选区

有时为了达到特殊效果，在创建选区时往往会对选区进行羽化或描边。羽化效果可以在选区和背景之间建立一条模糊的过渡边缘，使选区产生"晕开"的效果；描边则是沿着选区边缘填充设置的颜色。下面在图像中创建一个多边形选区，然后对其进行羽化和描边，制作出阴影效果，其具体操作如下。

（1）在工具箱中选择多边形套索工具，在工具属性栏中的"羽化"文本框中输入"2 px"，然后在图像中创建选区，效果如图2-51所示。

（2）设置前景色为灰色（R:170、G:169、B:169），按【Alt+Delete】组合键为创建的选区填充前景色，如图2-52所示。

（3）按【Ctrl+D】组合键取消选区，完成包装盒的制作，效果如图2-53所示。

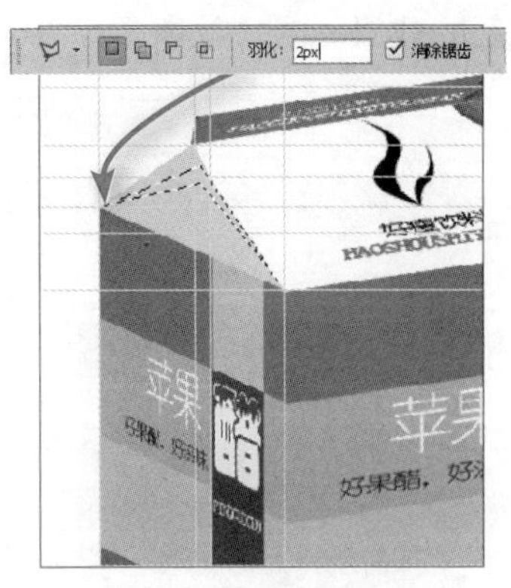

图2-51　创建多边形选区

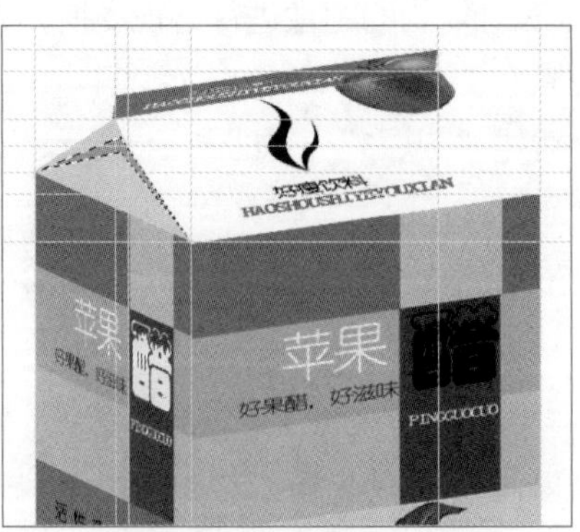

图2-52　填充选区

图2-53　取消选区

（4）在"图层"面板中选择"背景"图层，然后单击右下侧的"创建新图层"按钮，新建"图层6"，再利用多边形套索工具在包装盒的底部绘制一个多边形选区，如图2-54所示。

（5）选择【编辑】/【描边】菜单命令，打开"描边"对话框，在"宽度"文本框中输入

"5px"，在"颜色"栏设置颜色为灰色（R:224、G:224、B:224），在"位置"栏中单击选中 居外(U) 单选项，在"模式"下拉列表框中选择"正片叠底"选项，如图2-55所示。

（6）单击 确定 按钮确认设置，然后按【Ctrl+D】组合键取消选区，完成包装盒立体展示效果的制作，效果如图2-56所示，最后保存文档。

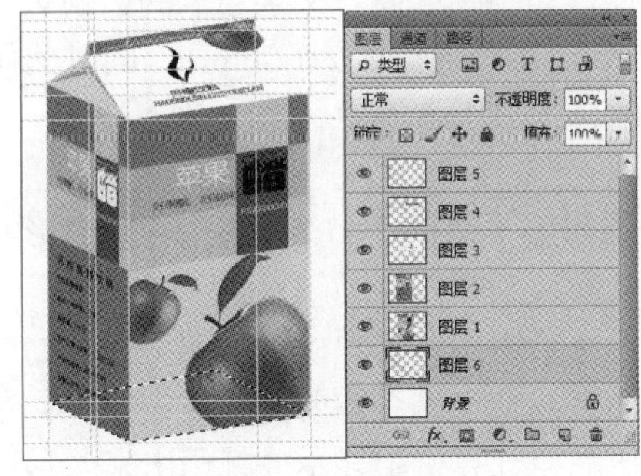

图2-54　绘制多边形选区

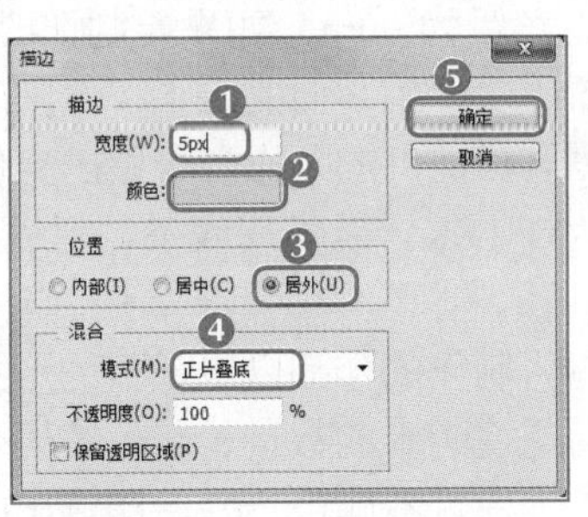

图2-55　设置"描边"对话框

图2-56　完成效果

2.3　项目实训

2.3.1　制作贵宾卡

1．实训目标

本实训的目标是根据客户提供的素材图片制作贵宾卡，要求突出店名和VIP字样，贵宾卡成品尺寸为86mm×54mm，分辨率为72像素/英寸，色彩模式为RGB模式，制作材料为特殊金属，局部烫金。本实训的前后对比效果如图2-57所示。

素材所在位置　素材文件\第2章\项目实训\人物.jpg

效果所在位置　效果文件\第2章\项目实训\化妆店贵宾卡.psd

图2-57　贵宾卡前后对比效果

2．专业背景

贵宾卡又称VIP卡，有金属贵宾卡和非金属贵宾卡之分。在前期设计时，应主动与客户沟通确认卡片的材质、内容（正面、背面的文字和图片）和印刷工艺（如编号烫金）等，其主要设计流程及参考设计要求介绍如下。

- 使用Photoshop制作稿件时，可以将卡片外框规格设置为比成品尺寸大一些，如89mm×57mm等，卡片的圆角为12°。
- 注意卡片上文字的大小，小凸码字可以设为13号左右的字体，大凸码字可以设为16号字体。若凸码字需要烫金、烫银，可在后期告知印制厂商。文字与卡的边距必须有一定距离，一般为5mm。如果要制作磁条卡，其磁条宽度为12.6mm。同时凸码字设计的位置不要压到背面的磁卡，否则磁条将无法正常使用。
- 条码卡需根据客户提供的条码型号留出空位。
- 色彩模式应为CMYK，若使用线条，则线条的粗细不得低于0.076mm，否则会影响印刷效果。
- 完成设计后可将制作的作品以电子稿的形式发送给客户，客户确认后即可送到制卡厂，同时要着重说明卡的数量、起始编码及图案或文字是否需要烫金或烫银等，最后将样品交予客户查看即可。一般印刷出的成品与计算机中显示或打印出来的彩稿会有一定色差。

3. 操作思路

完成本实训首先应利用圆角矩形工具绘制贵宾卡的形状，然后利用素材制作贵宾卡的图案，最后添加上文字即可，其操作思路如图2-58所示。

① 选取并变换图形

② 制作装饰图像

③ 添加文本

图2-58　贵宾卡设计操作思路

【步骤提示】

（1）新建一个宽度为9厘米，高度为5.4厘米，分辨率为72像素/分辨率，颜色模式为RGB模式的图像文件，并将其保存为“化妆店贵宾卡.psd”。

（2）在工具箱中选择圆角矩形工具，设置工具栏属性，将前景色设置为“色板”面板中第一行第4个色块，填充前景色。

（3）打开“人物.jpg”图像文件，在工具箱中选择魔棒工具为图像创建选区，反选图像。

（4）在工具箱中选择移动工具，将两个图像窗口并排在Photoshop窗口中，拖曳人物选区到贵宾卡图像中。

（5）将素材拖动到图像区域，然后自由变换图像，最后对图像进行水平翻转。

（6）在工具箱选择椭圆选框工具，按住【Shift】键在图像中创建一个正圆选区，在工具属性栏中单击“从选区中减去”按钮，然后在正圆选区中创建月亮形状的选区。

（7）在英文输入状态下按【D】键复位前景色和背景色，使用油漆桶工具将选区填充为前景色，然后对选区进行羽化设置，羽化值为2px。

（8）按【Ctrl+T】组合键使选区进入变换状态，旋转图像，完成后按【Enter】键确认应用。

（9）利用相同的方法创建其他的选区图像，然后移动并调整选区的大小。

（10）在工具箱中选择横排文字工具，在图像窗口中输入“靓颜美妆”“VIP”“尊贵”

和“NO：123456789”文本。

（11）设置文本格式依次为“幼圆、17点、暗黄”“华文琥珀、17点、暗黄”“幼圆、7点、黑色”和“微软雅黑、7点、暗黄”。

（12）完成后按【Enter】键确认应用，保存图像文件即可。

2.3.2 更换图片背景

1. 实训目标

本实训的目标是为一个音乐晚宴制作宣传海报，要求将素材中的乐器扣取出来，合并到已制作好的背景中，使音乐晚宴的海报美观完整。本实训的前后对比效果如图2-59所示。

素材所在位置 素材文件\第2章\项目实训\乐器.jpg、海报背景.jpg

效果所在位置 效果文件\第2章\项目实训\海报.psd

图2-59 音乐晚宴海报处理前后对比效果

2. 专业背景

海报设计是视觉传达的表现形式之一。海报同广告一样，可以向受众介绍某一物体或事件。作为一种非常常见的招贴形式，它在电影、戏剧、比赛、文艺演出等场合的应用十分广泛。海报属于户外广告的一种，通常分布在街道、影剧院、展览会、商业闹区、公园等公共场所，不过偶尔也会用于小范围宣传的私人活动场所。

海报整体设计一般要求图文和谐，内容新颖，版面美观，可以第一时间吸引受众的关注。海报中的文案要求简明扼要，重点突出，通常需要注明活动性质、活动主办单位、活动时间和地点等内容。要想设计出引人关注的海报，设计者必须完美处理图片、文字、色彩、空间等要素之间的关系，以更具新意的形式向目标受众展示出宣传信息。

3. 操作思路

完成本实训首先需要使用魔棒工具将乐器图片扣取出来，然后将其移动到海报背景中，并调整乐器的大小和位置等，最后为乐器设置图层样式，其操作思路如图2-60所示。

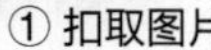

① 扣取图片

② 变换图像

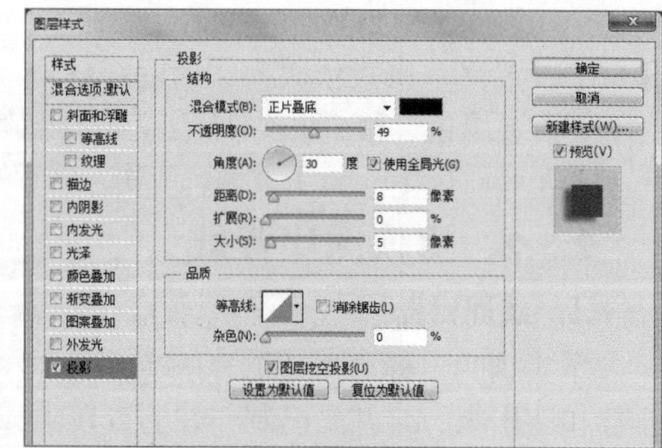

③ 设置图层样式

图2-60　音乐晚宴海报设计操作思路

【步骤提示】

（1）打开“乐器.jpg”图像文件，利用魔棒工具选择乐器图像，并调整选择的区域。

（2）使用移动工具将乐器移动到背景图像中，按【Ctrl+T】组合键变换图像，调整图像大小和位置。

（3）在变换图像的状态下，水平翻转图像。

（4）双击“图层”面板中乐器图层的空白区域，打开“图层样式”对话框，为图层设置投影效果。

（5）将图像文件保存为“海报.psd”。

2.4　课后练习

本章主要介绍了选区的基本操作，包括创建选区的各种工具，调整选区、变换选区、移动、复制和变换选区内的图像，以及羽化和描边选区等操作。对于本章的内容，读者应认真学习和掌握，为后面设计和处理图像打下良好的基础。

练习1：制作人物与夜景的融合效果

本练习要求将人物照片和夜景融合起来，制作一副具有怀旧电影风格的宣传画。可打开本书提供的素材文件进行操作，参考效果如图2-61所示。

素材所在位置　素材文件\第2章\课后练习\人物.jpg、夜景.jpg

效果所在位置　效果文件\第2章\课后练习\夜景人物.psd

要求操作如下。

- 打开“夜景.jpg”和“人物.jpg”素材文件。
- 用魔棒工具对人物背景进行选取并反选。
- 对选区进行扩展和羽化。
- 将选区人物移动到夜景图像中，再调整到合适位置和大小。

图2-61　夜景人物效果

练习2：制作天空岛屿

本练习要求使用所提供的素材制作天空岛屿的图像，可打开本书提供的素材文件进行操作，参考效果如图2-62所示。

素材所在位置　素材文件\第2章\课后练习\岛屿.jpg、椰树.jpg、天空.jpg
效果所在位置　效果文件\第2章\课后练习\天空岛屿.psd

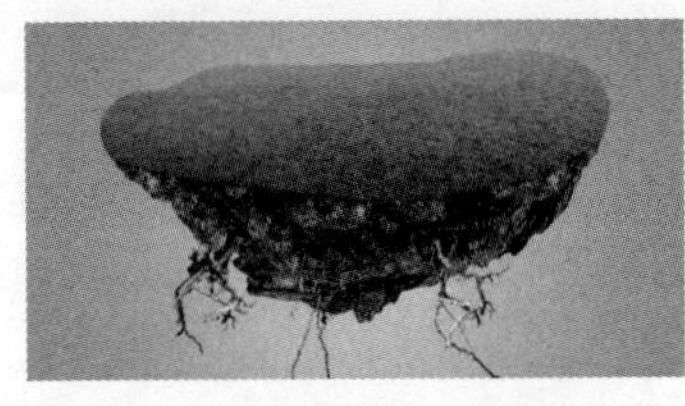
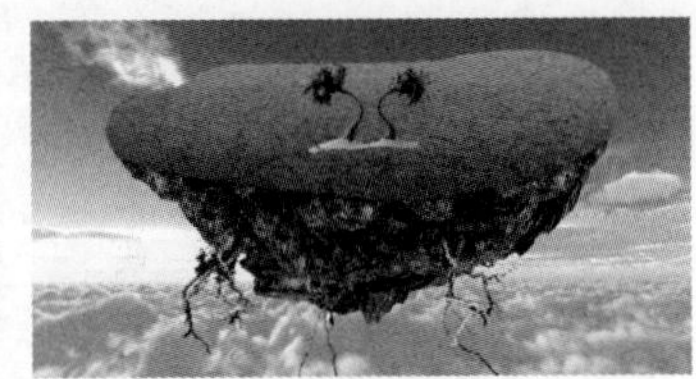

图2-62　天空岛屿效果

要求操作如下。

- 打开“岛屿.jpg”“椰树.jpg”和“天空.jpg”素材文件，为“岛屿.jpg”“椰树.jpg”图像创建选区，创建完成后移动到“天空.jpg”图像中，调整选区的大小和位置。
- 新建一个空白图层，将其颜色填充为（R:207、G:241、B:250），透明度设置为40%，图层混合模式设置为“颜色减淡”，调整图层的顺序，并保存图像文件。

2.5　技巧提升

1．编辑边界选区

边界选区是在选区边界处向外增加一条边界，选择【选择】/【修改】/【边界】菜单命令，在打开的“边界选区”对话框中的“宽度”数值框中输入相应的数值，单击确定按钮，返回图像编辑窗口，即可看到增加边界选区后的效果。

2．扩展与收缩选区

扩展选区是指在原有选区的基础上向外扩张，而缩小选区则是向内缩小。扩展选区的方法为：选择【选择】/【修改】/【扩展】菜单命令，打开“扩展选区”对话框，在“扩展量”文本框中输入1~100之间的整数。收缩选区的方法为：选择【选择】/【修改】/【收缩】菜单命令，打开“收缩选区”对话框，在“收缩量”文本框中输入1~100之间的整数。

3．扩大选取与选取相似选区

扩大选取是指在原有选区的基础上，按照物体轮廓向外进行扩大。选取相似则是按照选区范围的颜色，选取与其色彩相近的区域。扩大选取的方法为：选择【选择】/【扩大选取】菜单命令，系统将自动根据图像轮廓进行扩大选区范围的操作。选取相似的方法为：选择【选择】/【选取相似】菜单命令，系统将自动根据选区内的颜色进行判断，以选取图像中所有与此颜色相近的区域范围。

CHAPTER 3

第3章 绘制图像

情景导入

米拉获得了设计师助理的职位。正式上班后，老洪把米拉带到办公位置上，并告诉米拉，接下来将由自己带领米拉熟悉工作业务。

学习目标

- 掌握绘制水墨画的方法。

  如使用铅笔工具绘制图像、使用画笔工具绘制图像等。
- 掌握包装立体展示效果的制作方法。

  如渐变工具的使用、橡皮擦工具的使用等。
- 掌握艺术照的处理方法。

  如使用历史记录艺术画笔绘制图像、使用历史记录画笔绘制图像等。

案例展示

▲绘制水墨画

▲制作相机展示效果

3.1 课堂案例：绘制水墨画

米拉来到自己的办公位置上，启动Photoshop CS6并观看公司之前设计的作品，从中不难发现，许多作品都运用了画笔工具绘制图像。稍作思考后，米拉决定绘制一幅水墨画来练习画笔工具和铅笔工具的使用。

要绘制好水墨画，需要先设置好画笔的样式，然后新建图层，在其中反复调整画笔大小进行绘制，最后使用铅笔工具绘制花朵，将其定义为画笔预设，在图像中继续绘制其他部分。本例完成后的参考效果如图3-1所示，下面具体讲解其制作方法。

素材所在位置 效果文件\第3章\水墨画.psd

图3-1 "水墨画"最终效果

水墨画在平面设计中的应用

（1）水墨画是中国独特的艺术形式，代表了中华民族的文明与文化，其包含的视觉、文化、社会等诸多元素在现代平面设计中被广泛运用。

（2）水墨画运用于平面设计的领域越来越广泛，如海报领域、VI领域、网页设计领域、电视宣传领域等都有许多优秀作品展现。

（3）不仅水墨画被用于作品中，水墨元素在一些设计作品中也常被用来体现作品的幽美意境。

3.1.1 使用铅笔工具绘制石头图像

铅笔工具位于工具箱中的画笔工具组中，使用铅笔工具可以绘制出硬边的直线或曲线。下面主要通过铅笔工具来绘制石头图形，其具体操作如下。

（1）新建一个800像素×600像素、分辨率为300像素/英寸的"水墨画"图像文件，然后新建"图层1"。

（2）在工具箱中选择铅笔工具，在面板组中单击按钮，打开"画笔"面板，在其中选择"柔边椭圆 11"笔刷，其他保持默认设置，如图3-2所示。

（3）在图像区域拖动鼠标绘制石头的大致形状，效果如图3-3所示。

改变画笔直径大小

在使用铅笔工具进行绘制的过程中，可在工具属性栏中单击按钮，在弹出的面板中设置画笔直径大小；也可在英文输入状态下直接按【[】键来减小画笔直径，按【]】键来增大画笔直径。

（4）在工具属性栏中“不透明度”下拉列表框中输入“45%”，然后在图像中拖动鼠标绘制石头的明暗效果，如图3-4所示。

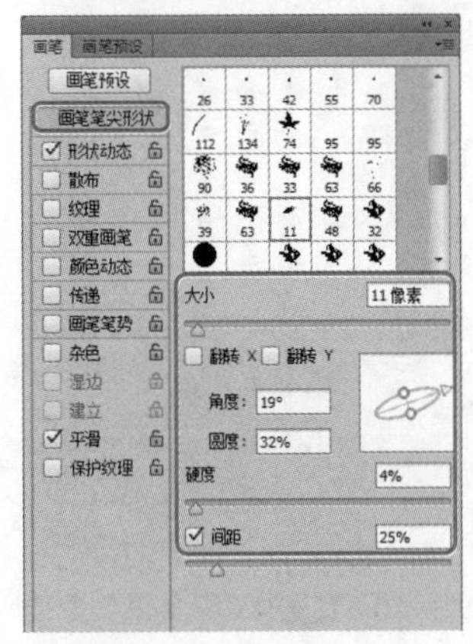

图3-2 “画笔”面板

图3-3 绘制石头轮廓

图3-4 绘制明暗效果

（5）在工具属性栏中单击选中自动抹除复选框，然后在石头的轮廓边缘拖动鼠标、涂抹出石头被风化的效果，如图3-5所示。

（6）按住【Ctrl】键的同时，在“图层1”的缩略图上单击，创建选区，然后按【Ctrl+J】组合键创建新的图层，如图3-6所示。

（7）选择“图层1”，按【Ctrl+T】组合键进入变换状态，对图像进行自由变换，效果如图3-7所示。

图3-5 擦出风化效果

图3-6 新建图层

图3-7 变换图层

3.1.2 使用画笔工具绘制梅花枝干

画笔工具不仅可用来绘制边缘较柔和的线条，还可以根据系统提供的不同画笔样式来绘制不同的图像效果。而使用铅笔工具所绘制的图像则没有使用画笔工具所绘制的图像柔和。下面主要通过画笔工具来绘制梅花枝干，其具体操作如下。

使用画笔工具绘制梅花枝干

（1）新建“图层3”，在工具箱中选择画笔工具，在工具属性栏中单击按钮，在打开的面板中选择“柔角 21”笔刷，如图3-8所示。

（2）在“画笔”面板中单击选中☑形状动态复选框，在右侧的“控制”下拉列表中选择“渐隐”选项，并在其后的文本框中输入“25”，在“最小直径”文本框中输入“35”，其他保存默认设置，如图3-9所示。

（3）单击选中☑双重画笔复选框，在右侧的下拉列表框中选择“滴溅 24”，在“大小”文本框中输入“20像素”，“间距”文本框中输入“28%”，“散布”文本框中输入“43%”，如图3-10所示。

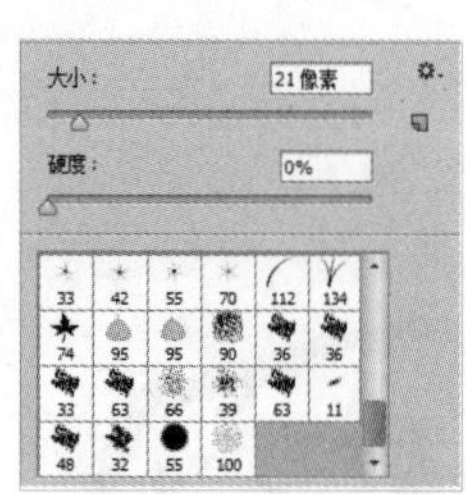

图3-8　选择画笔样式

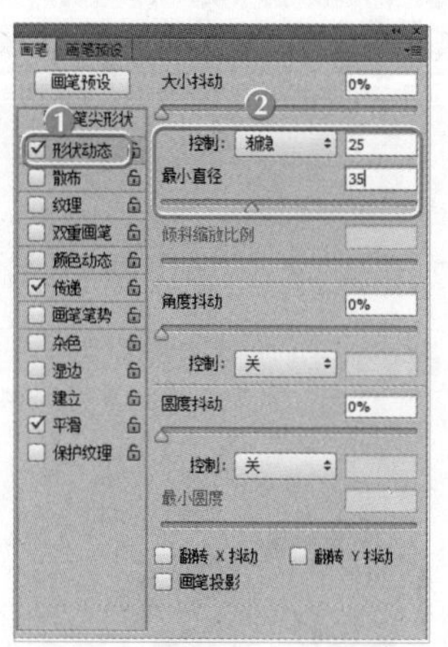

图3-9　设置画笔形状动态

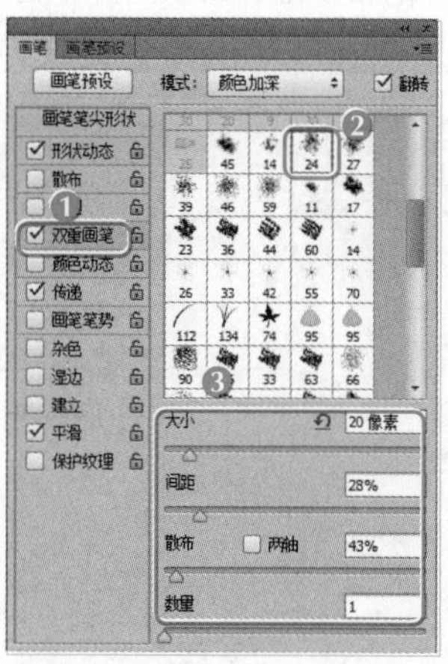

图3-10　设置“双重画笔”选项

（4）在图像区域拖动鼠标绘制梅花的枝干，效果如图3-11所示。

（5）新建“图层4”，调整画笔的大小，继续在图像中绘制一些枝干和细节，从而突出枝条之间的层次感，如图3-12所示。

（6）在工具属性栏中设置画笔的不透明度为45%，然后设置前景色为灰色（R:105、G:108、B:102），使用不同直径的画笔在细小的枝条上进行涂抹，以突出枝条明暗层次，效果如图3-13所示。

图3-11　绘制梅花枝干

图3-12　绘制其他枝干

图3-13　绘制明暗层次效果

3.1.3　定义预设画笔

有时，Photoshop中自带的画笔并不能满足设计的需要。此时，用户可根据需要自定义画笔样式。下面将通过定义梅花花朵画笔样式来进行讲解，其具体操作如下。

（1）新建“图层5”，在工具箱中选择画笔工具，在工具属性栏中设置画笔笔刷为“粗边圆形钢笔 100”，设置前景色为红色（R:248、G:173、B:173），在图像区域单击鼠标绘制花瓣，效果

如图3-14所示。

（2）设置前景色为黄色（R:247、G:219、B:108），将画笔的笔刷设置为“16px”，然后在花朵图像中拖动鼠标绘制花蕊，效果如图3-15所示。

图3-14 绘制花瓣

图3-15 绘制花蕊

（3）按住【Ctrl】键的同时，在图层缩略图上单击鼠标右键创建花朵选区，然后选择【编辑】/【定义画笔预设】菜单命令，打开“画笔名称”对话框，在其中的文本框中输入“梅花”，如图3-16所示。

（4）单击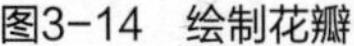按钮，确认设置。

（5）新建“图层6”，在工具属性栏中选择定义好的“梅花”笔刷，设置前景色为红色（R:248、G:173、B:173），在枝干周围单击绘制花朵，效果如图3-17所示。

图3-16 设置“画笔名称”对话框

图3-17 绘制花朵

（6）选择“图层5”，在其上单击鼠标右键，在弹出的快捷菜单中选择“删除图层”命令，完成水墨画图像的绘制，效果如图3-18所示。

（7）按【Ctrl+S】组合键打开“存储为”对话框，在其中设置保存位置、保存名称和保存格式等，保存图像即可。

图3-18 水墨画最终效果

3.2　课堂案例：制作相机展示效果

老洪看了米拉绘制的水墨梅花，很欣赏她细心工作的态度，于是让米拉针对一款相机制作一个展示效果，用于放在该商品画册中。米拉听了老洪交代的任务后，非常开心，终于可以接触到平面设计方面的工作了。一番思考后，米拉决定通过渐变工具、橡皮擦工具和吸管工具来完成相机的展示设计。本例的参考效果如图3-19所示，下面具体讲解其制作方法。

素材所在位置　素材文件\第3章\课堂案例\相机.jpg
效果所在位置　效果文件\第3章\相机展示.psd

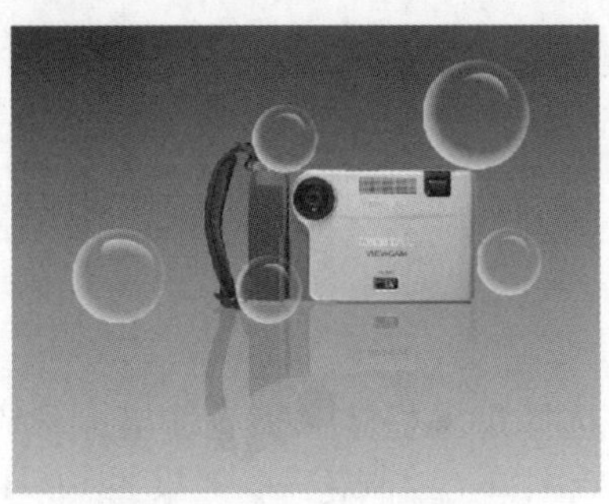

图3-19　相机展示最终效果

扫一扫

"相机展示"高清彩图

3.2.1　使用渐变工具

微课视频

使用渐变工具

渐变指的是两种或多种颜色之间的过渡效果。在Photoshop CS6中包括了线性、径向、角度、对称和菱形5种渐变方式。下面使用渐变工具填充背景，然后绘制泡泡图像，其具体操作步骤如下。

（1）新建一个600像素×600像素的图像文件，在工具箱中选择渐变工具，设置前景色和背景色为默认颜色，在工具属性栏中单击"线性渐变"按钮，对背景进行线性渐变填充，效果如图3-20所示。

（2）在"图层"面板中单击"创建新图层"按钮，新建"图层1"，在工具箱中选择椭圆选框工具，在图像区域按住【Shift】键的同时绘制圆选区，如图3-21所示所示。

图3-20　渐变填充背景

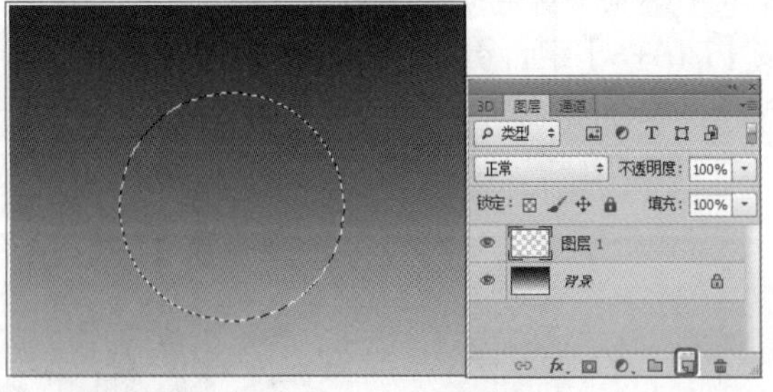

图3-21　绘制椭圆选区

（3）在工具箱中选择渐变工具，在工具属性栏中单击"渐变编辑器"下拉列表框，打开"渐变编辑器"对话框，单击左下角的色块，在"色标"栏中设置颜色为白色（R:255、G:255、B:255），用相同的方法将右下角的色块的色标设置为相同的颜色，如图3-22所示。

（4）单击左上角的色块，在“色标”栏中设置不透明度为“0%”，用相同的方法设置右上角色块的不透明度为“100%”。

（5）在渐变编辑条的上方，当鼠标指针变为形状时单击鼠标，新建一个色标，然后在“色标”栏中设置不透明度为0%，如图3-23所示。

图3-22　设置渐变颜色

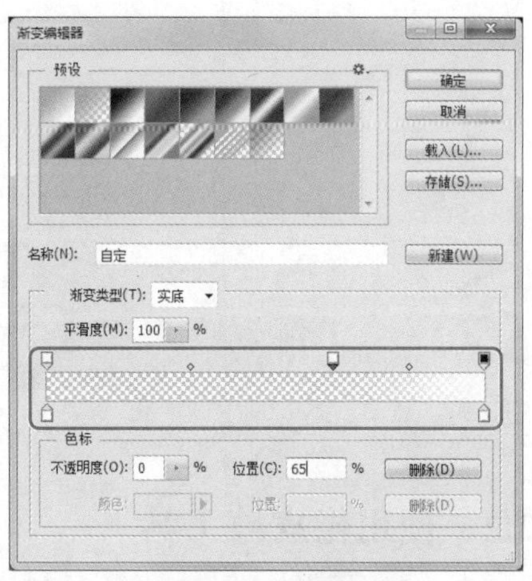

图3-23　设置透明度

（6）单击确定按钮，应用设置，然后在工具属性栏中单击“径向渐变”按钮，再将鼠标指针移动到选区上，由中心向边缘拖曳进行径向渐变填充，效果如图3-24所示。

（7）按【Ctrl+D】组合键取消选区，在工具箱中选择椭圆选框工具，然后在图像中绘制一个椭圆选区，在工具属性栏中单击“从选区中减去”按钮，继续在图像中绘制椭圆选区，得到效果如图3-25所示的月牙形状选区。

图3-24　渐变填充选区

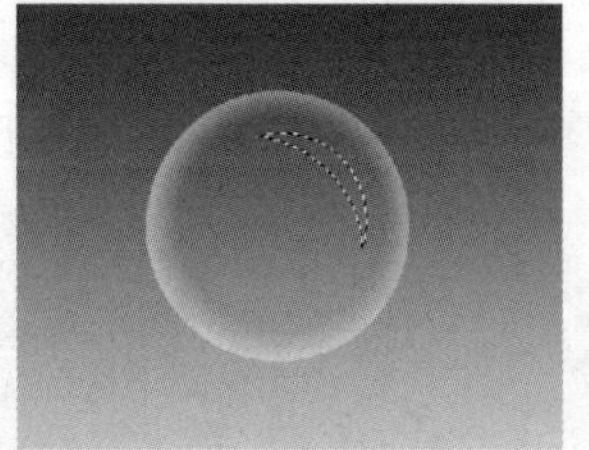

图3-25　绘制月牙形状选区

（8）利用渐变工具填充选区，然后取消选区，得到透明泡泡图像，效果如图3-26所示。

（9）选择“图层1”，按住鼠标左键不放，将其拖曳到“图层”面板右下角的“创建新图层”按钮上，创建“图层1副本”，然后将图像移动位置并进行自由变换，如图3-27所示。

图3-26　填充泡泡高亮区

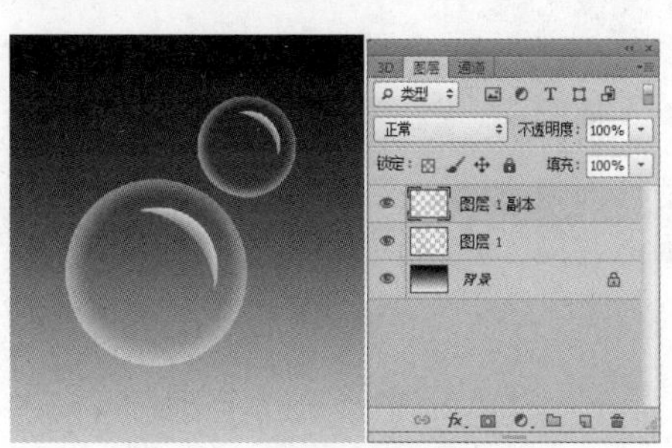

图3-27　复制图像并进行变换

（10）利用相同的方法，多复制几个泡泡图像，并进行自由变换，分别调整泡泡图像的大小，然后在“图层”面板中选择对应的图层，将泡泡调整到合适的位置，效果如图3-28所示。

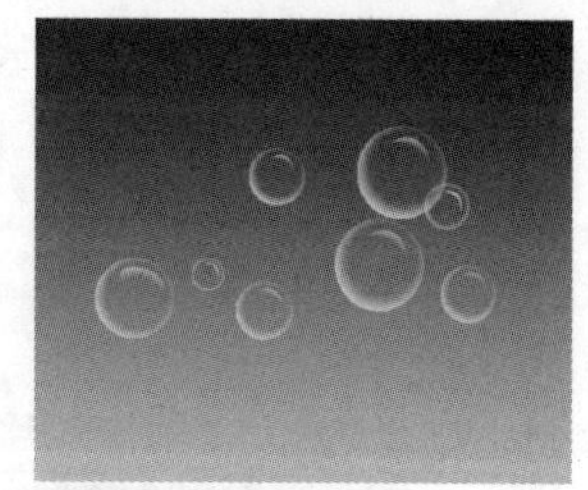

图 3-28　完成背景制作效果

知识提示

填充更逼真的透明泡泡效果

在渐变填充泡泡时，为了能体现透明效果，往往会反复填充多次，因此在制作时，一定要耐心得调整填充效果。

3.2.2 使用橡皮擦工具

Photoshop CS6提供的图像擦除工具包括橡皮擦工具、背景橡皮擦工具和魔术橡皮擦工具，主要用于实现不同的擦除功能。

微课视频

使用橡皮擦工具

下面通过橡皮擦的擦除功能来制作倒影效果，其具体操作如下。

（1）打开“相机.jpg”素材文件，在工具箱中选择魔棒工具，然后在图像背景中单击创建选区。

（2）选择【选择】/【反向】菜单命令，反选选区，然后将其复制到“相机展示.psd”图像文件中，如图3-29所示。

（3）将“相机”所在的图层再复制一层，在其上单击鼠标右键，在弹出的快捷菜单中选择“垂直翻转”命令，将其向下移动到如图3-30所示的位置。

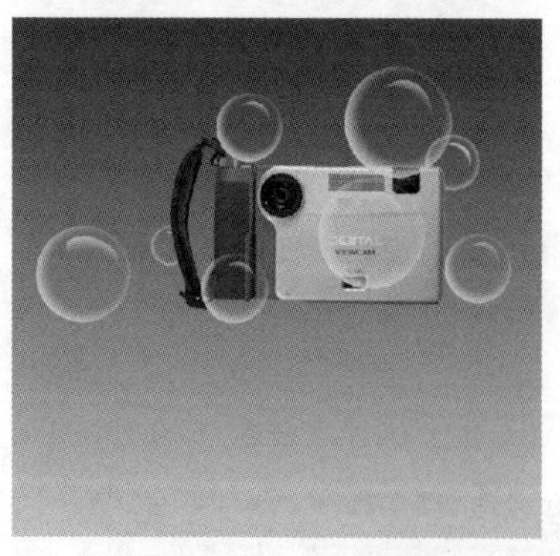

图 3-29　复制相机图像

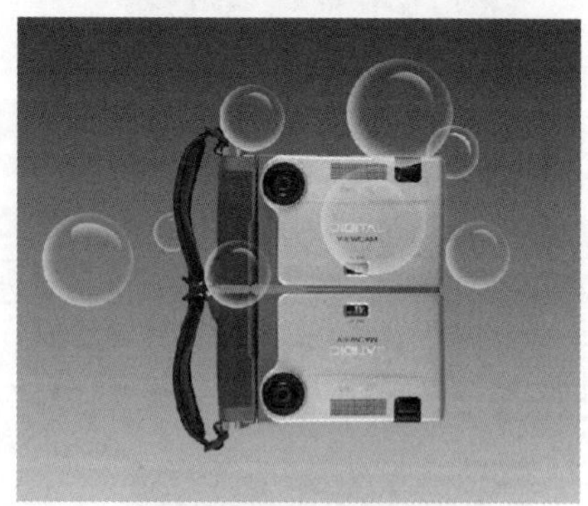

图 3-30　垂直翻转图像

（4）在工具箱中选择橡皮擦工具，设置画笔大小为100，在下方的相机图像上拖动鼠标擦出阴影效果，如图3-31所示，完成相机展示效果制作。

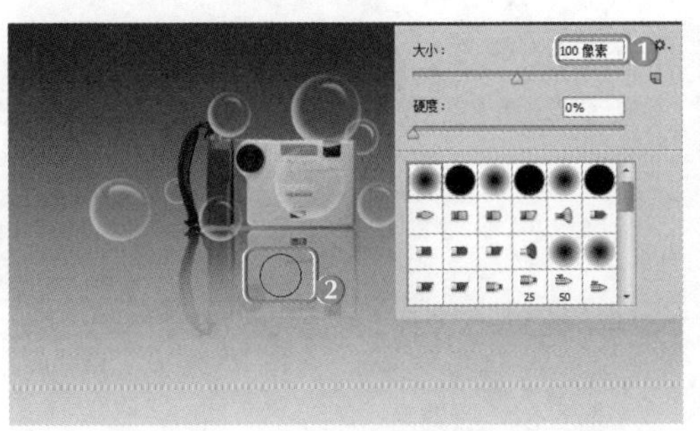

图 3-31 擦出的阴影效果

3.3 课堂案例：制作艺术照

米拉快速制作完相机的展示效果，让老洪非常赞赏，老洪让米拉继续对一张照片做艺术化处理，米拉想利用历史记录画笔工具来完成本任务，制作速度比较快，而且效果也不错。本例的参考效果如图3-32所示，下面具体讲解其制作方法。

素材所在位置 素材文件\第3章\课堂案例\照片.jpg
效果所在位置 效果文件\第3章\艺术照.psd

图3-32 艺术照最终效果

扫一扫

"艺术照"高清彩图

3.3.1 使用历史记录艺术画笔绘制图像

历史记录艺术画笔工具在历史记录画笔工具组中，使用该工具可以对图像进行恢复；并在恢复的过程中，同时进行艺术化处理，创建出独特的艺术效果，其具体操作如下。

微课视频

使用历史记录艺术画笔绘制图像

（1）打开“照片.jpg”素材文件，按【Ctrl+J】组合键复制图层，如图3-33所示。

（2）在工具箱中选择历史记录艺术画笔工具，单击工具属性栏中画笔旁边的下拉按钮，选择“喷溅 59 像素”画笔，设置样式为“绷紧中”，如图3-34所示。

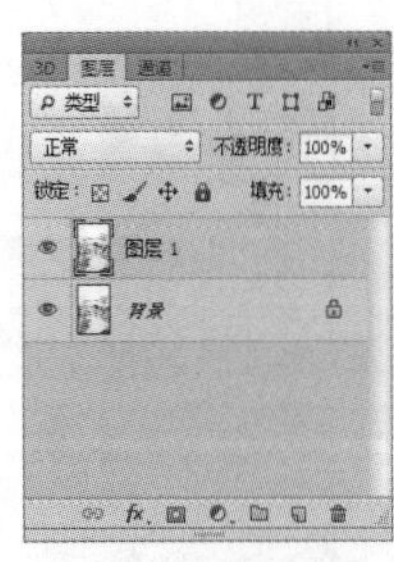

图3-33　复制图层

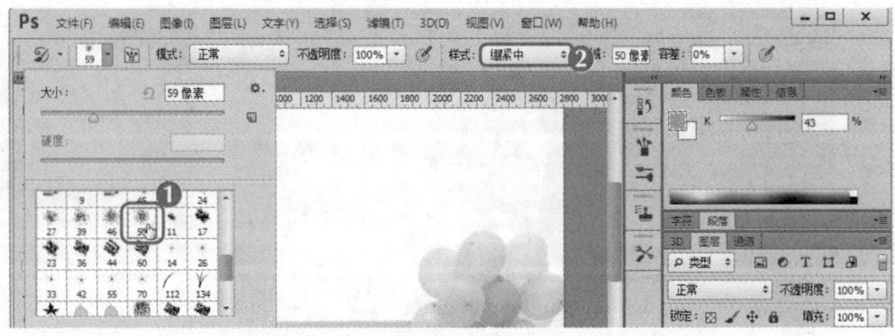

图3-34　设置画笔样式

（3）为了使笔刷效果更自然，单击工具属性栏中的“切换画笔面板”按钮，打开“画笔”面板，单击选中☑湿边和☑杂色复选框，如图3-35所示。

（4）在向日葵背景上进行涂抹，多次涂抹后得到水彩涂抹效果，如图3-36所示。

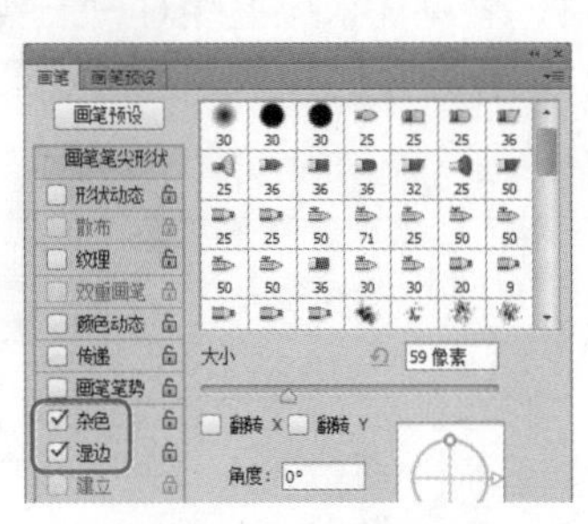

图3-35　设置画笔效果

图3-36　涂抹图像

3.3.2　使用历史记录画笔绘制图像

微课视频

使用历史记录画笔绘制图像

历史记录画笔工具能够依照“历史记录”面板中的快照和某个状态，将图像的局部或全部还原到以前的状态。选择该工具，其工具属性栏与画笔工具类似，其具体操作如下。

（1）选择“图层1”，按【Ctrl+J】组合键复制图层，如图3-37所示。

（2）按【Ctrl+Shift+U】组合键快速去色，如图3-38所示。

（3）在工具箱中选择历史记录画笔工具，然后在图像中的人物区域涂抹，即可恢复图像在复制前的效果，如图3-39所示。

（4）按【Ctrl+S】组合键保存图像，完成艺术照的制作。

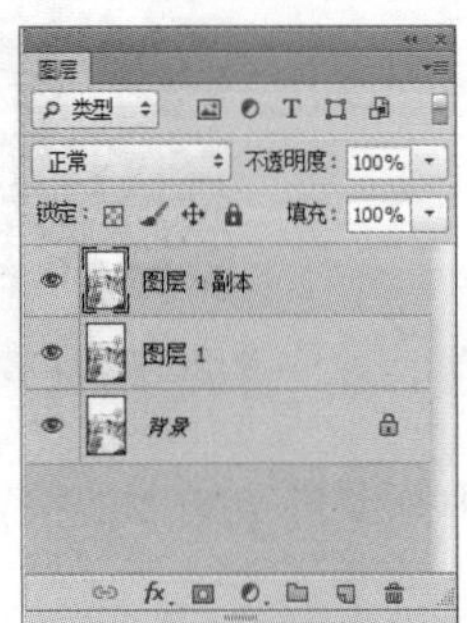

图3-37　复制图层

图3-38　对图像执行去色命令

图3-39　涂抹图像

3.4 项目实训

3.4.1 制作风景插画

1. 实训目标

本实训的目标是为儿童书籍绘制一幅卡通风景插画，要求注意突出插画主题为秋季，运用的色彩要符合季节。本实训的参考效果如图3-40所示。

效果所在位置 效果文件\第3章\卡通风景插画.psd

图3-40 卡通风景插画效果

2. 专业背景

插画就是平常所看的报纸、杂志、各种刊物或儿童图画书里，在文字间所加插的图画。在现代设计领域中，插画设计可以说是极具表现意味，并带有自由表现的个性。要创作出优秀的插画作品，必须对事物有较深刻的理解。插画的创作表现可以是具象，也可以是抽象，其创作的自由度极高，依照用途可以分为书刊插画、广告插画、科学插画等。在设计领域，插画主要通过一些手绘或软件绘制完成，如使用Photoshop软件和数位板结合完成插画的绘制。

在绘制插画之前，可首先在纸稿上绘出大致结构，再根据需要绘制细节，然后从网上或书上找一些相关的参考图片，观察秋季的特点，最后进行色彩选择。在构图时，要注意远景和近景的区分，远景较小且稍微有些模糊，而近景则是眼前所见景色，清晰且细致。

画的类别多种多样，而插画中个人的主观情感体现较明显。因此，在绘制时，首先要想好绘制的插画类别，然后再进行构图。

3. 操作思路

本实训的制作重点是要突出秋季的季节性。本实训制作的风景插画，主要用于书籍的配图，因此大小上没有特殊要求。另外，以秋季的风景作为主要绘制对象，绘制时要把握好色彩的搭配。在制作时可使用渐变工具和套索工具绘制出天空和草地的图像，并使用画笔工具绘制云彩。使用套索工具、加深工具绘制树木，再使用移动工具绘制多个树木，并变换各自的大小、形状等。最后使用画笔工具绘制树枝，设置画笔样式绘制树叶和草图像，完成制作，其操作思路如图3-41所示。

图3-41 卡通风景插画的操作思路

【步骤提示】

（1）新建一个空白图像文件，然后使用橙色（R:253、G:132、B:40）到黄色（R:253、G:240、B:178）的线性渐变填充。

（2）使用套索工具在图像下方绘制选区，然后新建图层，使用黄色（R:247、G:198、B:6）到黄色（R:248、G:232、B:131）的线性渐变填充。

（3）使用相同的方法新建图层并绘制选区，然后填充颜色。

（4）在工具箱中选择画笔工具，设置前景色为白色，画笔为柔角100像素，不透明度为50%，在图像中绘制出云的形状。

（5）新建图层，使用画笔工具绘制出树的形状，树干颜色为棕色（R:123、G:95、B:11），树叶颜色为黄色。

（6）多复制几个树的图层，并对其进行自由变换，调整大小与位置。

（7）使用画笔工具绘制树枝，填充颜色为棕色（R:160、G:58、B:8），继续选择“散步枫叶”画笔，颜色为红色，并不断调整其画笔直径在树枝周围绘制。

（8）继续使用画笔在图像中绘制草图像，完成制作。

3.4.2 手绘梅花图像

1. 实训目标

本实训的目标是绘制一副水墨梅花，用于制作具有古典意蕴的商品海报，要求梅花形象生动，色泽分明。本实训的参考效果如图3-42所示。

素材所在位置 素材文件\第3章\课后练习\手绘梅花\
效果所在位置 效果文件\第3章\课后练习\梅花.psd

图3-42 手绘梅花效果

2. 专业背景

梅花是中国十大名花之首，与兰花、竹子、菊花一起列为“四君子”，与松、竹并称为“岁寒三友”。在传统文化中，梅花高洁、坚强、谦虚的品格，给人以立志奋发的激励，是画家常用写意的首选。而在平面设计中，梅花经常出现在中国风、古典风等作品中，尤其是水墨梅花，不仅可以作为一种好看的装饰，很多时候还能起到烘托商品意蕴，体现商品风格的作用，如陶瓷、茶具、点心等商品设计中经常使用梅花元素。此外，一些年画、企业宣传画等也会使用梅花来体现精神。

在绘制水墨梅花时，需注意梅花枝干、梅花花朵颜色深浅的变化，以及花朵的大小和分布，使梅花生动自然。

3. 操作思路

完成本实训主要包括绘制梅花主要枝干、编辑梅花花朵两大步骤，其操作思路如图3-43所示。

① 绘制梅花主要枝干

② 编辑枝干和花朵

图3-43 手绘梅花的操作思路

【步骤提示】

（1）新建“宽度”和“高度”分别为“800像素”和“800像素”的空白图像。

（2）设置背景色为（R:230、G:221、B:203），按【Ctrl+Delete】组合键，对背景色进行填充。

（3）选择【窗口】/【画笔预设】菜单命令，打开“画笔”面板，在其中单击“画笔预设”选项卡，打开“画笔预设”面板。在“画笔预设”面板右侧单击按钮，在打开的下拉列表中选择“预设管理器”选项，打开“预设管理器”对话框，单击 载入(L)... 按钮。打开“载入”对话框，选择并载入外部画笔笔刷样式。

（4）新建图层，打开“画笔”面板，选择“画笔笔尖形状”选项，在右侧的下拉列表中选择需要的梅花树枝样式，这里选择“600”样式。

（5）设置画笔参数，绘制梅花主枝干，并添加一些枝干。

（6）新建图层，设置前景色为（R:231、G:82、B:131），选择画笔工具，打开“画笔”面板，选择“柔角”选项，在“大小”栏中设置画笔大小，绘制梅花花瓣。

（7）继续设置前景色为（R:254、G:186、B:209），设置画笔大小，绘制颜色深浅不同的梅花花瓣。

（8）继续设置前景色为（R:238、G:54、B:76），设置画笔大小，绘制梅花花蕊。

3.5 课后练习

本章主要介绍了绘制图像时需要用到的一些工具，包括画笔工具、铅笔工具、渐变工具、油漆桶工具、吸管工具、历史记录画笔工具、历史记录艺术画笔工具等。对于本章的内容，读者应认真学习和掌握，为后面设计和处理图像打下良好的基础。

练习1：制作透明气泡效果

本练习要求为一张照片添加气泡，制作气泡飘飞的效果。可打开本书提供的素材文件进行操作，参考效果如图3-44所示。

素材所在位置 素材文件\第3章\课后练习\童趣.jpg
效果所在位置 效果文件\第3章\课后练习\童趣.psd

图3-44 透明气泡效果

要求操作如下。

- 打开提供的素材文件“童趣.jpg”图像，新建图层。
- 绘制圆形选区并设置前景色。
- 选择较柔和的画笔，并为其设置不透明度。
- 在选区边缘拖动涂抹，然后复制多个气泡图层并调整大小及位置。

练习2：制作人物剪影插画

本练习要求将一张人物照片制作成剪影效果。可打开本书提供的素材文件进行操作，参考效果如图3-45所示。

素材所在位置 素材文件\第3章\课后练习\人物.jpg、插画背景.jpg
效果所在位置 效果文件\第3章\课后练习\人物剪影插画.psd

要求操作如下。

- 使用“魔术橡皮擦工具”擦除“人物.jpg”图像中的背景，将其移动到“插画背景.jpg”素材中。
- 对人物进行纯色填充，然后对其进行描边和投影样式的应用。

- 最后再在图像中绘制箭头，完成剪影插画的制作。

图3-45 人物剪影插画效果

3.6 技巧提升

1. 在Photoshop CS6中载入默认画笔样式

如果Photoshop CS6中默认的画笔样式不能满足用户日常设计的需要，那么可以在工具箱中选择画笔工具，然后在工具属性栏中单击画笔样式旁的下拉按钮，在打开的面板中单击按钮，或在面板组中单击“画笔预设”按钮，打开“画笔预设”面板，在其中单击按钮，在打开的下拉列表中选择对应的选项。在打开的提示对话框中单击追加(A)按钮，即可将Photoshop CS6自带的画笔笔刷载入到画笔样式中。若单击确定按钮，则会替换原有的默认画笔。

2. 在Photoshop CS6中载入外部画笔样式

用户可以自定义预设画笔样式，也可以从网上下载画笔样式，然后将其载入到Photoshop中，具体方法是在打开的画笔面板中单击按钮，或在面板组中单击“画笔预设”按钮，打开“画笔预设”面板，在其中单击按钮，在打开的下拉列表中选择“载入画笔”选项，打开“载入”对话框，在其中找到从网上下载的画笔笔刷所在的位置，并将需要载入到Photoshop中的笔刷选中，然后单击载入(L)...按钮。载入的画笔笔刷将在画笔样式中显示，单击选择画笔后，在图像区域单击即可绘制出需要的图像效果。

3. 在Photoshop CS6中载入渐变样式

若Photoshop CS6自带的渐变样式不能满足需要，为了提高工作效率，用户也可在网上下载一些常用的渐变样式。从外部下载的渐变样式载入到Photoshop中，其方法与载入画笔的方法基本相同。

CHAPTER 4

第4章 修饰数码照片

情景导入

米拉对图像处理很有自己的见解，老洪见米拉进步很快，决定让她参与公司一些作品的制作，帮忙对图像进行简单修饰。

学习目标

- 掌握数码照片美化的方法。

  如使用污点修复工具、使用修复画笔工具、使用修补工具、使用红眼工具、使用模糊工具等。
- 掌握商品图片的处理技巧。

  如使用锐化工具、使用加深工具和减淡工具等。

案例展示

▲美化数码照片中的人像

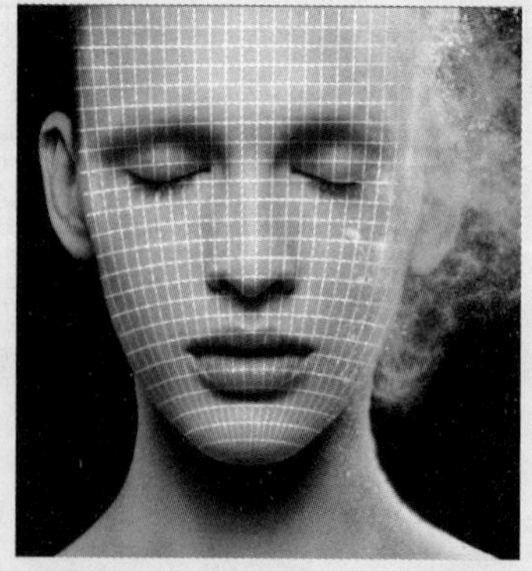

▲修饰艺术照

4.1 课堂案例：美化数码照片中的人像

通过对米拉工作的观察，老洪认为米拉对工作的态度非常积极。他告诉米拉，在进行平面设计过程中，会用到大量的素材，而大部分素材都需要处理成相应的效果后，才会用于设计。老洪让米拉对一张数码照片进行处理，主要是去除照片中的瑕疵，使用污点修复画笔工具组对图像中多余的部分进行涂抹去除，然后使用修复工具来修饰图像，修复完成后再对图像进行进一步的优化。本例完成后的参考效果如图4-1所示，下面具体讲解其制作方法。

素材所在位置 素材文件\第4章\课堂案例\美女.jpg
效果所在位置 效果文件\第4章\照片.jpg

图4-1 “美化数码照片中的人像”最终效果

扫一扫

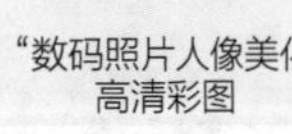

“数码照片人像美化”高清彩图

行业提示

人物图像美化

人物图像美化在Photoshop中非常常用。Photoshop作为一款功能强大的图像处理软件，不仅可以对人像进行基本的调色、美化和修复等处理，还可以改变人物的线条和幅度，如调整脸部器官和脸型的大小、调整身体曲线等。此外，合理运用Photoshop的各种功能，还可以为人像绘制彩妆等。

4.1.1 使用污点修复画笔工具

污点修复画笔工具主要用于快速修复图像中的斑点或小块杂物等，使用污点修复画笔工具能使用图像中的样本像素进行绘画，还可以将源图像区域的像素的纹理、透明度、光暗等情况与目标图像区域的情况匹配融合。下面将修复“美女.jpg”图像中脸部一些较明显的斑点，使其变得较干净光滑，其具体操作如下。

微课视频

使用污点修复画笔工具

（1）打开“美女.jpg”素材文件，在工具箱中选择污点修复画笔工具，在工具属性栏中设置污点修复画笔的大小为“20”，单击选中“内容识别”单选项，单击选中☑对所有图层取样复选框，完成后放大显示“美女”图像，如图4-2所示。

（2）使用鼠标在脸部右侧单击确定一点，向下拖动可发现修复画笔将显示一条灰色区域，释放鼠标即可看见拖动区域的斑点已经消失。若是修复单独的某一个斑点，可在其上单击以完成修复操作，如图4-3所示。

图4-2 设置污点修复画笔的参数

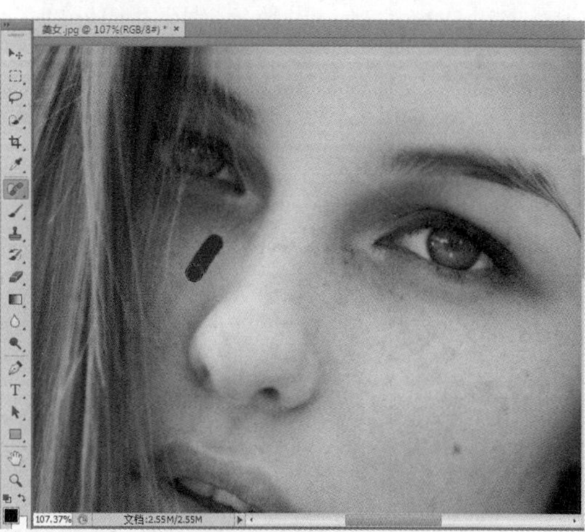

图4-3 修复脸部右侧的斑点

（3）使用修复画笔工具沿着鼻子的轮廓进行涂抹修复鼻子上的斑点，注意避免修复过程中因为颜色的不统一，再次出现大块的污点。在修复过程中，需单独对某个斑点进行单击，减少鼻子不对称的现象出现，如图4-4所示。

（4）使用相同的方法对右脸进行修复，在修复时单击斑点可进行修复，对于斑点密集部分，则可使用拖动的方法进行修复，查看修复后的效果，如图4-5所示。

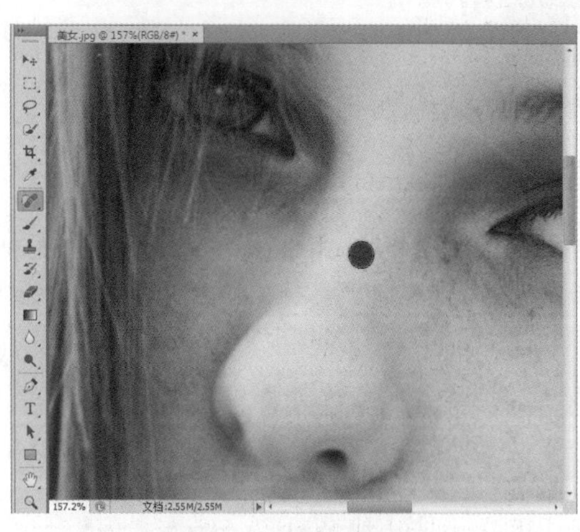

图4-4 修复鼻子上的斑点

图4-5 修复脸部右侧的斑点

4.1.2 使用修复画笔工具

微课视频

使用修复画笔工具

修复画笔工具可以用图像中与被修复区域相似的颜色去修复破损图像。它与污点修复画笔工具的作用和原理都基本相同，只是修复画笔工具更加便于控制，不易于产生人工修复的痕迹。下面将继续修复“美女.jpg”图像中人物的眼袋和黑眼圈，让其更加平顺自然，其具体操作如下。

（1）在工具箱中选择修复画笔工具，在工具属性栏中设置修复画笔的大小为“15”，在“模式”栏右侧的下拉列表中选择“滤色”选项，单击选中 取样 单选项，完成后将左侧眼部放大，如图4-6所示。

（2）在左侧眼睛的下方，按住【Alt】键的同时，单击图像上需要取样的位置。这里单击左侧脸部相对平滑的区域。再将光标移动到需要修复的位置，这里将其移动到眼睛的下方，单击并拖动鼠标，修复眼部的细纹，如图4-7所示。

图4-6 设置修复画笔

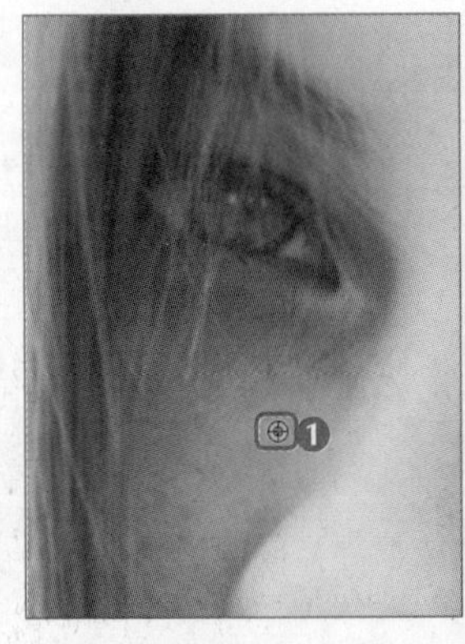

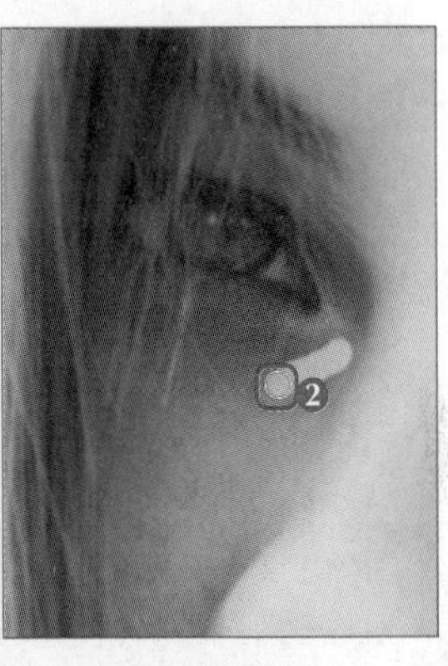

图4-7 获取修复颜色并进行修复操作

（3）根据眼部轮廓的不同和周围颜色的不同，在使用修复画笔工具时，为了使修复的图像更加完美，在修复过程中需不断地修改取样点和画笔大小，让右侧脸部变得统一，并且在处理过程中，也可对脸部的细纹进行修复，如图4-8所示。

（4）使用相同的方法对右侧眼部进行修复，让周围的颜色统一，并去除细纹，如图4-9所示。

图4-8 修复左侧眼部细纹并使周围颜色统一

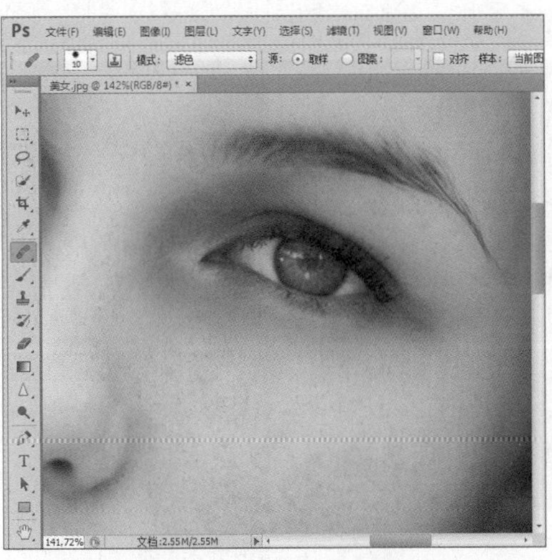

图4-9 修复右侧眼部细纹

4.1.3 使用修补工具

修补工具可将目标区域中的图像复制到需修复的区域中，用户在修复较复杂的纹理和瑕疵图像时，便可以用修补工具进行修复。下面将继续通过修补工具对“美女.jpg”图像中的瑕疵区域进行修补，使皮肤更加白皙光滑，其具体操作如下。

（1）在工具箱中选择修补工具，在工具属性栏中单击“新选区”按钮，在“修补”下拉列表中选择“正常”选项，单击选中 源 单选项，然后将脸部放大，如图4-10所示。

（2）在需要修补的脸部皮肤处单击，绘制一个闭合的形状将需要修补的位置圈住，当鼠标变为形状时，按住鼠标左键不放向上拖动，以手其他部分的颜色为主体进行修补，如图4-11所示。注意，修补时不要拖动鼠标太远，否则容易造成颜色不统一。

图4-10 设置修补参数

图4-11 修补手部部分

（3）在左侧鼻尖处发现鼻尖的皮肤很粗糙，并且有凹痕，使用修补工具沿着鼻尖的轮廓绘制一个闭合的选区，并将鼠标指针移动到选区的中间，当光标呈形状后，向上拖动修补鼻尖，如图4-12所示。

（4）使用相同的方法对脸部其他区域进行修补，让皮肤变得更加细腻，注意修补过程中，要预留轮廓，不要让轮廓变得平整。修补完成后查看修补后的效果，如图4-13所示。

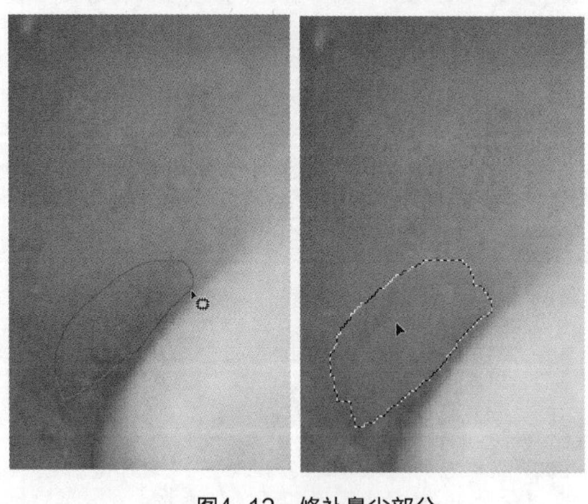

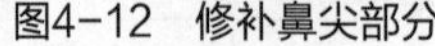

图4-12 修补鼻尖部分

图4-13 修补其他区域

4.1.4 使用红眼工具

受诸多客观拍摄因素的影响，数码照片在拍摄后可能会出现红色、白色或绿色反光斑点的现象。对于这类照片，可使用红眼工具快速去除照片中的瑕疵。下面将继续通过红眼工具去除“美女.jpg”图像中的红眼，让眼睛恢复原色并变得有神，其具体操作如下。

（1）选择红眼工具，在工具属性栏中设置“瞳孔大小”为“80%”，设置“变暗量”为“40%”，完成后将左侧眼部放大，并在眼部的红色区域单击，如图4-14所示。
（2）此时单击处呈黑色显示，继续单击红色周围，使红色的眼球完全呈黑色显示。
（3）使用相同的方法修复右眼，完成后查看完成后的效果，如图4-15所示。

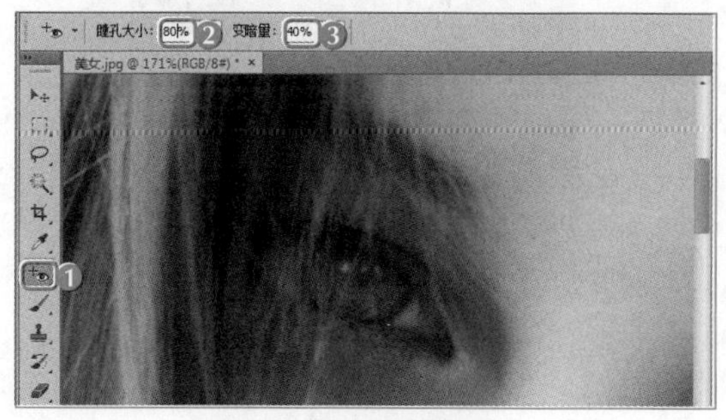

图4-14 设置红眼参数

图4-15 修复红眼效果

4.1.5 使用模糊工具

模糊工具可柔化图像中相邻像素之间的对比度，减少图像细节，从而使图像产生模糊的效果。下面将对“美女.jpg”图像中的脸部皮肤进行模糊，让其具有柔光效果，更加光滑，其具体操作如下。
（1）在工具箱中选择模糊工具，在工具属性栏中设置模糊大小为“50%”，设置“强度”为“90%”，在右侧脸部涂抹，使脸部小斑点变得模糊，如图4-16所示。
（2）对脸部的其他部分进行涂抹，使其脸部显示光滑。注意轮廓线部分若需涂抹需要按照轮廓线的走向进行涂抹，如图4-17所示。

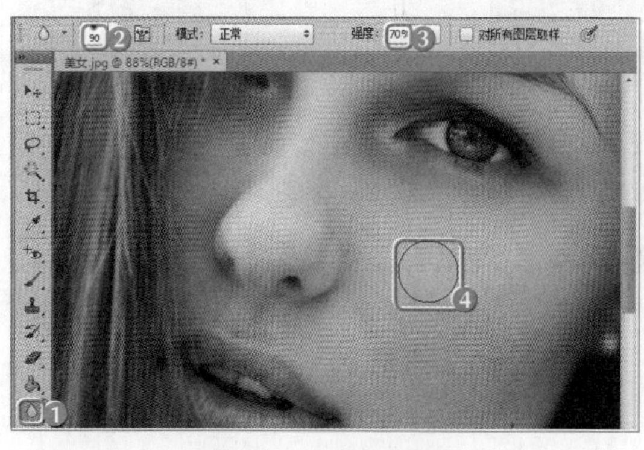

图4-16 设置模糊参数

图4-17 涂抹其他部分

（3）选择【图像】/【调整】/【曲线】菜单命令，或按【Ctrl+M】组合键，打开“曲线”对话框。
（4）将鼠标移动到曲线编辑框中的斜线上，单击鼠标创建一个控制点，再向上方拖动曲线，调整亮度，或在“输出”或“输入”文本框中分别输入曲线输出与输入值。这里设置“输出”和“输入”分别为“150”和“120”，如图4-18所示。
（5）单击 确定 按钮，返回图像窗口，即可看到调整后的效果，如图4-19所示。

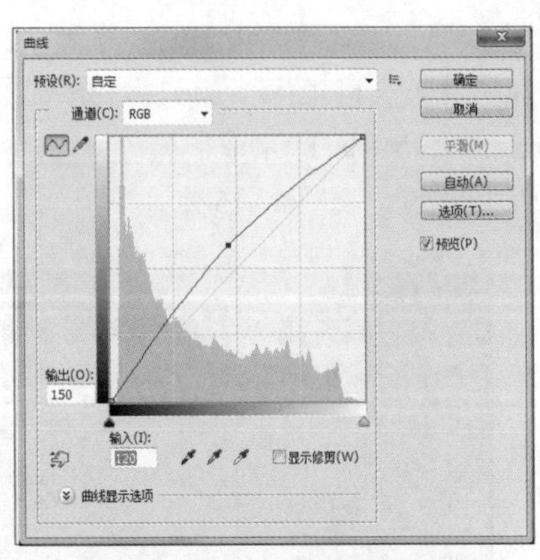

图4-18 使用曲线调整亮度

图4-19 查看完成后的效果

4.2 课堂案例：调整商品图片

老洪正在为一家淘宝网店设计商品详情页，有很多商品图片不符合网店要求。他告诉米拉，商品图片中的商品是整张图片的主体，如果图片拍摄的主次不分明，可以通过虚化背景的方式来凸显图片主体，或对背景颜色、主体颜色进行减淡和加深处理。米拉自告奋勇为老洪处理一张商品图片，分别使用锐化工具、加深和减淡工具来处理图片，使图片的主次对比更加明显。本例的参考效果如图4-20所示，下面具体讲解其制作方法。

图4-20 “调整商品图片”最终效果

素材所在位置 素材文件\第4章\课堂案例\拖鞋商品图片.jpg
效果所在位置 效果文件\第4章\拖鞋商品图片.psd

网店商品图片拍摄构图技巧

一般来说，网店商品均以商品本体为图片重心，可以通过摆放和搭配来凸显主体、展示信息，商品的拍摄构图应该遵循画面简洁、排列平衡、主题突出的原则，可保留适当的留白空间，如果背景比较复杂，可使用景深效果来让主体商品更具有立体感。

4.2.1 使用锐化工具

锐化工具能使模糊的图像变得清晰，使其更具有质感。使用时要注意，若反复涂抹图像中的某一区域，则会造成图像失真。下面将打开“拖鞋商品图片.jpg”图像，对其中的污点进行处理，然后使用模糊工具对周围的物品进行模糊处理，并对拖鞋主体进行锐化处理，让其变得更加有质感，具体操作如下。

（1）打开“拖鞋商品图片.jpg”图像文件，在工具箱中选择修补工具，在工具属性栏中单击选中“源”单选项，将鼠标指针移动到图像中，当光标变为形状后，按住鼠标左键不放，沿污点周围绘制选区，如图4-21所示。

（2）将鼠标指针移动到选区中，按住鼠标不放进行拖动，将光标移动到图像右侧的空白处释放鼠标。此时可发现选区中的内容将被移动后的选区内容所替换，如图4-22所示。

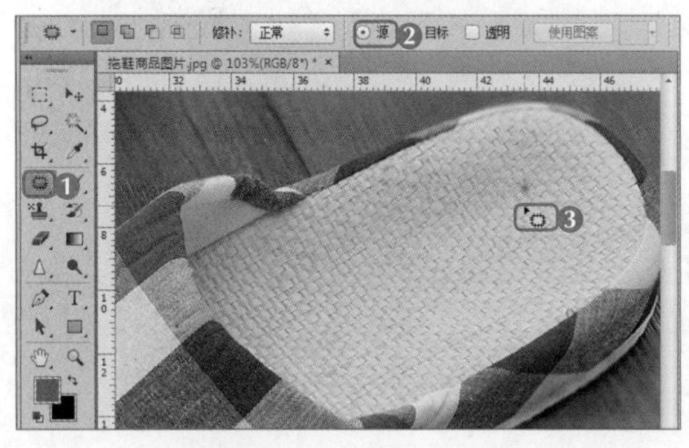

图4-21　绘制修补选区

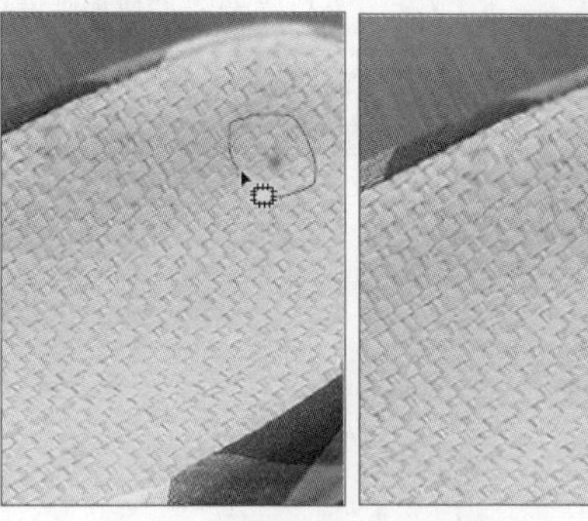

图4-22　修复图像

（3）使用相同的方法修补其他污点，使修补的污点与周围的部分一致，查看完成后的效果，如图4-23所示。

（4）在工具属性栏中选择模糊工具，设置模糊画笔大小为“200像素”，再设置模糊画笔为“硬边圆”，单击选中“对所有图层取样”复选框，完成后对周围的物品进行涂抹，使其模糊显示，如图4-24所示。

使修补的颜色变得局部透明

在“修补工具”工具属性栏中单击选中“透明”复选框，可使被修补的区域图像颜色变得局部透明。

图4-23　修补其他污点

图4-24　模糊图像

（5）在工具箱中选择锐化工具，设置锐化画笔大小为“200像素”，再设置强度为

"50%"，单击选中☑保护细节复选框，然后放大拖鞋图像，如图4-25所示。

（6）在拖鞋上进行拖动，会发现拖鞋的纹理变得清晰，对于细微处还可按【[】键缩小画笔进行涂抹，完成的查看锐化后的效果，如图4-26所示。

图4-25 设置锐化参数

图4-26 查看锐化后的效果

多学一招 模糊工具和锐化工具的使用

模糊和锐化工具适合处理小范围的图像细节，若要对图像整体进行处理，使用"模糊"和"锐化"滤镜比较快捷。

4.2.2 使用加深和减淡工具

使用加深工具可增加曝光度使图像中的区域变暗，而使用减淡工具则可以快速增加图像中特定区域的亮度。这两个工具常用于处理照片的曝光。下面先对"拖鞋商品图片.jpg"图像中周围的背景进行加深，再对拖鞋进行减淡操作，增加图片对比，让主体更加突出。

微课视频

使用加深工具

1. 使用加深工具

下面将对背景进行加深操作。在加深过程中，主要使用大的加深笔刷进行涂抹，实现颜色的递减性加深，其具体操作如下。

（1）在工具箱中的减淡工具组上单击鼠标右键，在弹出的面板选择加深工具，在其工具属性栏中设置"画笔样式"为"柔边圆"，"大小"为"1000像素"，设置"范围强度"为"中间调"，设置"曝光度"为"20%"，单击选中☑保护色调复选框，如图4-27所示。

（2）在拖鞋周围进行拖动，对背景进行加深操作，并查看加深后的效果，如图4-28所示。

图4-27 设置加深参数

图4-28 加深背景

2. 使用减淡工具

减淡工具能让图像的颜色变浅。下面将对商品部分和笔记本电脑部分进行减淡操作，并调整曲线与色阶，使图片更加鲜亮，其具体操作如下。

(1) 选择工具箱中的减淡工具，在工具属性栏中设置“画笔样式”为“硬边圆”，“大小”为“300像素”，设置“范围”为“阴影”，设置“曝光度”为“20%”，如图4-29所示。

(2) 在拖鞋的上方进行拖动，对拖鞋进行减淡处理，并查看减淡的效果，如图4-30所示。

图4-29 设置减淡参数

图4-30 减淡拖鞋

(3) 选择【图层】/【新建调整图层】/【曲线】菜单命令，打开“新建图层”对话框，保持默认设置不变，单击 确定 按钮，如图4-31所示。

(4) 打开“属性”面板，在中间列表框的曲线下段部分单击添加一个控制点，并按住鼠标左键不放向下拖动，调整图像的暗部，再在曲线上段单击添加一个控制点，并向上拖动调整图像的亮度，完成曲线的调整，如图4-32所示。

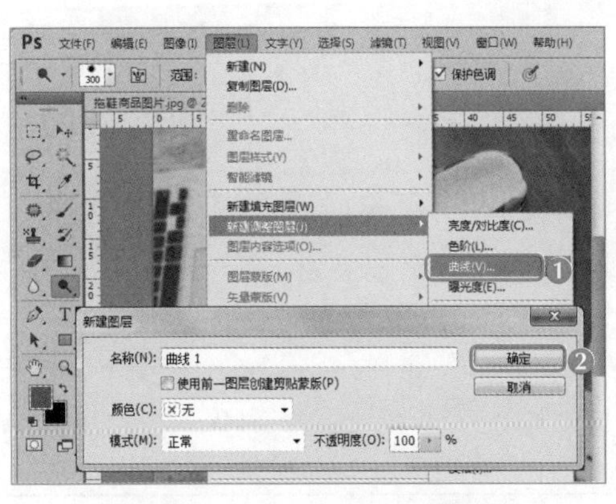

图4-31 新建“曲线”调整图层

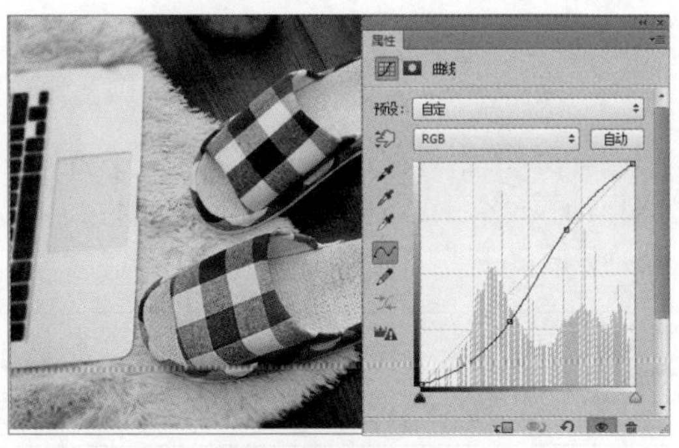

图4-32 调整曲线

(5) 选择【图层】/【新建调整图层】/【色阶】菜单命令，打开“新建图层”对话框，保持默认设置不变，单击 确定 按钮，如图4-33所示。

(6) 在“属性”面板拖动中间的滑块调整输出的色阶，这里设置第一个滑块值为“12”，设置最后一个滑块值为“216”，设置中间的滑块值为“1.09”，如图4-34所示。

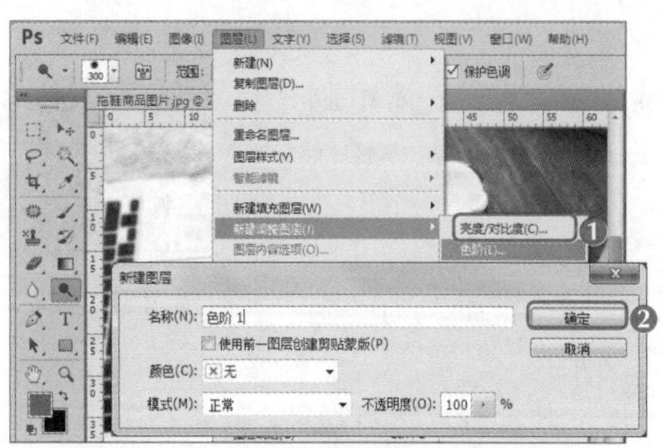

图4-33　新建色阶调整图层

图4-34　调整色阶

（7）使用相同的方法新建“曝光度”图层，并设置其“位移”和“灰度系数校正”分别为“-0.05”和“1”，如图4-35所示。

（8）返回图像编辑区，即可查看调整后的图像效果，如图4-36所示。

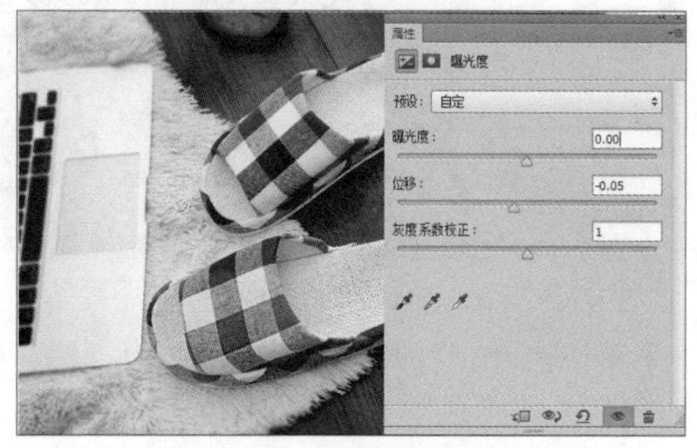

图4-35　调整曝光度

图4-36　查看调整后的效果

4.3　项目实训

4.3.1　修饰艺术照

1．实训目标

本实训的目标是对一张有瑕疵的人物艺术照进行修饰，并为人物面部添加方格图案，使照片更具艺术性。本实训修饰前后对比效果如图4-37所示。

素材所在位置　素材文件\第4章\项目实训\人物.jpg

效果所在位置　效果文件\第4章\项目实训\人物.psd

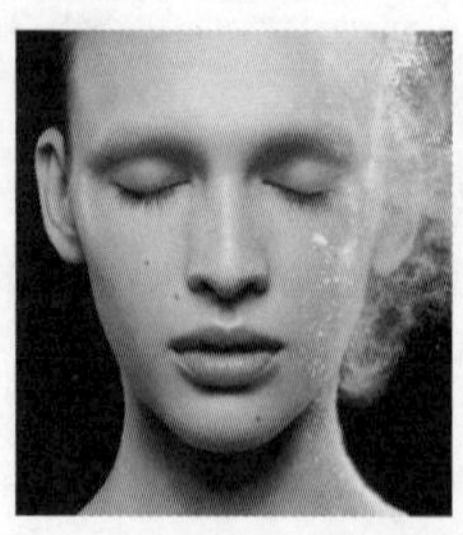

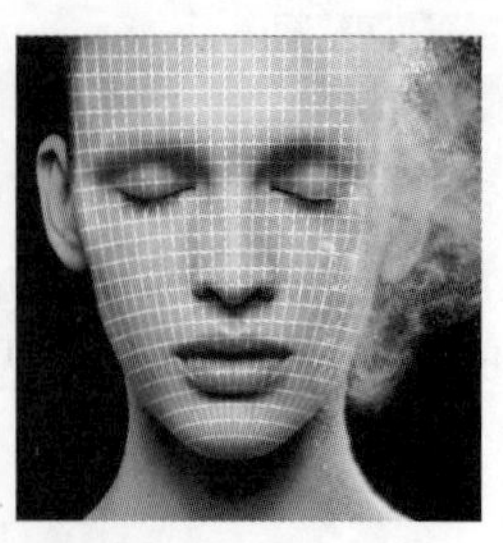

图4-37　修饰艺术照前后对比效果

2. 专业背景

艺术照是指通过角度、光线、表情、服装、妆容、背景等手法，充分表现人的内涵与特点，掩盖不足之处，凸显美感，从而达到一定视觉效果的照片。在平面设计中，艺术照是一种非常常见的元素，并且通常被设计者赋予更多内容：它不再仅仅是好看的照片，更多用于提高视觉冲击、强化设计内容或体现设计风格。因此，在很多作品中，都为艺术照人物添加了各种不同的特殊效果，使其更具个性，且与设计主题更加搭配。

本例的艺术照主要使用仿制图章工具和图案图章工具进行处理，使艺术照体现出一种现代化的科技感。

3. 操作思路

完成本实训主要先打开素材文件，然后通过仿制图章工具处理脸部的瑕疵、矩形选框工具和图案图章工具制作脸部方格纹，其操作思路如图4-38所示。

① 打开素材文件

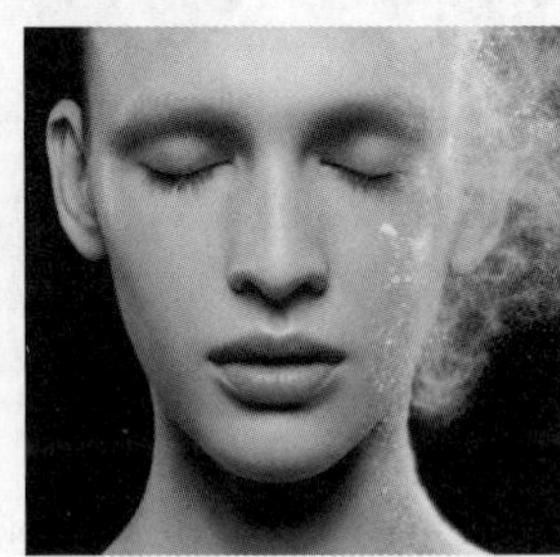

② 修复瑕疵

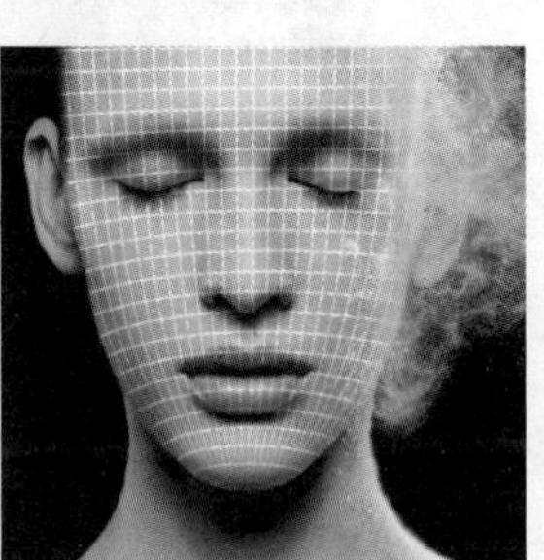

③ 添加方格纹效果

图4-38 修饰艺术照的操作思路

【步骤提示】

（1）打开“人物.jpg”图像，在工具箱中选择仿制图章工具，在工具属性栏中单击“仿制图章”按钮右侧的下拉按钮，在打开的面板设置“大小”为“20像素”，在其下方的列表中，设置图章画笔为“硬边圆”。

（2）使用仿制图章工具进行取样，并覆盖人脸中的瑕疵。

（3）在工具箱中选择污点修复画笔工具，在工具属性栏中设置污点修复画笔的大小为“40像素”，单击选中“近似匹配”单选项和“对所有图层取样”复选框，修复肤色不统一的区域。

（4）在“背景”图层上按【Ctrl+J】组合键，复制“图层1”，并隐藏“背景”图层。再新建一个空白的“图层2”图层，选择“图层2”图层，在工具箱中选择矩形选框工具，绘制一个覆盖人物面部的选区。

（5）在工具箱中选择图案图章工具，在工具属性栏中设置画笔大小为“400像素”，单击“图案”右侧的下拉按钮，在打开的下拉列表框中，单击按钮，在弹出的下拉列表中选择“图案”选项。

（6）在图案下拉列表框中选择“拼贴- 平滑（128 像素×128 像素，灰度模式）”图案，并涂抹选区。

（7）变形选区，拖动点使图案与面部重合。在工具箱中选择橡皮擦工具，设置橡皮擦大小为“100像素”，画笔样式为“硬边圆”，擦除多余方格图案。

4.3.2 修饰老照片折痕

1. 实训目标

本实训的目标是对一张旧照片进行修复处理，需要使用到调色命令和修复工具等。本实训修饰前后对比效果如图4-39所示。

素材所在位置 素材文件\第4章\项目实训\老照片.jpg
效果所在位置 效果文件\第4章\项目实训\老照片.psd

图4-39 修饰老照片折痕的操作思路

2. 专业背景

对照片进行修复主要使用的人群有摄影中心、影楼或业余爱好者等。修复照片主要是对照片中所有不理想的部分进行修复，或为照片制作特殊的效果。若仅仅是需要还原照片，应注意照片原有的图像元素不能去掉，修改后要使照片更加的清晰。而制作特殊效果时，应整体把握图像的布局，遵循设计原则。

3. 操作思路

完成本实训主要包括照片调色、调整亮度和对比度，以及修复折痕三大步操作，其操作思路如图4-40所示。

① 图像去色

② 调整亮度和对比度

③ 修复折痕

图4-40 修饰老照片的操作思路

【步骤提示】

（1）打开“老照片.jpg”图像，复制一个图层，执行去色命令。

（2）调整图像的亮度和对比度，使照片更明亮。

（3）使用画笔修复工具对图像中的折痕进行修复。

4.4 课后练习

本章主要介绍了修饰图像时需要用到的一些工具，包括污点修复画笔工具、修复画笔工具、修补工具、图案图章工具、模糊工具、锐化工具、涂抹工具、减淡工具和加深工具等。对于本章的内容，应重点掌握各种工具的使用方法及使用各种工具能够达到的效果，以便于在日常设计工作中提高工作效率。

练习1：制作双胞胎效果图

本练习要求将一张幼儿照片制作成双胞胎照片效果，可打开本书提供的素材文件进行操作，参考效果如图4-41所示。

素材所在位置 素材文件\第4章\课后练习\小孩.jpg
效果所在位置 效果文件\第4章\课后练习\小孩.jpg

图4-41 双胞胎效果

要求操作如下。

- 打开“小孩.jpg”图像，选择工具箱中的修补工具沿人物绘制选区。
- 选择工具属性栏中的“目标”选项，将鼠标放置到选区中向左拖动，松开鼠标后得到复制的图像。
- 选择仿制图章工具，按住【Alt】键单击取样人物右侧手边的衣服，然后拖动鼠标对复制的部分玩具区域进行修复。
- 按【Ctrl+D】组合键取消选区，完成双胞胎图像的制作。

微课视频

去除人物眼镜

练习2：去除人物眼镜

本练习要求将一张人物照片中的眼镜去除，可打开本书提供的素材文件进行操作，参考效果如图4-42所示。

素材所在位置 素材文件\第4章\课后练习\去除眼镜.JPG
效果所在位置 效果文件\第4章\课后练习\去除眼镜.psd

图4-42 去除人物眼镜效果

要求操作如下。

- 打开“去除眼镜.JPG”图像。
- 使用图案图章工具去除人物脸部的眼镜框。
- 通过修复画笔工具对眼镜周围的人物皮肤进行修复，完成图像的制作。

4.5 技巧提升

1. 通过“仿制源”面板设置修复的样本

“仿制源”面板中的选项并不是一个单独使用的工具，其需要配合图章工具或修复画笔工具使用。通过“仿制源”面板可设置不同的样本源以及缩放、旋转和位移样本源，以帮助在特定位置仿制源和匹配目标的大小和方向。打开一幅图像后，选择【窗口】/【仿制源】菜单命令，即可打开“仿制源”面板。

“仿制源”面板中主要选项作用介绍如下。

- “仿制源”按钮：单击该按钮后，使用“仿制图章工具”或“修复画笔工具”，并按住【Alt】键在图像中单击，可设置取样点。继续单击其后的“仿制源”按钮，可继续拾取不同的取样点（最多可设置5个不同的取样源）。
- 位移：可在文本框中输入精确的数值指定X和Y像素的位移，并可在相对于取样点的精确位置进行绘制。位移的右侧为缩放文本框，默认情况下，会约束比例，若在“W”和“H”文本框中输入数值，可缩放所仿制的源。若在“角度”后的文本框输入数值，则可旋转仿制源。
- ☑锁定帧复选框：单击选中该复选框，可一直保持与初始取样相同的帧进行仿制。
- ☑显示叠加复选框：单击选中该复选框，可在其下方列表框中设置叠加的方式（包括正常、变亮、变暗和差值），此时可以更方便地对图像进行修复，使效果融合得更完美。
- ☑自动隐藏复选框：单击选中该复选框，可在应用绘画描边时隐藏叠加效果。
- ☑已剪切复选框：单击选中该复选框，可将叠加图像剪切到画笔大小。

2. 内容感知移动工具

在修复图像时，常会遇到移动或复制图像的情况，此时，可使用内容感知移动工具进行移动或复制。进行移动时，还可将原位置的图像自动进行隐藏，无需再进行擦除等操作，提高了修复图像的效率，其方法为：打开图像，选择内容感知移动工具，在其工具属性栏中设置“模式”为“移动”，在“适应”下拉列表框中选择“中”选项，在图像中拖动鼠标创建选区。将光标放置在选区内，按住鼠标不放向右侧拖动，再释放鼠标，即可看到图像已移动，原位置的图像已被隐藏，再按【Ctrl+D】组合键取消选区。使用仿制图章工具和修补工具，对源位置的图像进行处理即可。

3. 涂抹工具

涂抹工具位于工具箱的模糊工具组中，使用该工具可以扭曲图形和让图形的颜色进行融合。涂抹工具的使用方法和模糊工具相同，不同的是，其工具属性栏中多了☐手指绘画复选框，选中☑手指绘画复选框，可以出现类似手指涂抹时产生的不均匀用力效果。使用涂抹工具的方法为：在工具箱中的模糊工具组上单击鼠标右键，在弹出的面板中选择涂抹工具。在工具属性栏中单击下拉按钮，在打开的下拉列表框中选择画笔的样式，并设置画笔笔尖大小、涂抹强度和是否启用手指绘画等参数，然后将鼠标光标移动到图像中需要进行涂抹的部分，按住鼠标左键不放进行涂抹即可。

4. 海绵工具

海绵工具位于工具箱的减淡工具组中，用于在图像中加深或降低颜色的饱和度，从而调整图像颜色。海绵工具工具属性栏与减淡工具工具属性栏的大部分参数一致，其特有参数的含义如下。

- “模式”下拉列表框：用于选择减去或增加颜色的饱和度。
- “流量”数值框：用于设置使用海绵工具时的强度。

海绵工具的使用方法为：在工具箱中的减淡工具组上单击鼠标右键，在弹出的面板中选择海绵工具。在工具属性栏中设置画笔样式、大小，设置模式为减去或增加颜色饱和度，然后将鼠标光标移动到图像中进行涂抹，直到符合需要即可。

CHAPTER 5

第5章 图层的初级应用

情景导入

米拉在广告公司实习了两周，对图像处理有了更多认识，于是老洪决定带领米拉接触各种类型的设计作品。

学习目标

- 掌握合成“草莓城堡”图像的方法。

  如创建图层、编辑图层、创建图层组、复制和链接图层、锁定和合并图层等。

- 掌握合成“音乐海报”图像的方法。

  如设置图层混合模式、设置图层样式、设置图层不透明度等。

案例展示

▲合成“草莓城堡”图像

▲合成“音乐海报”图像

5.1 课堂案例：合成“草莓城堡”图像

老洪让米拉独自设计一幅作品，米拉在收集了相关素材后，决定合成一个草莓城堡。要完成该任务，需要先将现有的图片调入到新的图像文件中，生成相应的图层，然后通过管理和重新组织图层中的图像来实现合成效果，涉及的知识点主要有图层的创建与编辑操作，以及图层的管理操作等。本例完成后的参考效果如图5-1所示，下面具体讲解其制作方法。

素材所在位置 素材文件\第5章\课堂案例\草莓城堡

效果所在位置 效果文件\第5章\草莓城堡.psd

图5-1 “草莓城堡”图像最终效果

扫一扫

“草莓城堡”高清彩图

行业提示

合成图像的注意事项

为了使合成图像的效果更逼真，在合成图像时，通常需对各图层的颜色基调进行处理，使其互相匹配；其次，应让各图层与背景融合自然，特别是色彩和纹理要过渡自然；最后要注意阴影的方向，应与背景光影保持一致。

5.1.1 认识“图层”面板

“图层”面板是查看和管理图层的场所，因此在制作本例前，需先熟悉一下“图层”面板的组成。在“图层”面板中将显示相关图层信息，如图5-2所示。

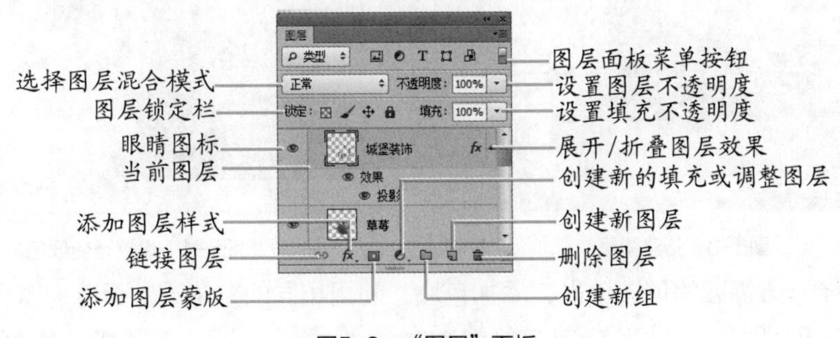

图5-2 “图层”面板

“图层”面板中各主要组成部分的作用如下。

- 选择图层混合模式：用于选择当前图层的混合模式，使其与它下面的图像进行混合。
- 设置图层不透明度：用于设置图层的不透明度，使其呈透明状态显示。
- 设置填充不透明度：用于设置图层的填充不透明度，但不会影响图层效果。
- 图层锁定栏：用于锁定当前图层的透明像素、图像像素、位置和全部属性，使其不能编辑。
- 当前图层：当前选择或正在编辑的图层，以蓝色条显示。
- 眼睛图标：单击可以隐藏或再次显示图层。当在图层左侧显示有此图标时，表示图像窗口将显示该图层的图像；单击后图标消失，隐藏图层。
- 展开/折叠图像效果：单击箭头图标，可以展开或折叠显示为图层添加的效果。
- 链接图层：将选择的多个图层链接在一起，若图层名称右侧显示图标，即表示这些图层为链接图层。
- “删除图层”按钮：单击该按钮可删除当前选择的图层。
- 图层面板菜单按钮：单击该按钮将弹出面板下拉菜单，用于管理和设置图层属性。

5.1.2 创建图层

一个图像文件通常由若干对象组成，将每个对象分别放置于不同的图层中，这些图层叠放在一起即可形成完整的图像效果，增加或删除图像中任何一个图层都可能影响整个图像。

1．创建新图层

微课视频

创建新图层

要创建一个新的图层，首先要新建或打开一个图像文档。下面将打开“白云.jpg”图像文件，并在其上新建图层，再为图层添加渐变效果，具体操作如下。

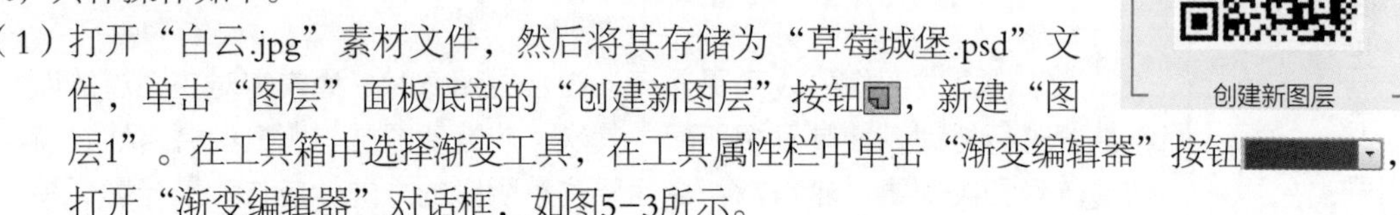

（1）打开“白云.jpg”素材文件，然后将其存储为“草莓城堡.psd”文件，单击“图层”面板底部的“创建新图层”按钮，新建“图层1”。在工具箱中选择渐变工具，在工具属性栏中单击“渐变编辑器”按钮，打开“渐变编辑器”对话框，如图5-3所示。

（2）在渐变条左下侧单击滑块，然后在“色标”栏的“颜色”色块上单击，打开“拾色器（色标颜色）”对话框，设置颜色为深绿色（R:71、G:130、B:17），单击 确定 按钮，如图5-4所示。

图5-3 新建图层

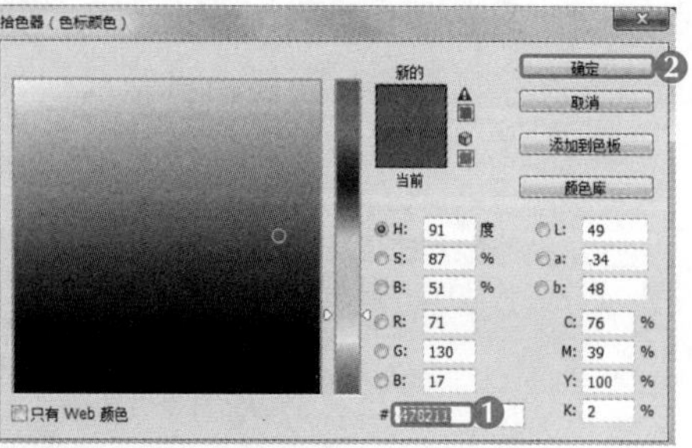

图5-4 设置渐变颜色

（3）在渐变条下方需要的位置单击，添加色块，利用相同的方法设置颜色为黄色（R:245、G:249、B:181），设置右侧的色块颜色为蓝色（R:77、G:149、B:186），单击确定按钮，如图5-5所示。

（4）在新建的图层上由上向下拖动鼠标渐变填充“图层1”，在“混合模式”下拉列表框中选择“强光”选项，返回图像编辑窗口查看添加混合模式后的渐变效果，如图5-6所示。

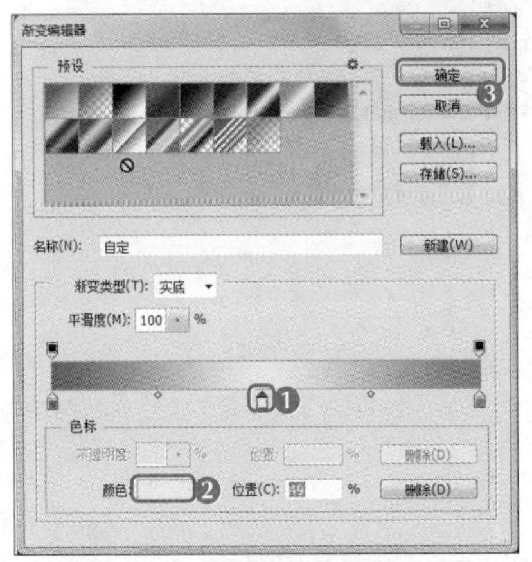

图5-5 设置其他渐变颜色

图5-6 填充渐变色

（5）选择【图层】/【新建】/【图层】菜单命令，或按【Ctrl+Shift+N】组合键打开“新建图层”对话框。在“名称”文本框中输入“深绿”文本，在“颜色”下拉列表中选择“绿色”选项，单击确定按钮，即可新建一个透明普通图层，如图5-7所示。

（6）再次选择渐变工具，设置渐变样式为“由黑色到透明”样式，在图像中从右下向左上拖动鼠标渐变填充图层，并设置图层混合模式为“叠加”，查看添加样式后的效果，如图5-8所示。

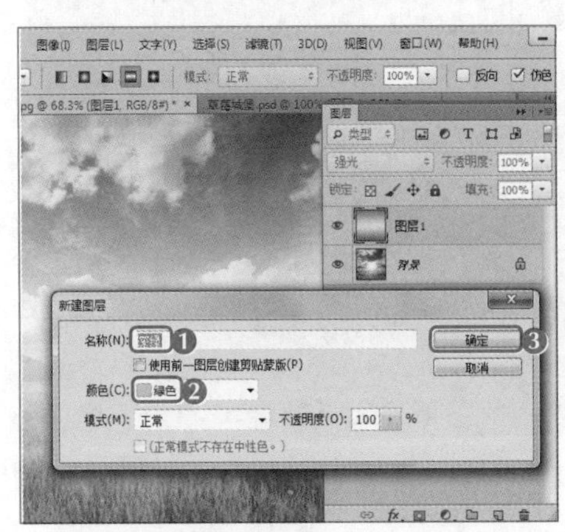

图5-7 使用“新建图层”对话框新建图层

图5-8 继续添加叠加效果

2．新建背景图层

背景图层是新建文档或打开图像时创建的图层，常为锁定状态，且图层名称为“背景”，位于图层面板底部。如果图像文件中没有背景图层，则可以将图像文件中的某个图层新建为背景图层。选择需要新建为背景图层的图层，选择【图层】/【新建】/【图层背景】菜单命令，此时被选择的图层将自动转换为背景图层并置于整个图像的最下方，呈锁定状态，图层上未填充的区域将自动填充为背景色，如图5-9所示。

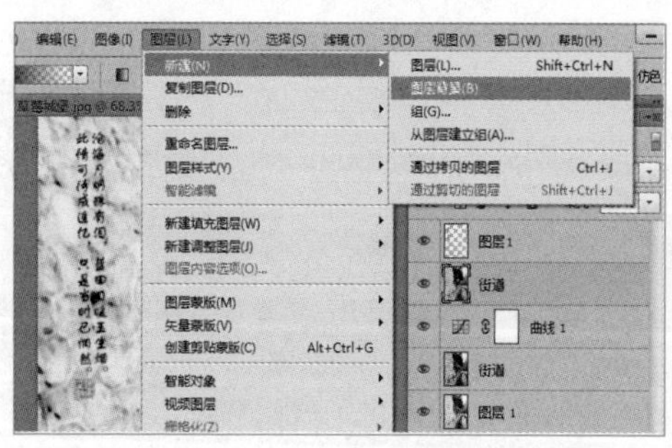

图5-9　新建背景图层

3．新建文本图层

文本图层是在使用文字工具时自动创建的图层，可以使用文字工具对其中的文字进行编辑。选择文字工具T，在图像中需要输入文字的区域单击，在其中输入文字，如“水色”。此时，“图层”面板中将自动新建名为“水色”的图层。

4．新建填充图层

填充图层是指使用某种单一颜色、渐变颜色或图案对图像或选区进行填充。填充后的内容单独位于一个图层中，并且可以随时改变填充的内容。打开需要设置填充图层的图像文件，选择【图层】/【新建填充图层】/【渐变】菜单命令，打开“新建图层”对话框。在“名称”文本框中输入图层的名称，在“颜色”下拉列表框中选择颜色，在“不透明度”数值框中设置不透明度，单击 确定 按钮新建图层，如图5-10所示。新建填充图层后，可根据需要编辑图层的填充效果，如渐变填充等。

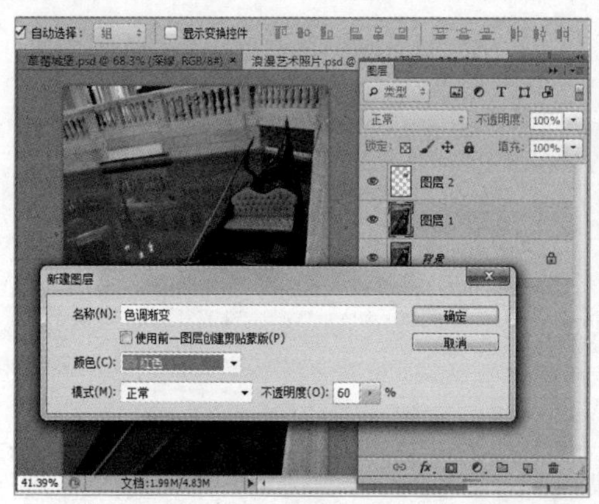

图5-10　新建填充图层

5．新建形状图层

使用形状工具组中的工具在图像中绘制图形时将自动创建形状图层，选择矩形工具，在图像中需要绘制矩形的区域按住鼠标左键不放进行拖动，绘制矩形。释放鼠标后，“图层”面板中将自动新建名为“形状1”的图层，如图5-11所示。

6．新建调整图层

调整图层是将“曲线”“色阶”或“色彩平衡”等调整命令的效果单独存放在一个图层中，而调整图层下方的所有图层都会受到这些调整命令的影响。选择【图层】/【新建调整图层】菜单命令，在弹出的子菜单中将显示调整图层的类型，如选择“曲线”命令，在打开的对话框中设置相关参数，单击 确定 按钮即可新建图层。双击新建的图层，打开“属性”面板，在其中拖动滑块可以调整图层的色阶，如图5-12所示。

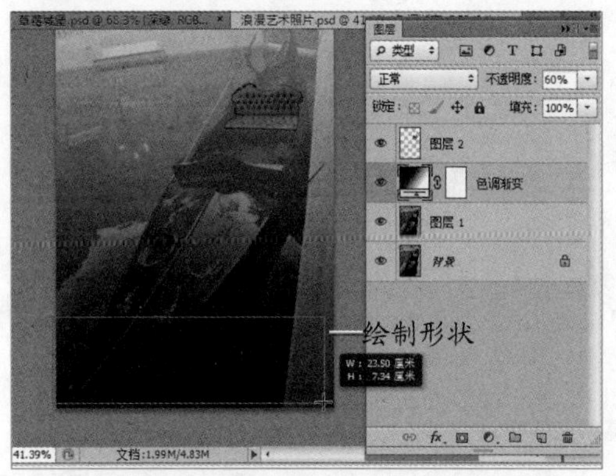

图5-11 新建形状图层

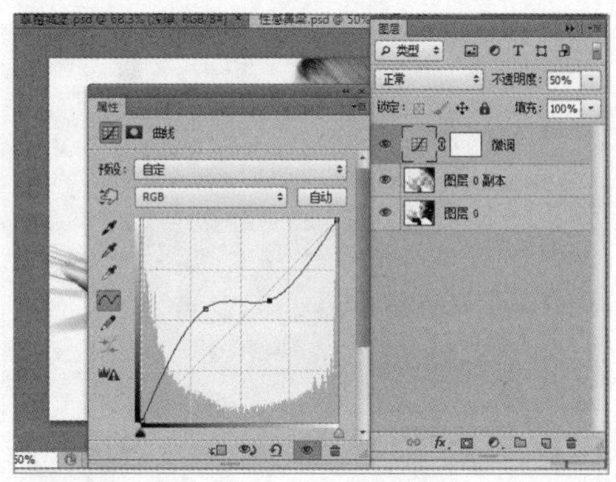

图5-12 新建调整图层

5.1.3 选择并修改图层名称

要对图层进行编辑，需先选择图层。为了区分各个图层，还可对图层名称进行修改。下面将抠取“草莓.jpg”图像，并将“草莓.jpg”图像移动到“草莓城堡.psd”图像文件中，然后打开“草莓阴影.psd”图像，将其移动到草莓图层的下方并修改名称，其具体操作如下。

微课视频

选择并修改图层名称

（1）打开“草莓.jpg”素材文件，选择魔棒工具，选取草莓的背景图像，并按【Ctrl+Shift+I】组合键反选“草莓”图像。

（2）使用移动工具将“草莓”选区拖动到“草莓城堡.psd”图像中，按【Ctrl+T】组合键进入变换状态，按住【Shift】键调整图像大小，然后调整图像的方向，并放置到合适的位置，如图5-13所示。

（3）打开“草莓阴影.psd”素材文件，使用移动工具将其拖动到“草莓城堡.psd”图像中，按【Ctrl+T】组合键进入变换状态，按住【Shift】键调整图像大小，并放置到合适的位置，如图5-14所示。

（4）在“图层”面板中选择“草莓阴影”图层，按住鼠标左键不放，将其拖动到“图层2”的下方，此时可发现草莓阴影已在草莓的下方，如图5-15所示。

（5）打开“石板.jpg”素材文件，选择矩形选框工具，在工具属性栏中设置“羽化”为“20像素”，在石板的小石子区域绘制矩形选框，如图5-16所示。

图5-13 调整草莓图像大小

图5-14 调整草莓阴影大小

图5-15 选择图层调整阴影位置

图5-16 添加“石板”素材文件

（6）选择移动工具将石板移动到草莓城堡中，按【Ctrl+T】组合键，调整图像到合适位置，如图5-17所示。

（7）在打开的“图层”面板中选择“图层2”，选择【图层】/【重命名图层】菜单命令，此时所选图层将呈可编辑状态，在其中输入“草莓”。

（8）在打开的“图层”面板中选择“图层3”，在图层名称上双击鼠标左键，此时图层名称将变为可编辑状态，在其中输入新名称，这里输入“石子路”，如图5-18所示。

图5-17 调整石板位置

图5-18 双击重命名图层

5.1.4 调整图层的堆叠顺序

由于图层中的图像具有上层覆盖下层的特性，所以适当调整图层排列顺序可以制作出更丰富的图像效果。下面将打开“飞鸟.psd”“飞鸟1.psd”“叶子.psd”等素材文件，将素材拖动到“草莓城堡.psd”图像文件中，并调整图层的堆叠顺序，其具体操作如下。

（1）打开“城堡.psd”素材文件，使用移动工具将其拖曳到“草莓城堡.psd”图像中，按【Ctrl+T】组合键调整图像大小，并放置到合适的位置，如图5-19所示。

（2）使用相同的方法，打开“飞鸟.psd”“飞鸟1.psd”“叶子.psd”素材文件，使用移动工具分别将对应的图像拖到“草莓城堡.psd”图像中，按【Ctrl+T】组合键调整图像大小，并放置到合适的位置。

（3）选择“飞鸟.psd”所在的图层，在图层名称上双击鼠标左键，此时图层名称将变为可编辑状态，在其中输入新名称，这里输入“飞鸟1”。使用相同的方法，将其他图层分别命名为“飞鸟2”“绿草”“城堡装饰”，如图5-20所示。

图5-19 添加和调整“城堡”素材文件

图5-20 为图层命名

（4）在“图层”面板中选择“石子路”图层，选择【图层】/【排列】/【后移一层】菜单命令，或按【Ctrl+[】组合键将其向下移动两个图层，使其位于草莓阴影的下方，返回图像编辑窗口即可发现“石子路”在草莓的下方显示，如图5-21所示。

（5）选择“飞鸟1”图层，按住鼠标左键不放，将其拖动到“草莓阴影”图层的下方。使用相同的方法，将“飞鸟2”和“绿草”图层拖动到“飞鸟1”和“石子路”图层下方，如图5-22所示。

图5-21 使用命令移动图层

图5-22 使用拖动鼠标的方法移动图层

5.1.5 创建图层组

由于图像中需要添加的素材很多，若依次重命名图层会显得繁琐，所以可创建图层组统一放置同类型图层或相关图层。下面将在“草莓城堡.psd”图像文件中为与“城堡”相关的图层添加图层组，使其更加方便查看，具体操作如下。

（1）选择【图层】/【新建】/【组】菜单命令，打开“新建组”对话框，在“名称”文本框中输入组名称“草莓城堡”，单击确定按钮，完成新建组操作，如图5-23所示。

（2）按住【Shift】键不放，分别选择“城堡装饰”“草莓”“草莓阴影”图层，按住鼠标左键向上拖动到“草莓城堡”文件夹上，将图层添加到新组中，此时会发现所选图层在“草莓城堡”文件夹的下方显示。

（3）在“图层”面板下方单击“创建新组”按钮，新建文件夹“组1”，双击文件夹名称，使其呈可编辑状态，在其中输入“草莓城堡辅助图层”。选择需要移动到该文件中的图层，这里选择“石子路”“绿草”，按住鼠标左键不放，将其拖动到“草莓城堡辅助图层”文件夹中，如图5-24所示。

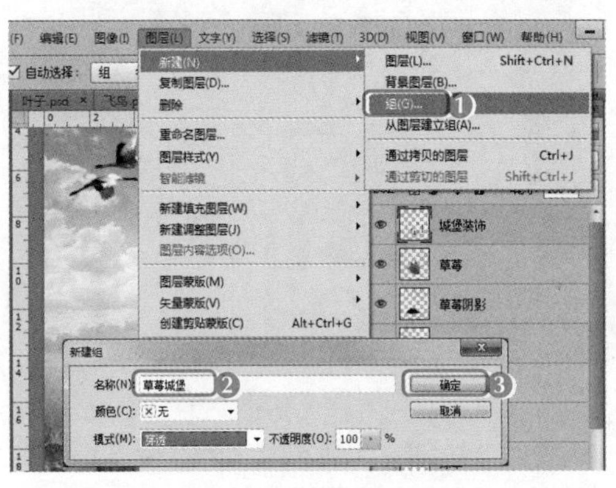
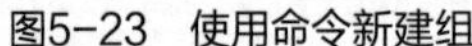

图5-23 使用命令新建组

图5-24 使用按钮新建文件夹

5.1.6 复制图层

复制图层是指为已存在的图层创建相同的图层副本，并通过调整图层副本让相同的图像通过不同的样式进行展现。下面将对“草莓城堡.psd”图像文件中的“飞鸟1”和“飞鸟2”图层进行复制操作，并对复制的图层进行编辑，其具体操作如下。

（1）在“图层”面板中选择“飞鸟1”图层，选择【图层】/【复制图层】菜单命令，打开“复制图层”对话框，单击确定按钮，如图5-25所示。

（2）在工具箱中选择移动工具，将鼠标指针移动到图像编辑窗口的“飞鸟1”上，按住鼠标左键不放进行拖动，即可看到复制的图层与原图层分离，按【Ctrl+T】组合键调整复制图层的大小和旋转角度，如图5-26所示。

图5-25 通过命令复制图层

图5-26 调整复制图层的位置

（3）继续选择“飞鸟1”图层，在其上按住鼠标左键不放，向下拖动到面板底部的“创建新图层”按钮上，释放鼠标即可新建一个图层，其默认名称为所选图层的副本图层，如图5-27所示。

（4）通过自由变换，调整复制图层的大小和位置，将鼠标指针移动到图像编辑窗口的“飞鸟2”上，按住【Alt】键不放，拖动鼠标复制“飞鸟2”，再次通过自由变换调整复制图像的大小和位置，完成复制操作，如图5-28所示。

图5-27 通过按钮复制图层

图5-28 调整复制图层的位置

5.1.7 链接图层

图层的链接是指将多个图层链接成一组，以便同时对链接的多个图层进行对齐、分布、移动和复制等操作。本例中由于需要调整所有飞鸟的位置，所以可将飞鸟所在的图层链接起来，具体操作如下。

（1）按住【Shift】键选择“飞鸟1”所在的3个图层，在“图层”面板底部单击“链接”按钮，即可将所选图层链接，如图5-29所示。

（2）按住【Shift】键选择“飞鸟2”所在的两个图层，单击鼠标右键，在弹出的快捷菜单中选择“链接图层”命令，即可对选择的图层进行链接，如图5-30所示。

图5-29　通过按钮链接图层

图5-30　通过命令链接图层

多学一招

撤销图层链接

选择所有的链接图层，单击“图层”面板底部的“链接”按钮可取消所有图层的链接，若只想取消某一个图层与其他图层间的链接，只需选择该图层，再单击“图层”面板底部的“链接”按钮即可。

5.1.8　锁定和合并图层

锁定图层能够保护图层中的内容不被编辑，而合并图层能够减少图层占用的空间，提高制作效率。下面将对“草莓城堡.psd”图像文件中的“草莓城堡”进行锁定，然后对前面填充的图层进行合并，减少图层占用量。

微课视频

锁定图层

1．锁定图层

在“图层”面板中的“锁定”栏中提供了锁定图层透明区域、图像像素、位置和全部信息等功能。下面将分别使用全部信息锁定和位置锁定，对“草莓城堡”图像文件进行锁定操作，具体操作如下。

（1）在“图层”面板中选择“草莓城堡”图层组，在其上单击“锁定全部”按钮，图层将被全部锁定，不能再对其进行任何操作，展开图层组，可发现图层组中的图层也全部被锁定，如图5-31所示。

（2）按住【Shift】键选择“飞鸟1”所在的3个图层，在其上单击“锁定位置”按钮，如图5-32所示。此时，将不能对图层位置进行移动。

图5-31　锁定图层组

图5-32　锁定位置

2. 合并图层

合并图层能将两个或多个不同的图层合并到一个图层中进行显示。下面对“背景”和“深绿”图层进行合并，具体操作如下。

（1）按住【Ctrl】键分别选择“深绿”和“背景”图层，在其上单击鼠标右键，在弹出的快捷菜单中选择“合并图层”命令，如图5-33所示。

（2）返回“图层”面板，可发现“深绿”图层已被合并，而对应的“背景”图层颜色变深。按【Ctrl+S】组合键对图像进行保存操作，查看完成后的效果，如图5-34所示。

图5-33　合并图层

图5-34　查看合并后的效果

5.2　课堂案例：合成“音乐海报”图像

这几天公司需要为客户做几个方案，老洪认为米拉已经接触了很多类型的设计作品，决定让米拉来尝试完成客户的设计要求。刚好一家公司要举办一个音乐活动宣传，需要设计一副音乐活动海报放在活动会场，这个任务自然落到了米拉头上。要完成该任务，除了将用到图层新建的知识外，还将涉及图层不透明度的设置、图层混合模式的设置等操作。本例的参考效果如图5-35所示，下面具体讲解其制作方法。

素材所在位置　素材文件\第5章\课堂案例\音乐海报\
效果所在位置　效果文件\第5章\音乐海报.psd

图5-35　“音乐海报”图像最终效果

海报的版式设计

海报主要由图形、色彩、文字等三大编排元素组成，非常重视视觉设计，高品质的海报不仅要有可以吸引人注意的视觉元素，还需有一个合理协调的整体排版效果。在海报设计中，一般会在受众视线焦点的位置放置重要信息内容，再通过对称、均衡、方向、中心、空白、分割、韵律、点线面等编排设计原理，对海报进行编排设计。

5.2.1 设置图层混合模式

图层混合模式是指对上面图层与下面图层的像素进行混合，上层的像素会覆盖下层的像素，从而得到另外一种图像效果。Photoshop CS6提供了二十多种不同的色彩混合模式，不同的色彩混合模式可以产生不同的效果。下面将制作“音乐海报”图像，并在其中添加不同素材，设置不同素材的混合模式，具体操作如下。

（1）新建一个大小为1500像素×980像素，名为“音乐海报”的图像文件，在工具箱中选择渐变工具，在工具属性栏中单击“渐变编辑器”按钮，打开“渐变编辑器”对话框，如图5-36所示。

（2）在渐变条左下侧单击色标滑块，然后单击“色标”栏的“颜色”色块，设置颜色为深蓝色（R:0、G:152、B:219），在渐变条下方需要的位置单击，添加色块。使用相同的方法设置色标的颜色为白色，设置右侧的色标颜色为浅灰色（R:223、G:226、B:240），单击 确定 按钮，如图5-37所示。

（3）在新建的图层上由上向下拖动鼠标绘制渐变色，打开“城市.psd”素材文件，将其中的图片拖动到“音乐海报.psd”中蓝白相间的区域，并调整大小和位置，如图5-38所示。

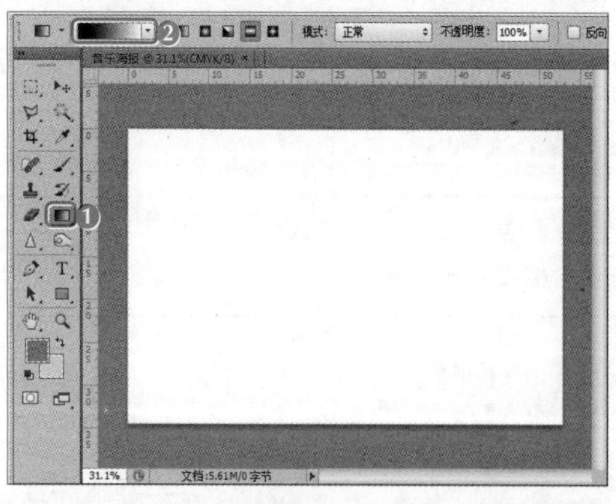

图5-36 新建图像文件并选择渐变工具

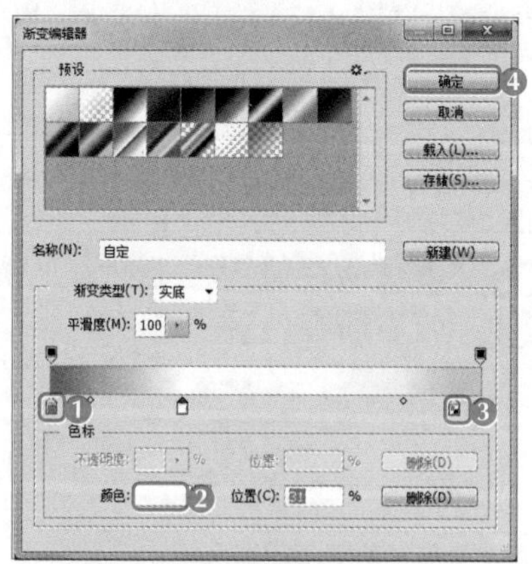

图5-37 设置渐变颜色

（4）按【Ctrl+J】组合键复制添加的图层，选择复制后的图像，按【Ctrl+T】组合键进入变换状态，在其上单击鼠标右键，在弹出的快捷菜单中选择“水平翻转”命令，对复制的图像进行水平翻转操作，如图5-39所示。

（5）将复制的图层拖动到图像左侧，与右侧图像对齐，将右侧和左侧图像对应的图层分别以“城市左”和“城市右”命名，如图5-40所示。

（6）在“图层”面板中选择“城市右”图层，按住鼠标左键不放拖动到“创建新图层”按钮 上方，复制该图层，在“混合模式”下拉列表中选择“线性加深”选项，如图5-41所示。

图5-38　绘制渐变色并添加素材

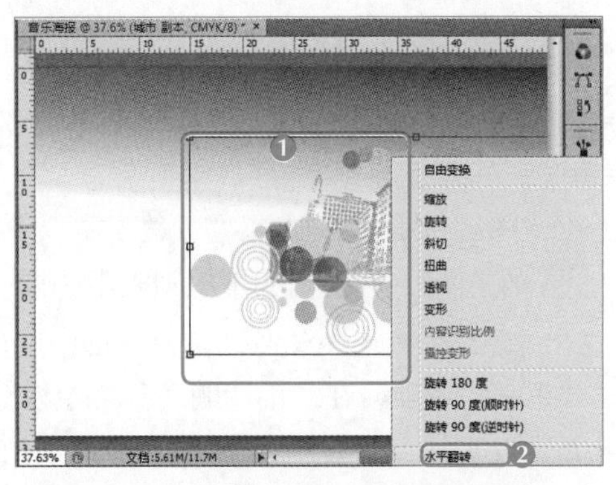

图5-39　复制图层并进行水平翻转操作

图5-40　调整复制图层的位置并重命名图层

图5-41　设置混合模式为线性加深

（7）在“图层”面板中选择“城市左”图层，复制图层，再在“混合模式”下拉列表中选择“柔光”选项。

（8）打开“音乐.psd”素材文件，将其中的“光”“音符”“喇叭”拖动到“音乐海报.psd”图像文件中，调整图像大小和位置，在“图层”面板中选择“音符”图层，再在“混合模式”下拉列表中选择“亮光”选项，如图5-42所示。

（9）打开“人物.psd”素材文件，将其中的“人物剪影”“吉他”拖动到“音乐海报.psd”图像文件中，并调整图像大小和位置，完成背景的制作，如图5-43所示。

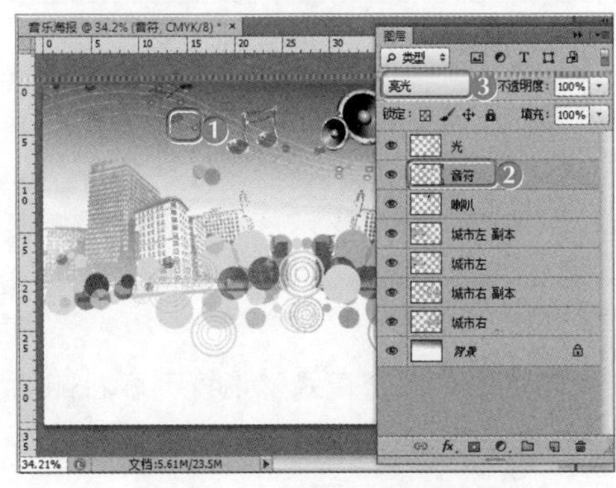

图5-42　设置混合模式为亮光

图5-43　完成背景的制作

5.2.2　设置图层样式

在编辑图层时，可为图层添加各种样式，如“投影”“内阴影”“外发光”和“内发光”等。通过为图层应用图层样式，可以使图像内容的效果更加丰富。下面将继续制作“音乐海报”，为部分图层设置图层样式，然后输入文本，并设置文本的图层样式效果，具体操作如下。

（1）在“图层”面板中选择“人物剪影”图层，单击“图层”面板下方的“添加图层样式”按钮fx，在弹出的下拉列表中选择“外发光”选项，如图5-44所示。

（2）打开“图层样式”对话框，自动选中☑外发光复选框，在“混合模式”下拉列表中选择“正常”选项，在“不透明度”栏中设置不透明度为“60%”，在“扩展”数值框中输入“12”，在“大小”数值框中输入“120”，单击选中“杂色”数值框下方的◉□单选项，如图5-45所示。

选择混合模式的便捷方法

在图层混合模式下拉列表中选择一种混合模式，然后滚动鼠标滚轮，即可依次查看各种混合模式应用于图像后的效果。这对不熟悉图层混合模式效果的用户非常实用。

（3）单击◉□单选项后的色块，打开“拾色器（外发光颜色）”对话框，在其中设置外发光的颜色为（R:203、G:217、B:110），单击 确定 按钮，如图5-46所示。

图5-44　选择“外发光”选项

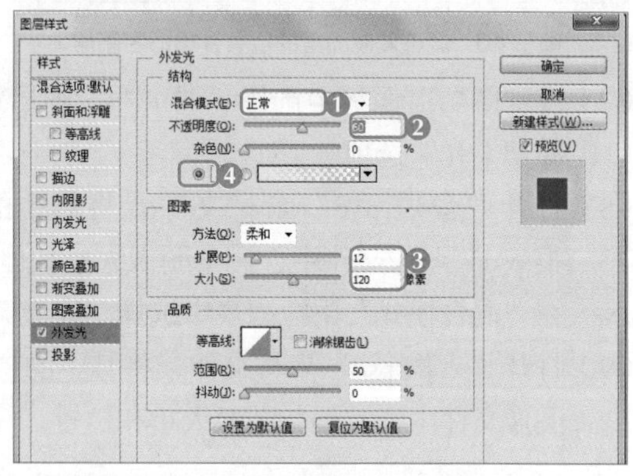

图5-45　设置外发光的参数

（4）返回图像编辑窗口可看到人物轮廓的外发光效果。

（5）在“图层”面板中选择“喇叭”图层，单击面板下方的“添加图层样式”按钮fx，在弹出的下拉列表中选择“投影”选项，如图5-47所示。

调整投影的其他颜色

在“投影”的图层样式对话框中单击“混合模式”下拉列表右侧的色块，可打开“拾色器（投影颜色）”对话框，在其中可设置其他投影的颜色。

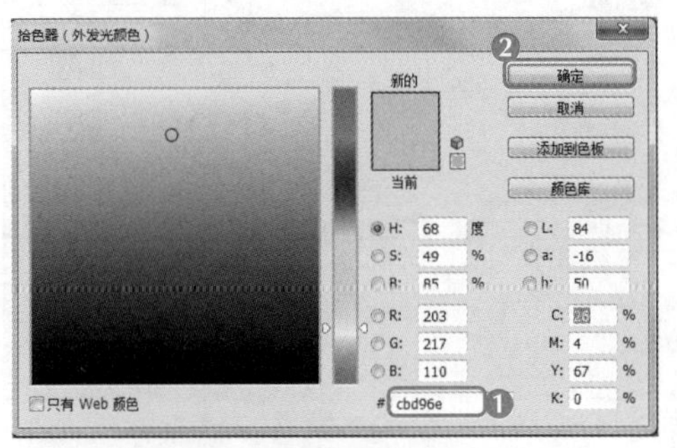

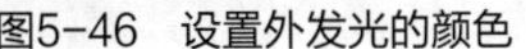
图5-46 设置外发光的颜色

图5-47 设置喇叭投影

（6）打开“图层样式”对话框，在“混合模式”下拉列表中选择“正片叠底”选项，在“不透明度”数值框中输入“70”，在“角度”“距离”“扩展”和“大小”数值框中分别输入“55”“15”“13”和“50”，单击确定按钮完成设置，如图5-48所示。

（7）返回图像编辑窗口可看到喇叭已经运用了投影效果。

（8）在工具箱中选择横排文字工具T，在工具属性栏中设置“字体”为“汉仪清韵体简”、字号为“180点”，在图像编辑窗口中输入文本“大学音乐节”，然后按【Enter】键完成操作，如图5-49所示。

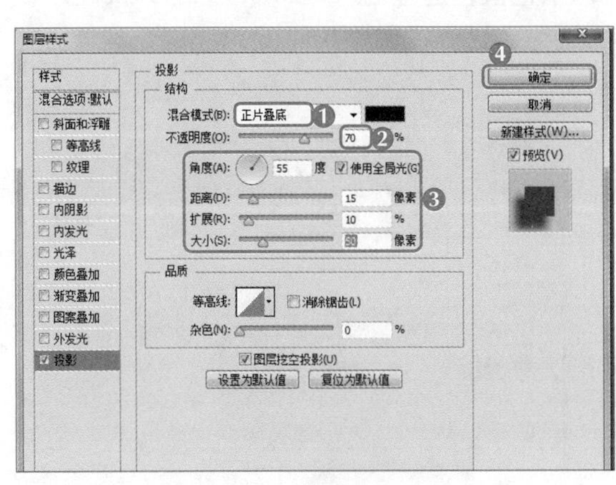

图5-48 设置投影的参数

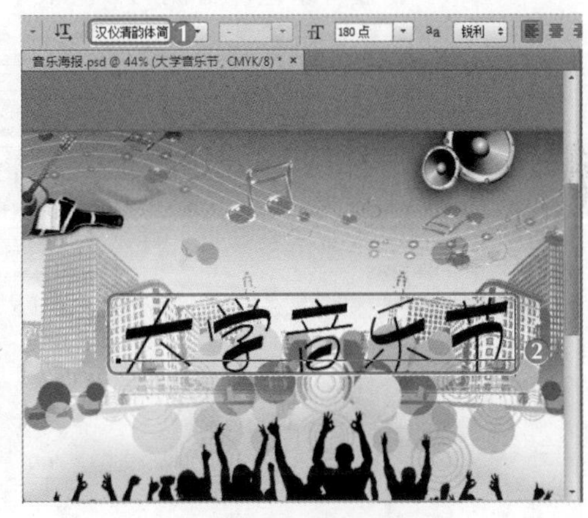

图5-49 输入文字

（9）在“图层”面板中选择“大学音乐节”图层，在其上单击鼠标右键，在弹出的快捷菜单中选择“混合选项”命令。

（10）在左侧的“样式”列表中单击选中☑渐变叠加复选框，在右侧的“渐变”栏的“混合模式”下拉列表中选择“线性光”选项，在“渐变”栏单击渐变色块，打开“渐变编辑器”对话框，设置渐变颜色为黑白渐变，单击确定按钮，如图5-50所示。

（11）在左侧的“样式”列表中单击选中☑内阴影复选框，在右侧的“结构”栏的“混合模式”下拉列表中选择“正片叠底”选项，在“不透明度”数值框中输入“75%”，在“角度”“距离”“阻塞”和“大小”数值框中分别输入“55”“10”“20”和“5”，单击“等高线”右侧的下拉按钮，在打开的下拉列表框中选择“锥形-反选”选项，如图5-51所示。

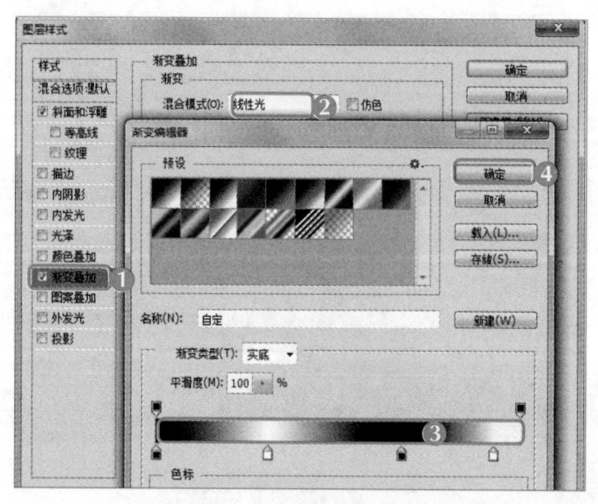

图5-50　设置渐变叠加的参数

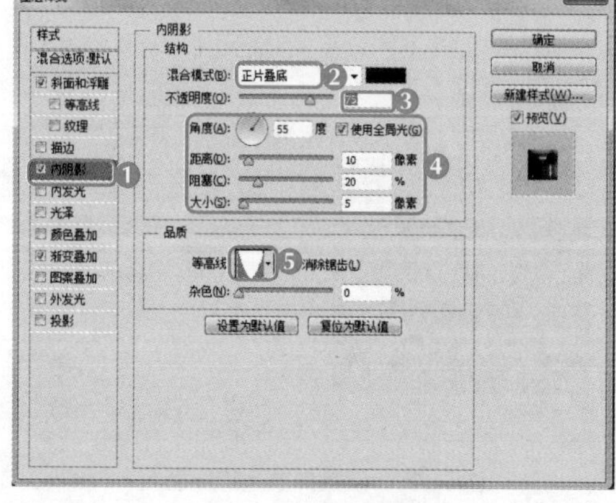

图5-51　设置内阴影

（12）在左侧的“样式”列表中单击选中☑描边复选框，在右侧的“结构”栏的“大小”数值框中输入“2”像素，在“位置”下拉列表中选择“外部”选项，完成描边的设置，如图5-52所示。

（13）在左侧的“样式”列表中单击选中☑投影复选框，在右侧的“结构”栏的“混合模式”下拉列表中选择“正片叠底”选项，在“不透明度”数值框中输入“75%”，在“角度”“距离”“扩展”和“大小”数值框中分别输入“150”“12”“1”和“10”，在“杂色”右侧的数值框中输入杂色值，这里输入“20%，如图5-53所示。

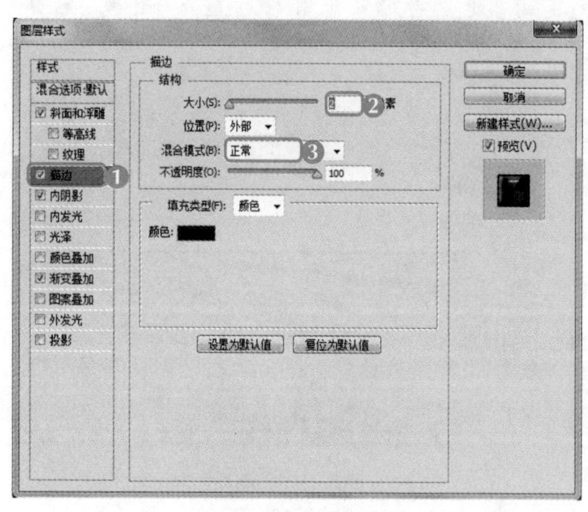

图5-52　设置描边

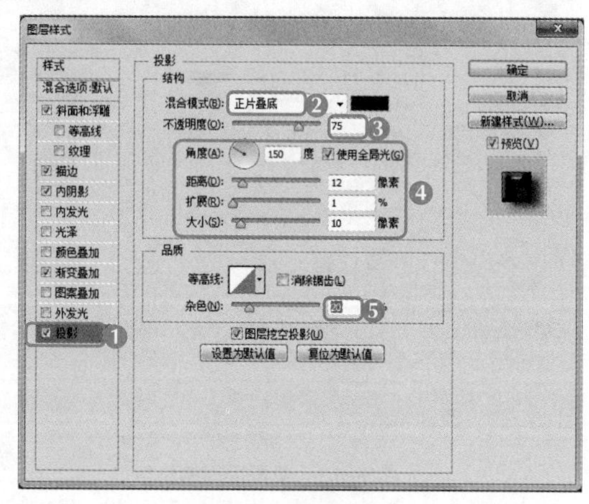

图5-53　设置阴影

（14）单击［确定］按钮，返回图像编辑窗口查看文字图层效果。打开“图层”面板，在面板的右下角单击“创建新图层”按钮，新建图层。

（15）在工具箱中选择画笔工具，在工具属性栏中单击“画笔”右侧的下拉按钮，在打开的下拉列表框中选择“星光”画笔，设置“不透明度”为“100%”。此时鼠标将变为星光样式，在“大”文本上单击，添加星光效果，如图5-54所示。

（16）使用相同的方法，为文本的其他区域添加星光效果，让文本变得更加美观，如图5-55所示。

图5-54 添加星光效果

图5-55 完成星光效果的添加

5.2.3 设置图层不透明度

通过设置指定图层的不透明度可以淡化该图层中的图像，从而使下方的图层显示出来。设置的不透明度值越小，就越透明。下面将在“大学音乐节”文字下方绘制白色矩形，并设置矩形的不透明度，具体操作如下。

（1）将前景色设置为白色，在工具箱中选择矩形工具，在工具属性栏中设置“宽”为“1500像素”，“高”为“250像素”，绘制白色矩形并将其移动到文字的上方，如图5-56所示。

（2）在“图层”面板中选择矩形所在的图层，设置其“不透明度”为“80%”，选择该图层，将其拖动到“大学音乐节”的下方，如图5-57所示。

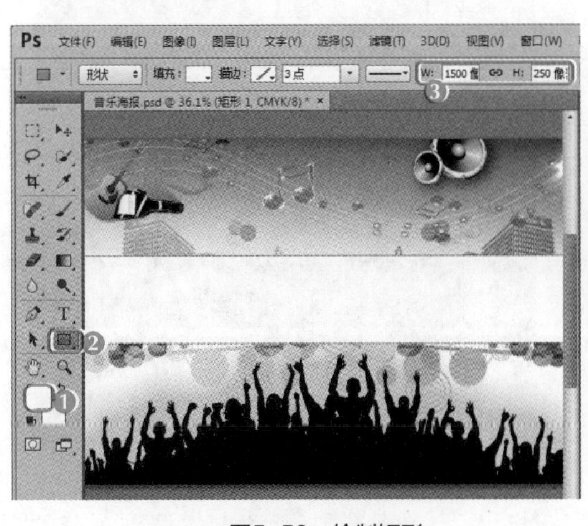

图5-56 绘制矩形

图5-57 设置矩形的透明度并调整矩形位置

（3）在工具箱中选择矩形工具，在工具属性栏中设置“宽”为“1500像素”，“高”为“40像素”，绘制白色矩形并将其移动到“矩形1”的下方，在“图层”面板中选择该矩形所在的图层，设置其“不透明度”为“70%”。选择该图层，将其拖动到“矩形1”图层的下方，如图5-58所示。

（4）继续使用矩形工具绘制两个大小为1500像素×10像素的矩形，并分别移动到前面矩形的下方，在“图层”面板中选择矩形所在的图层，设置其“不透明度”为“50%”。选择这两个矩形图层，将其拖动到“矩形2”图层的下方，如图5-59所示。

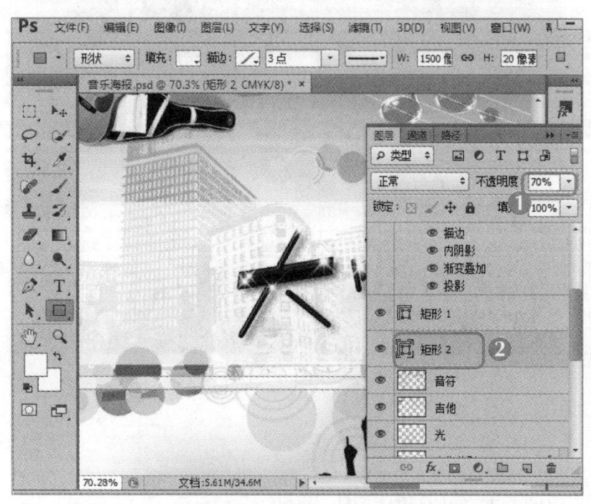

图5-58　再次绘制矩形

图5-59　绘制其他白色矩形

（5）再次在工具箱中选择矩形工具，在工具属性栏的“填充”下拉列表框中选择“灰色”选项，在工具属性栏中设置“宽”为“1500像素”，“高”为“60像素”。绘制灰色矩形，并选择该矩形图层，设置其“不透明度”为“30%”，如图5-60所示。

（6）在工具箱中选择横排文字工具，在其工具属性栏中设置“字体”为“汉仪书宋二简”、字号为“24点”。在图像编辑窗口中输入文本“时间 ：2016年12月1日　　地点：xx大学音乐馆”，并将其移动到灰色矩形的右侧，如图5-61所示。

图5-60　绘制灰色矩形

图5-61　输入文字

（7）选择新输入的文字图层，打开“图层样式”对话框，单击选中☑外发光复选框，在“混合模式”下拉列表中选择“滤色”选项，在“不透明度”数值框中输入“80%”，在“扩展”数值框中输入“5”，在“大小”数值框中输入“5”，在“范围”数值框中输入“50%”，如图5-62所示。

（8）在左侧的“样式”列表中单击选中☑投影复选框，在“不透明度”数值框中输入“80”，在“大小”数值框中输入“10”，单击 确定 按钮，如图5-63所示。

（9）按【Ctrl+S】组合键对图像进行保存操作，查看完成后的效果。

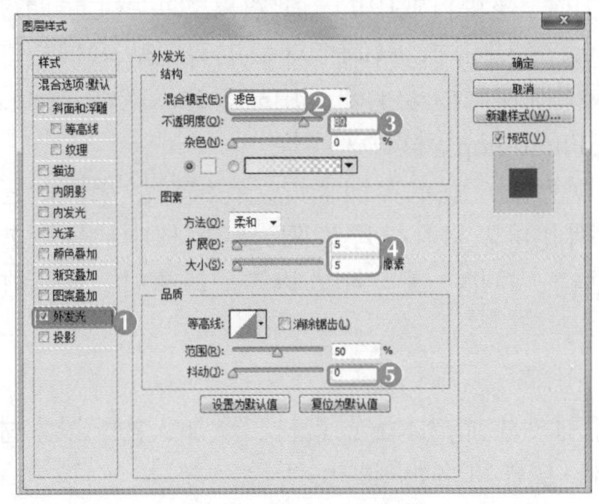

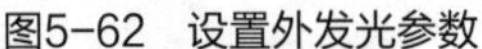

图5-62　设置外发光参数

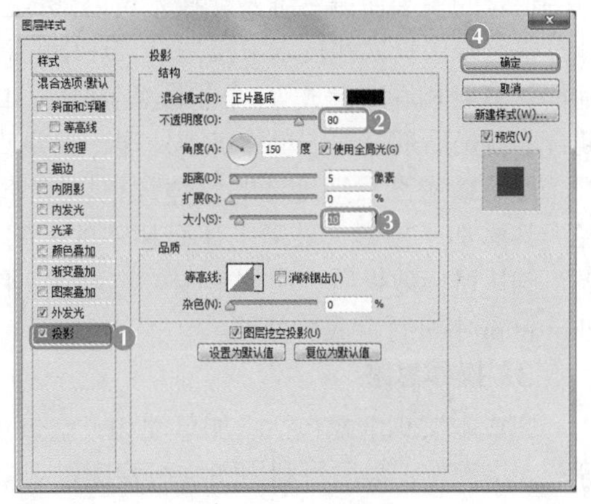

图5-63　设置阴影

5.3　项目实训

5.3.1　建筑效果图的后期处理

微课视频

建筑效果图的后期处理

1．实训目标

本实训的目标是为一别墅建筑效果图进行后期处理，要求注意景物的远近效果、房屋的光照阴影和投影及人物的投影等。同时，在细节处理上必须遵循实际，比例和色彩感觉要好，以得到真实的表现效果。本实训的前后对比效果如图5-64所示。

素材所在位置　素材文件\第5章\项目实训\建筑.psd、天空.jpg、配景.jpg

效果所在位置　效果文件\第5章\项目实训\建筑效果图后期处理效果.psd

图5-64　建筑效果图的后期处理前后对比效果

2．专业背景

随着国内建筑装饰行业的日趋规范，房地产及其相关行业所面临的竞争越来越激烈，市场对设计人员的要求亦越来越高。如何将一个优秀的设计方案完美地表现出来打动客户，已成为每一个设计师、设计公司需要认真思考和对待的问题。

建筑效果图又称建筑三维效果图，主要有手绘效果图和计算机效果图两种。近几年计算机图形学的发展使得三维表现技术得以形成。目前，建筑行业中的三维效果图实际上是通过计算机三维仿真软件技术来模拟真实环境的高仿真虚拟图片，其制作环节主要包括3D模型的制作、渲染和后期合成等3个阶段，其中，3D模型制作与渲染主要运用3DS Max软件，而后期合成就是后期处理，也称景观处理，主要使用Photoshop等软件来实现。

建筑效果图后期处理的整体风格以室外景观为主，就本实训来说，在渲染效果图时已经为其添加了投影，玻璃上还有树木的反射，因此可以将其处理为阳光与树林中的别墅效果，确认目标效果后，应收集相关的素材，包括树、草地、天空和人物等配景素材，最后在Photoshop中进行合成和处理。

3. 操作思路

完成本实训主要包括添加草地和天空景观素材、添加树木配景素材、添加人物配景素材等三大步操作，最后可利用图层组管理景观素材，操作思路如图5-65所示。

① 打开素材

② 添加配景

③ 添加天空

图5-65 建筑效果图后期处理的操作思路

【步骤提示】

（1）打开“建筑.psd”图像，对背景图层进行复制后重命名为“建筑”，然后隐藏原背景图层。

（2）打开“配景.jpg”素材图像，利用快速选取工具选择图像中的白色部分，然后反选选取，并将其拖动至建筑所在的图像窗口中。

（3）调入“天空.jpg”素材图像，将其拖动到建筑图层下面。

（4）对部分景观所在图层的不透明度进行调整，最后在“图层”控制面板中将未进行重命名的图层重命名，并利用图层组进行管理，完成制作。

微课视频

设计童话书封面展示效果

5.3.2 设计童话书封面展示效果

1. 实训目标

本实训的目标是为一本童话书的正面和反面设计展示效果，要求通过对图层进行编辑，为童话书籍添加纯色背景，并使其呈现真实的阴影效果。本实训完成前后对比效果如图5-66所示。

素材所在位置 素材文件\第5章\项目实训\童话书籍封面.psd

效果所在位置 效果文件\第5章\项目实训\童话书籍封面.psd

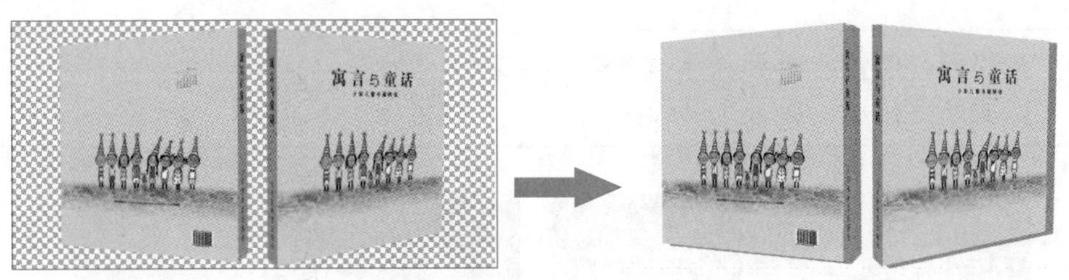

图5-66　童话书封面展示处理前后对比效果

2. 专业背景

童话书籍封面展示常用于书城中推销和介绍书籍，可以制作成电子版，也可以制作成张贴海报。一般来说，书籍展示主要展示该书正反两面的封面效果，或个别具有代表性的内页效果，通常还会根据需要添加一些适当的文案，并通过合理的排版对整个展示效果进行美化。本例中的童话书籍展示主要展示书籍正反两面的封面，为了使书籍更加具有立体感，将对书籍的阴影效果进行编辑。

3. 操作思路

完成本实训主要包括打开素材、添加背景和添加阴影等三大步操作，其操作思路如图5-67所示。

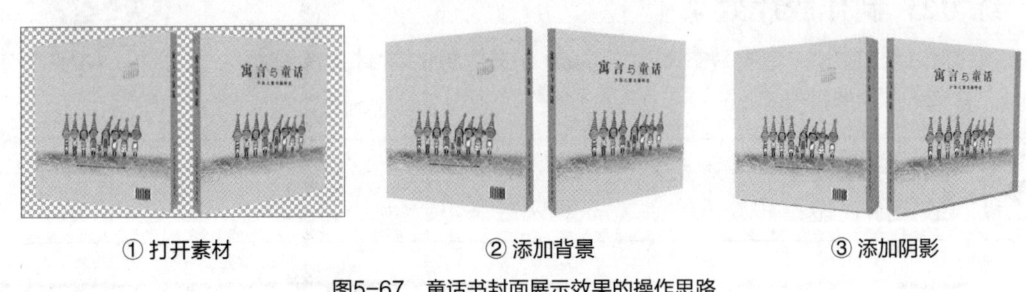

图5-67　童话书封面展示效果的操作思路

【步骤提示】

（1）打开“童话书籍封面.psd”图像文件，新建纯色图层。

（2）打开“拾色器（纯色）”对话框，设置图层的填充颜色为白色。

（3）使用鼠标拖动的方法调整图层的位置，对各个图层进行命名，并添加阴影效果。

（4）对图层进行合并操作，将图像效果合并到一个图层中。

5.4　课后练习

本章主要介绍了图层的基本操作，包括新建图层、选择和重命名图层、复制图层、调整图层顺序、链接图层、合并图层、设置图层样式、设置图层不透明度和混合模式等知识。对于本章的内容，应认真学习和掌握，以为后面设计和图像处理打下良好的基础。

练习1：制作旅行卡片

本练习要求制作一张旅行卡片，为各图层应用不同的图层样式。可打开本书提供的素材文件进行操作，参考效果如图5-68所示。

素材所在位置 素材文件\第5章\课后练习\旅行
效果所在位置 效果文件\第5章\课后练习\旅行.psd

图5-68 “旅行卡片”效果

要求操作如下。

- 打开“船.jpg”“飞机.jpg”“气球.jpg”素材文件，将其拖入“旅行.psd”素材文件中。
- 调整各个素材图层的大小和位置。
- 分别为其设置“投影”“外发光”“阴影”等不同的图层样式。

微课视频

制作胶片效果

练习2：制作胶片效果

本练习要求制作一个胶片效果，可打开本书提供的素材文件进行操作，参考效果如图5-69所示。

素材所在位置 素材文件\第5章\课后练习\茶
效果所在位置 效果文件\第5章\课后练习\胶片.psd

图5-69 “胶片”效果

要求操作如下。

- 新建空白图像文件，填充为黑色。绘制一个矩形选区，按【Ctrl+J】组合键新建图层，将其填充为白色。
- 复制若干个矩形选区，并调整其位置，制作胶片的边效果。
- 打开“茶1.jpg”“茶2.jpg”和“茶3.jpg”图像，将其拖动到新建的图像文件中，调整其大小和位置。
- 将图像文件保存为“胶片.psd”。

5.5 技巧提升

1. 对齐图层

对齐图层时，若要对齐的图层与其他图层存在链接关系，可对齐与之链接的所有图层，其方法为：打开图像文件，按住【Ctrl】键选择需对齐的图层。选择【图层】/【对齐】/【水平居中】菜单命令，即可将选定图层中的图像按水平中心像素对齐。选择【图层】/【对齐】/【左边】或【右边】等菜单命令，可使选定图层中的图像于左侧或右侧进行对齐。

2. 分布图层

分布图层与对齐图层的操作方法相似，在选择移动工具后，单击工具属性栏中“分布”按钮组中的分布按钮可实现图层的分布，从左至右分别为顶边分布、垂直居中分布、底边分布、左边分布、水平居中分布和右边分布。

3. 合并图层

合并图层有以下4种方法。

- 合并图层：选择多个图层后，选择【图层】/【合并图层】菜单命令，可以将选择图层合并成一个图层，合并后使用上面图层的名称。
- 向下合并图层：选择【图层】/【向下合并】菜单命令或按【Ctrl+E】组合键，可以将当前选择图层与它下面的一个图层进行合并。
- 合并可见图层：先隐藏不需要合并的图层，然后选择【图层】/【合并可见图层】菜单命令或按【Shift+Ctrl+E】组合键，可以将当前所有的可见图层合并成一个图层。
- 拼合图像：选择【图层】/【拼合图像】菜单命令，可以将所有可见的所有图层合并为一个图层。

4. 盖印图层

盖印图层可以将多个图层中的图像内容合并到一个新的图层中，同时保持其他图层的内容不变，盖印图层的方法有以下3种。

- 向下盖印图层：选择一个图层，按【Ctrl+Alt+E】组合键，可将图层中的图像盖印到下面的图层中，而原图层中的内容保持不变。
- 盖印多个图层：选择多个图层，按【Ctrl+Alt+E】组合键，可将这几个图层盖印到一个新的图层中，而原图层中的内容保持不变。
- 盖印可见图层：选择多个图层，按【Shift+Ctrl+Alt+E】组合键，可将可见图层盖印到新的图层中。

5. 删除图层

如果不再需要图像中的某个图层，可将其删除。删除图层的方法有以下3种。

- 通过“删除图层”按钮删除图层：选择要删除的图层，单击“图层”面板底部的“删除图层”按钮或将图层拖动到该按钮上，即可删除该图层。
- 通过菜单命令删除图层：选择要删除的图层，选择【图层】/【删除】/【图层】菜单命令。
- 通过快捷键删除图层：选择要删除的图层，按【Delete】键直接删除图层。

6. 将图层与选区对齐

在图像中创建选区后，选择需与其对齐的图层。选择【图层】/【将图层与选区对齐】子菜单中的相应对齐命令，即可基于选区对齐所选图层。

7. 查找图层

当图层太多时，若想快速找到需要的图层，可以通过“查找图层”命令对图层进行快速查找。其方法是：选择【选择】/【查找图层】菜单命令，在“图层”面板顶部将出现一个文本框，在其中输入要查找的图层名称；即可查找到该图层，且图层面板中将只显示该图层。

8．栅格化图层内容

通常情况下，包含矢量数据的图层，如文字图层、形状图层、矢量蒙版和智能对像图层等都需先将其栅格化后，才能进行相应的编辑。栅格化图层的方法是：选择【图层】/【栅格化】菜单命令，在弹出的子菜单中选择相应命令即可栅格化图层中的内容。或是选择需要栅格化的图层，在其上单击鼠标右键，在弹出的快捷菜单中选择“栅格化图层”命令，也可对所选图层进行栅格化操作。

9．快速去除选区图像周围的杂色

粘贴图像后，选择【图层】/【修边】菜单中的子菜单命令即可清除多余的像素。不同的选项去除的像素也不相同，如选择“颜色净化”菜单命令将去除彩色杂边；选择“去边”菜单命令将用包含纯色的临近像素的颜色替换边缘像素的颜色；选择“移去黑色杂边”菜单命令，将去除黑色背景中创建选区时粘贴的黑色杂边去除，而“移去白色杂边”菜单命令的功能刚好相反。

10．复制图层

在同一图层复制图层时，可按住【Ctrl】键不放并单击图层缩略图快速载入图层选区，然后按住【Alt】键不放进行拖动，复制出图像但不生成图层。如果要在不同图像中复制图层，可在图层上单击鼠标右键，在弹出的快捷菜单中选择“复制图层”命令，然后在打开的对话框中选择需复制图层的图像名称，即可将该图层复制到所选择的目标图像中。

11．认识图层混合模式

下面将对常用的图层混合模式的作用原理进行介绍，其中，基色是位于下层像素的颜色；混合色是上层像素的颜色；结果色是混合后看到的像素颜色。

- 正常：该模式编辑或绘制每个像素，使其成为结果色。该选项为默认模式。
- 溶解：根据像素位置的不透明度，结果色由基色或混合色的像素随机替换。
- 变暗：查看每个通道中的颜色信息，选择基色或混合色中较暗的颜色作为结果色。
- 正片叠底：该模式将当前图层中的图像颜色与其下层图层中图像的颜色混合相乘，得到比原来的两种颜色更深的第 3 种颜色。
- 颜色加深：查看每个通道中的颜色信息，通过增加对比度使基色变暗以反映混合色。
- 线性加深：查看每个通道中的颜色信息，并通过减小亮度使基色变暗以反映混合色。
- 深色：比较混合色和基色的所有通道值的总和并显示值较小的颜色。
- 变亮：查看每个通道中的颜色信息，并选择基色或混合色中较亮的颜色作为结果色。
- 滤色：查看每个通道中的颜色信息，并将混合色的互补色与基色复合。结果色总是较亮的颜色，用黑色过滤时颜色保持不变，用白色过滤时将产生白色。
- 颜色减淡：查看每个通道中的颜色信息，通过减小对比度使基色变亮以反映混合色。
- 线性减淡：查看每个通道中的颜色信息，并通过增加亮度使基色变亮以反映混合色。
- 叠加：图案或颜色在现有像素上叠加，同时保留基色的明暗对比。不替换基色，但基色与混合色相混以反映原色的亮度或暗度。

- 差值：查看每个通道中的颜色信息，并从基色中减去混合色，或从混合色中减去基色，具体取决于哪一个颜色的亮度值更大。色相：用基色的亮度和饱和度及混合色的色相创建结果色。
- 饱和度：将用基色的亮度和色相及混合色的饱和度创建结果色。
- 颜色：用基色的亮度及混合色的色相和饱和度创建结果色。这样可以保留图像中的灰阶，并且对给单色图像着色和给彩色图像着色都会非常有用。
- 明度：将用基色的色相和饱和度及混合色的亮度创建结果色。

CHAPTER 6

第6章 添加文字

情景导入

经过近段时间的学习，米拉已经能够自行设计一些简单的作品了，而老洪说：“如果在作品中添加相应的文字，可使其更具说服力”。

学习目标

- 掌握网页横幅广告的制作方法。

  如创建美术字、选择文字。设置文字字符格式等。

- 掌握“健身俱乐部”宣传单的制作方法。

  如创建点文本、创建变形文本、创建路径文本、创建并编辑段落文本、创建并编辑文字选区等。

案例展示

▲制作网页横幅广告

▲制作“健身俱乐部”宣传单

6.1 课堂案例：制作网页横幅广告

老洪看米拉对设计很有见解，刚好昨天公司接到一项新任务，需要为一个绘画评选大赛的投票平台制作一幅网页横幅广告，将一些热门作者的主要资料和作品展现出来。老洪把这个任务交代给米拉，并让米拉制作完成后交由他检查。

今天一大早，老洪就将米拉叫到身边说："你设计的图片很好，整个画面图像布局和颜色搭配都很合理，只是中间有很大一部分空白地方，可以适当添加一些文案。这样不仅可以填补图像中空缺的部分，提高横幅广告的设计美感，还能让看到该横幅广告的网友能够快速了解对应作者的相关资料。"于是米拉重新为广告添加了美术字，并且设置了字符格式。本例完成后的参考效果如图6-1所示，下面具体讲解其制作方法。

素材所在位置 素材文件\第6章\课堂案例\网页横幅广告.psd
效果所在位置 效果文件\第6章\网页横幅广告.psd

图6-1 网页横幅广告最终效果

"网页横幅广告"高清彩图

行业提示

网页横幅广告设计的注意事项

网页横幅广告是横跨于网页上的矩形公告牌。设计时需注意以下几点，将会有效提高作品的制作水平。

① 横幅广告尺寸一般是480像素×60像素或230像素×30像素，尺寸在一定范围内可以变化。通常使用GIF格式的图像文件，可使用静态图形，也可使用SWF动画图像。

② 横幅广告分为全横幅广告、半横幅广告和垂直旗帜广告。

③ 横幅广告的文件大小也有一定的限制，对于广告投放者而言，文件越小越好，一般不超过15K。

④ 横幅广告在网页中所占的比例应较小，设计要醒目、吸引人。

6.1.1 创建美术字

在Photoshop CS6中可使用文字工具在图像中直接添加美术字，使用横排文字工具和直排文字工具都能够输入美术字文本。下面在"网页横幅广告.psd"图像中创建美术字，其具体操作如下。

（1）选择【文件】/【打开】菜单命令，打开“网页横幅广告.psd”素材文件，如图6-2所示。

图6-2 打开素材文件

（2）在工具箱中选择横排文字工具T，然后在图像中单击定位文本插入点，此时，“图层”面板中将创建“图层5”文字图层，如图6-3所示。

图6-3 单击定位文本插入点

（3）在其中输入“OY绘画”文本，如图6-4所示。

图6-4 输入文本

（4）然后在工具属性栏中单击✓按钮完成输入，此时，“图层”面板中对应的文字图层将自动更改名称，如图6-5所示。

放弃文字输入

若要放弃文字输入，可在工具属性栏中单击⊘按钮，或按【Esc】键。此时，自动创建的文字将会被删除。另外，单击其他工具按钮，或按数字键盘中的【Enter】键或【Ctrl+Enter】组合键也可以结束文字输入操作。若要换行，可按【Enter】键。

图6-5　完成文本输入

（5）利用相同的方法，在图像中创建其他的美术字文本，效果如图6-6所示。

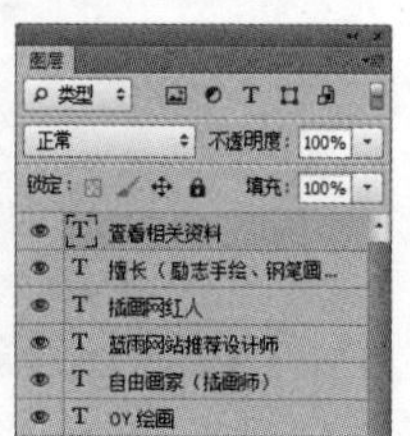

图6-6　创建其他美术字文本的效果

6.1.2　选择文字

要对文字进行编辑时除了需选中该文字所在图层，还需选取要设置的部分文字。下面在“网页横幅广告.psd”图像选择创建的美术字，具体操作如下。

（1）选择“OY绘画”文字所在的图层，然后在工具箱中选择横排文字工具T。

（2）将鼠标指针移动到图像中的文字处，当其变为I形状时，拖曳鼠标选择“OY”文本，效果如图6-7所示。

图6-7　选择文字

6.1.3　设置文字字符格式

在Photoshop CS6中，可对输入的文字设置字符格式，主要包括设置字体、大小和颜色等，其具体操作如下。

（1）按【Ctrl+A】组合键选择“OY绘画”图层中的所有文字。

（2）选择【窗口】/【字符】菜单命令，打开“字符”面板，在其中设置字体为“方正祥隶简体”，字号为“18点”，颜色为深紫色（G:65、G:39、B:106），效果如图6-8所示。

图6-8　设置字符格式

（3）选择“OY”文本，设置其字号为“20点”，单击“加粗”按钮T和“倾斜”按钮T，然后单击✓按钮，应用设置，效果如图6-9所示。

图6-9　更改字符格式

（4）选择“自由画家（插画师）”文本所在图层，设置字符格式为“幼圆、8点”，文字颜色为黑色（R:0、G:0、B:0），效果如图6-10所示。

图6-10　设置字符格式

（5）继续使用相同的方法设置其他字符的格式，完成后的效果如图6-11所示。

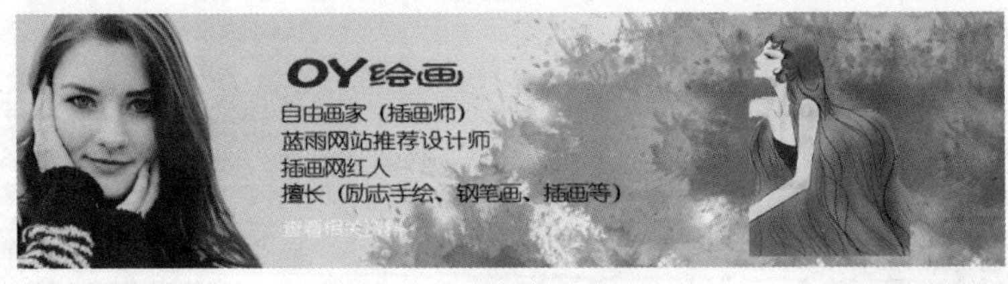

图6-11　设置其他字符格式

（6）在工具箱中选择圆角矩形工具▢，然后设置前景色为红色（R:233、G:1、B:10），在图像中拖曳鼠标绘制一个圆角矩形形状，效果如图6-12所示。

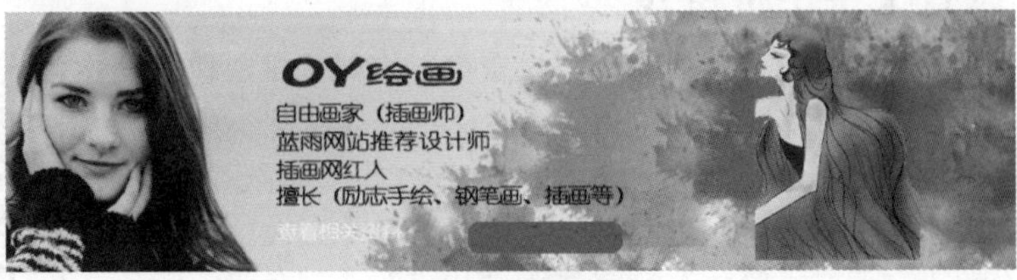

图6-12　绘制形状

（7）在工具箱中选择移动工具，将“查看相关资料”文字移到形状上方，如图6-13所示。

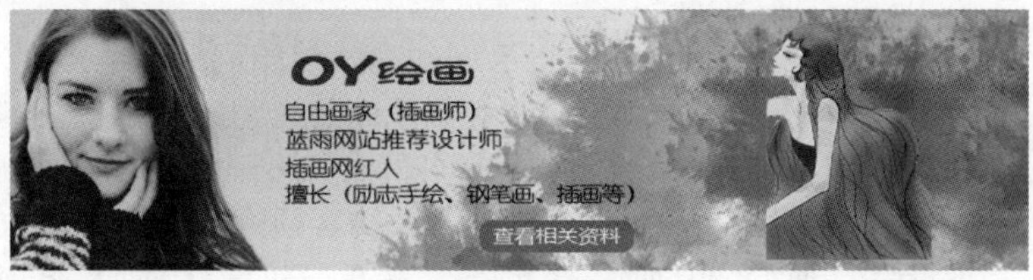

图6-13 移动文字图层

6.2 课堂案例：制作“健身俱乐部”宣传单

最近老洪在帮一个新开的健身俱乐部制作宣传单，健身俱乐部要求宣传单需抓住受众的兴趣，适用范围要比较广泛，且要说明店铺的名称、位置与联系方式，还需将办理会员卡的优惠信息展示出来。老洪见米拉已经有过不少的类似经验，决定将这个任务交给米拉来完成，并向米拉强调了宣传单中文本和排版的重要性。米拉决定使用创建点文字、创建变形文本、创建路径文本、创建并编辑文字选区等功能制作宣传单。本例完成后的参考效果如图6-14所示，下面具体讲解其制作方法。

素材所在位置 素材文件\第6章\课堂案例\“健身俱乐部”宣传单
效果所在位置 效果文件\第6章\健身俱乐部宣传单.psd

图6-14 “健身俱乐部”宣传单最终效果

“健身俱乐部”宣传单高清彩图

宣传单常见尺寸

宣传单是商家为宣传自己制作的一种印刷品，主要分为营业点宣传、派发宣传单、张贴宣传单和搭配商品赠送。本例制作的宣传单为派发宣传单，标准8k宣传单一般是420mm×285mm，带出血（出血实际为"初削"，指印刷时为保留画面有效内容预留出的方便裁切的部分）可设置为426mm×291mm，标准16k宣传单一般是210mm×285mm，带出血可设置为212mm×287mm。

6.2.1 创建点文本

点文字通常用于一行文字的编写。为了增加宣传单的美观性与可读性，本例将新建"健身俱乐部宣传单"图像文件后添加素材和图形，搭建宣传单的背景，再利用横排文字工具输入店铺的名称、位置与联系方式等信息，具体操作如下。

（1）新建大小为850像素×1276像素，分辨率为72像素，名为"健身俱乐部宣传单"的图像文件，添加素材文件并调整图像的大小，如图6-15所示。

（2）在工具箱中选择钢笔工具，在图像中绘制一个形状，在工具属性栏中更改钢笔的绘图模式为形状，填充为白色，取消轮廓填充。复制图层，更改颜色为"#ffd304"，向下移动黄色形状，在形状上方留出白色空隙，如图6-16所示。

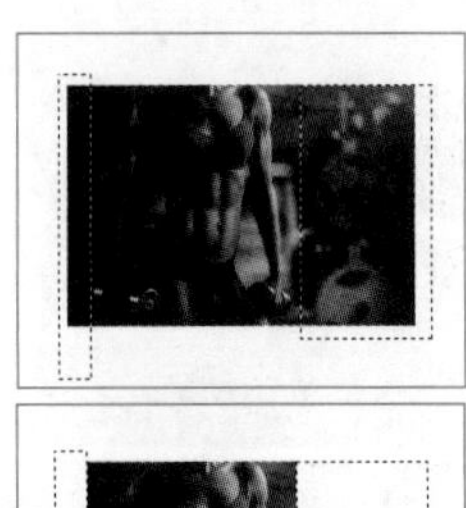

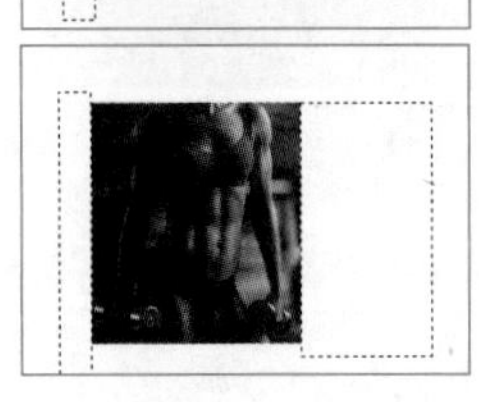

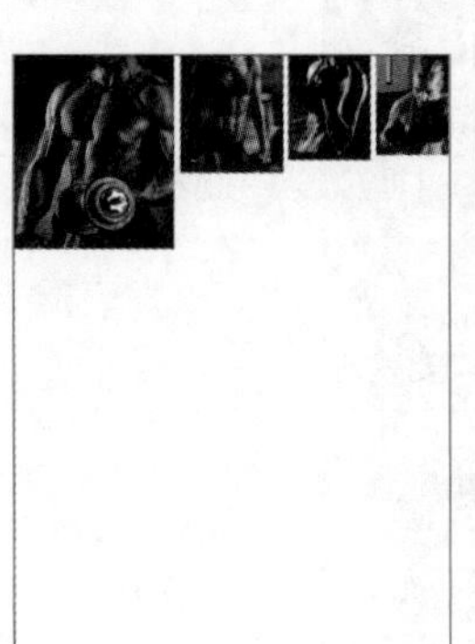

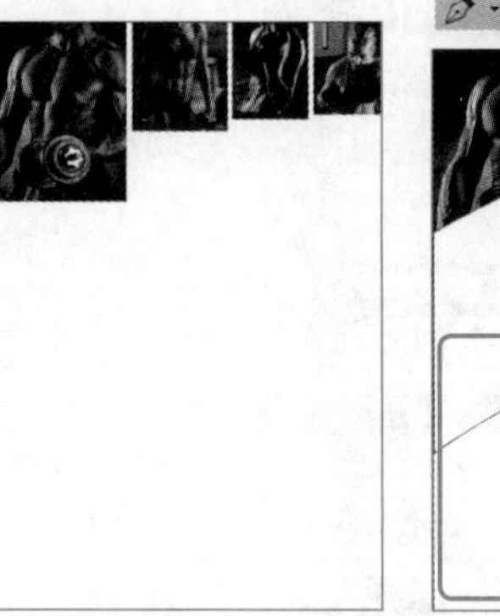

图6-15 裁剪与排列素材

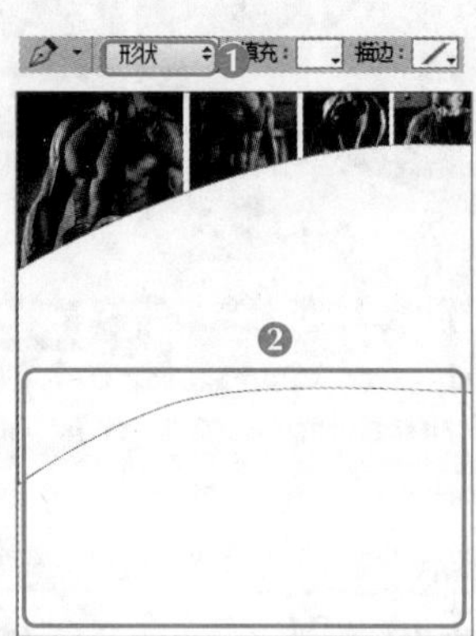

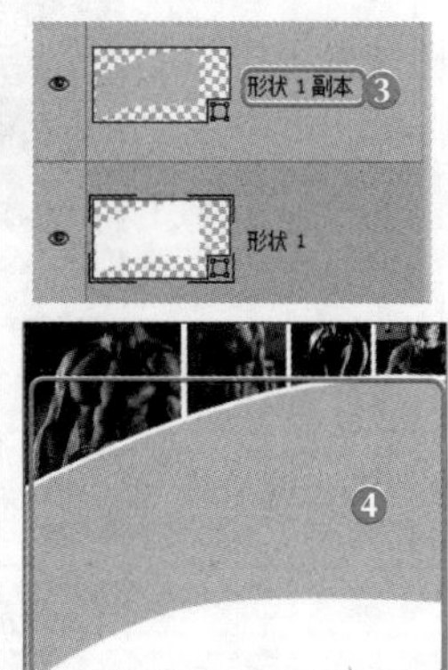

图6-16 绘制形状

（3）在工具箱中选择横排文字工具，在工具属性栏中设置"字体"为"方正综艺简体"，"字号"为"117点"，设置"消除锯齿"为"浑厚"，设置"字体颜色"为"黑色"。

（4）在图像中需要输入文本的起始处单击鼠标，输入"欣力健身俱乐部"文本，按【Ctrl+Enter】组合键确认输入并生成文本图层，如图6-17所示。

（5）使用相同的方法输入其他点文本，其中"XIN LI JIAN SHEN JU LE BU"字体格式为"Arial、48点"；"力量器械/有氧塑身/美式桌球"字体格式为"华文细黑、24.4点"，设置完成后调整文本的位置，如图6-18所示。

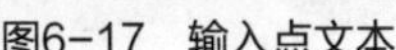

图6-17 输入点文本

图6-18 输入其他文本

6.2.2 创建变形文本

创建文本后，可使用变换图形的方法变换文本，如调整文本的大小、倾斜角度等，或直接通过文字变形得到波浪、旗帜、上弧、扇形、挤压、凸起等变形效果，其具体操作如下。

（1）在工具箱中选择横排文字工具，在工具属性栏设置字体为“Swis721 Blk BT，在“字号”下拉列表中输入“92点”，设置字体颜色字体颜色为“#b69e42”，在俱乐部右上角输入“OPEN”。

（2）拖动鼠标选择文本，单击工具属性栏中的“创建文字变形”按钮，打开“变形文字”对话框，设置样式为“上弧”，将弯曲度设置为“50%”，单击确定按钮，如图6-19所示。

（3）选择文本，按【Ctrl+T】组合键进入变换状态，在文字上单击鼠标右键，在弹出的快捷菜单中选择“变形”命令，出现变形框，拖动变形框上边缘的控制点调整变形效果，如图6-20所示。

图6-19 添加变形效果

图6-20 编辑变形效果

6.2.3 创建路径文本

路径文本是指根据路径的形状来创建文字，因此需要先绘制出路径的轨迹，再在路径中输入需要的文本。在创建路径文字时，用户还可对路径的锚点进行编辑，使路径的轨迹更符合要求，文字效果也更为丰富。本例将围绕变形后的文本“OPEN”来创建路径文本，具体操作如下。

（1）在工具箱中选择钢笔工具，在工具属性栏中更改钢笔的绘图模式为“路径”，在图像窗口中的“OPEN”左下角单击鼠标创建锚点，在右下方单击并拖动控制柄，沿着文本上弧轮廓创建一段路径，如图6-21所示。

（2）在工具箱中选择横排文字工具，在工具属性栏中设置“字体”为“微软雅黑”，

"字号"为"40点"，"消除锯齿"为"浑厚"，"字体颜色"为白色。将鼠标光标移至路径上，当其呈现形状时，单击鼠标定位文本插入点，输入"专业教练 一对一教学"文本，按【Enter】键确认文字的输入，此时将自动生成文字的路径图层。可发现输入的文本只显示了"专"字，如图6-22所示。

图6-21 创建路径

图6-22 设置文本属性并输入文本

（3）选择文本，按住【Alt】键不放将出现编辑框，拖动"专"字右下角的符号到路径右端，显示其余的文本。此时发现路径的长度不够，未显示最后一个字，如图6-23所示。

（4）选择直接选择工具，单击文本下方的路径位置，选择路径，拖动路径上的控制柄编辑路径的弧度，增加路径长度，将"学"字显示出来，按【Enter】键确认路径的编辑，如图6-24所示。

图6-23 编辑文字路径的显示长度

图6-24 编辑路径

6.2.4 创建并编辑段落文本

段落文字是指在定界框中输入的文字，通过段落文字可以很方便的进行自动换行、调整文字的行间距、调整段落文本的大小、显示位置等操排版操作，因此广泛用于大段文字的输入。段落文字的创建方法与点文字的创建方法基本类似，不同的是，在创建文字前，需要先绘制定界框，以定义段落文字的边界，使输入的文字位于指定的区域内。本例将把健身俱乐部的办卡优惠信息放置到段落文本框中，其具体操作如下。

（1）打开"健身素材（5）.jpg"图像，按【Ctrl+J】组合键复制背景图层，使用"魔棒工具"扣取白色背景，设置羽化半径为"2"，然后按【Delete】键删除背景。

（2）将抠取的人物图层拖动到图像右侧，在工具箱中选择横排文字工具，在工具属性栏中将字符格式设置为"方正兰亭特黑_GBK、29.5点"。在图像左侧单击，并按住鼠标左键不放，拖动鼠标绘制文本定界框，文本插入点将自动定位到文本框中，输入"买一张送一张"，按【Enter】键分段，继续输入"抢到就赚到限100名"，如图6-25所示。

（3）拖动鼠标选择段落文本，在工具属性栏单击"右对齐"按钮，文本将自动沿定界框右边线对齐，在工具属性栏单击"切换字符和段落面板"按钮，在打开的"字符"面板中设置"行间距"为"48点"，选择"限100名"文本，更改文本颜色为红色，更改“100”字号为“48点”，如图6-26所示。

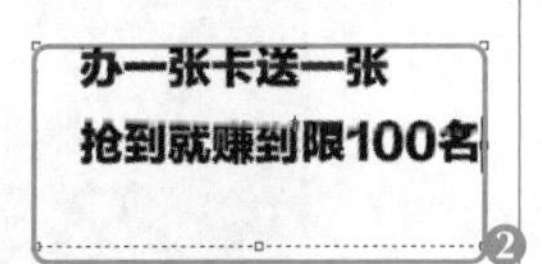

图6-25　绘制定界框并输入段落文本

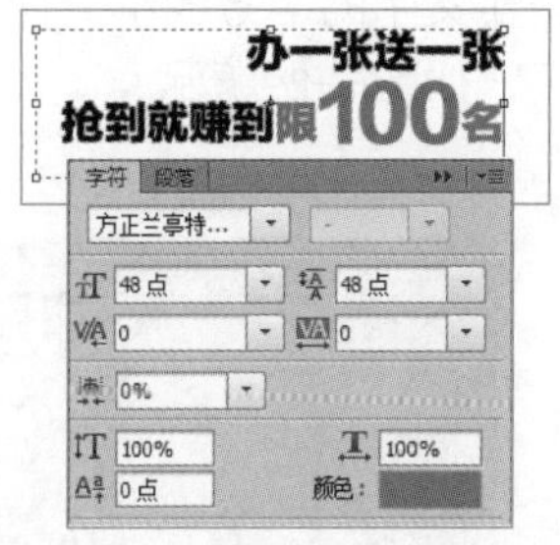

图6-26　设置段落对齐与行间距

（4）在工具箱中选择直线工具，在工具属性栏中设置直线的粗细为“3像素”，取消填充，设置描边样式为虚线，描边颜色为黑色，描边粗细为“2.65点”，按【Shift】键在文本下方绘制水平虚线。

（5）在工具箱中选择横排文字工具，在工具属性栏将字符格式设置为“微软雅黑、20点、浑厚”，文本颜色设置为“黑色”。在线条下方按住鼠标左键不放，拖动鼠标绘制文本定界框，输入段落文本，输入过程中可按【Enter】键分段，按【Space】键添加空格，如图6-27所示。

（6）将鼠标光标定位到定界框中，按【Ctrl+A】组合键全选文本，在“字符”面板中设置行间距为“32点”，选择段落前的3个文本，更改字符格式为“方正兰亭特黑_GBK、22点”，向上拖动定界框下边线的中点，使定界框符合段落文本的显示效果，如图6-28所示。

图6-27　输入段落文本

图6-28　编辑段落文本

6.2.5　创建并编辑文字选区

在Photoshop CS6中可以直接通过文字蒙版工具创建文字选区。该选区主要包括横排文字选区和竖排文字选区。通过文字蒙版工具创建的文字选区与一般的文字选区相同，用户可以对其进行移动、复制、填充、描边等操作。本例将使用蒙版文字工具创建具有底纹与描边效果的“VIP”文本，具体操作如下。

（1）打开“文字底纹.jpg”图像，复制背景图层，在工具箱中选择横排文字蒙版工具，设置字体为“方正兰亭特黑_GBK”，在素材图

像上单击，输入“VIP”，如图6-29所示。

（2）调整文字的字号大小，使其覆盖更多的底纹图样，按【Ctrl+Enter】组合键创建文字选区，如图6-29所示。

图6-29 输入蒙版文本

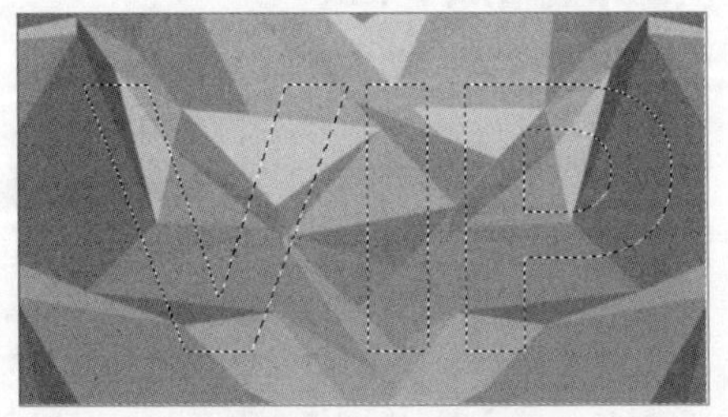

图6-30 创建文字选区

（3）选择复制的背景图层，按【Ctrl+J】组合键将创建文字选区的文本复制到新的图层上，如图6-31所示。

（4）将底纹文本图层移动至“买一张送一张”文本左侧，按【Ctrl+T】组合键进入变换状态，按【Shfit】键拖动边框调整文本的大小，如图6-32所示。

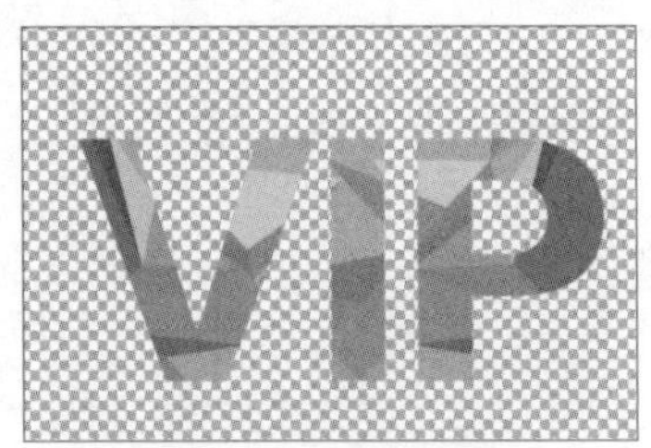

图6-31 底纹文字效果

图6-32 调整文本大小与位置

（5）选择底纹文本图层，选择【编辑】/【描边】菜单命令，打开“描边”对话框，设置描边颜色为“黑色”，宽度为“3.5像素”，单击 确定 按钮，如图6-33所示。

（6）在工具箱中选择钢笔工具，在工具属性栏更改钢笔的绘图模式为“形状”，取消描边，设置填充颜色为（R:255、G:211、B:4），在图像窗口底部绘制形状，装饰页面。

（7）再在工具属性栏更改填充颜色为“黑色”，继续使用钢笔工具在图像窗口底部绘制形状。绘制形状时，要注意线条的流畅性，如图6-34所示。

（8）打开“黑色底纹.jpg”图像素材，将其添加到页面底部，然后在图层上单击鼠标右键，在弹出的快捷菜单中选择“创建剪切蒙版”命令，使用黑色形状来裁剪黑色底纹图像，得到具有质感、线条优美的图形，如图6-35所示。

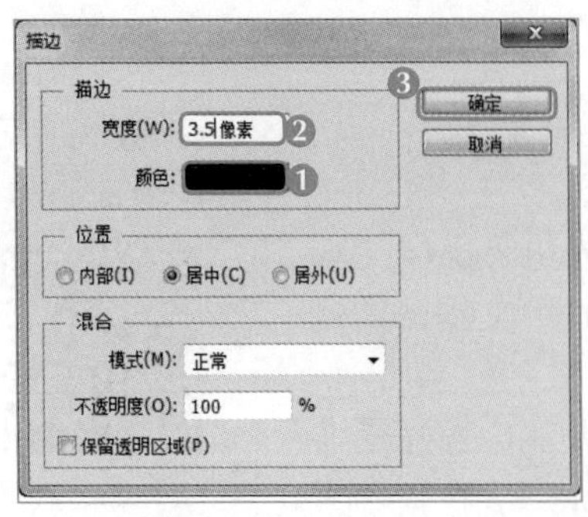

图6-33 描边文本

图6-34 绘制形状

（9）在工具箱中选择横排文字工具T，在工具属性栏中设置“字体”为“微软雅黑”，“字号”为“30点”，消除锯齿为“浑厚”，字体颜色为“#8d7b37”，然后输入文字，添加“二维码.jpg”与“图标.png”素材图像，调整大小，移动至合适位置，完成本例的制作，如图6-36所示。

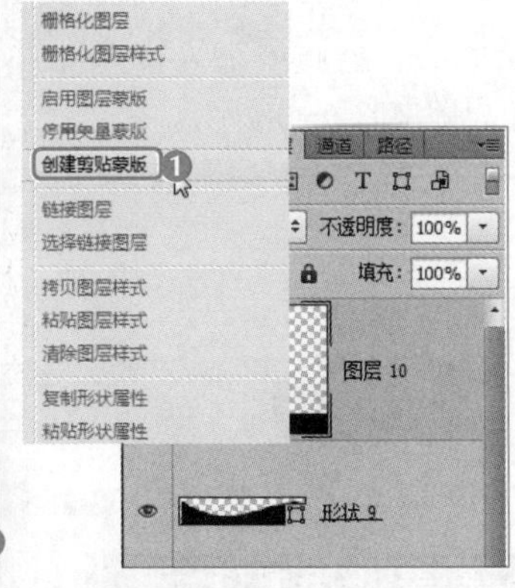

图6-35 创建剪切蒙版

图6-36 输入文本

6.3 项目实训

6.3.1 制作打印机DM单

1．实训目标

本实训要求为一家名为“墨悉普”的公司制作一个打印机DM（Direct Mail，快讯商品广告）单，要求广告画面新颖、简洁，并突出打印机五彩缤纷的效果。该任务主要涉及矩形选框工具、创建美术文字和创建段落文字等操作。本实训的参考效果如图6-37所示。

素材所在位置 素材文件\第6章\项目实训\小孩.JPG
效果所在位置 效果文件\第6章\项目实训\打印机DM单.psd

图6-37 打印机DM单效果

2. 专业背景

DM是区别于传统的广告刊载媒体的新型广告发布载体。一般是免费赠送给用户阅读，其形式多种多样，如信件、订货单、宣传单和折价券等都属于DM单。

通常，DM单的设计旨在吸引消费者的目光，重点突出其用途、功能或特有的优势。

3. 操作思路

完成本实训可先绘制基本的背景色块，然后添加人物头像素材，再输入所需文本，并对其进行相应的字符格式设置，其操作思路如图6-38所示。

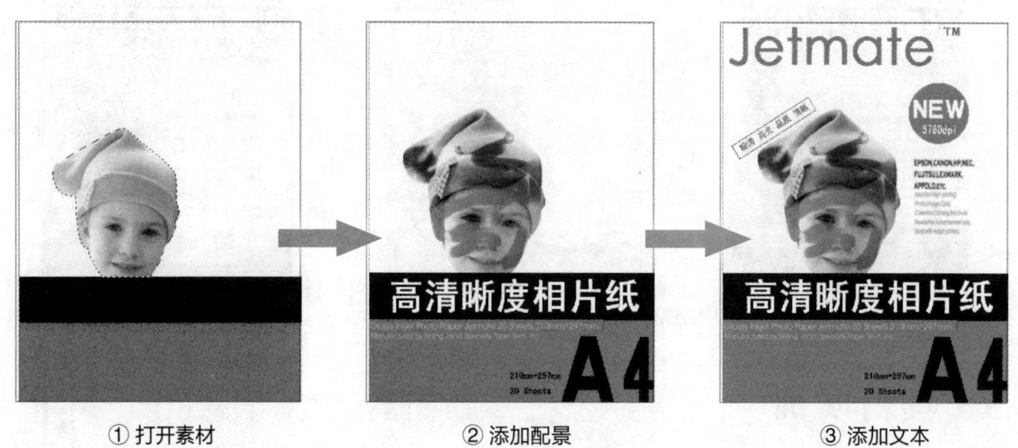

图6-38 制作打印机DM单的操作思路

【步骤提示】

（1）新建一个图像文件，使用矩形选框工具创建两个矩形选区，分别填充为洋红色（R:240、G:2、B:126）和黑色。

（2）在素材图像中抠取出小孩的头部图像，移动到新建图像中的合适位置。

（3）使用画笔工具在小孩脸上绘制出多种颜色的笔触，然后设置小孩图层的混合模式为“颜色加深”。

（4）选择横排文字工具在黑色和洋红色矩形框中输入文字，分别在属性栏中设置文字大小和字体等属性。

（5）继续在画面上方空白图像中输入文字，适当调整文字属性，完成制作。

6.3.2 制作名表钻展图

1. 实训目标

本实训要求为一家经营名表的网店制作一张钻展（钻石展位，是淘宝网图片类广告位竞价投放广告，是淘宝卖家的一种营销工具）图，要求显示商品的重要信息，且排版合理、重点突出。该任务主要涉及文本工具、图层样式和形状工具的使用等操作。本实训的参考效果如图6-39所示。

素材所在位置 素材文件\第6章\项目实训\名表钻展图.jpg
效果所在位置 效果文件\第6章\项目实训\名表钻展图.psd

图6-39 名表钻展图效果

2. 专业背景

钻石展位（智钻）是淘宝网位淘宝卖家提供的一种营销工具，主要依靠图片创意吸引买家点击，从而获取巨大流量。智钻为卖家提供了数量众多的优质展位，包括淘宝首页、内页频道页、门户、画报等。一般来说，不同的展位，对图片的大小要求不一样，如520像素×280像素，170像素×200像素等。

作为一种付费营销方式，为了使营销效果最大化，对钻展图通常要求较高，不仅需要图片新颖，排版好看，设计具有创意，与商品相匹配，还需搭配精确的文案，根据卖家消费心理，在有限的内容中将主要信息展示出来。本例制作的钻石展位图为名表展示图，要求突出商品的高端品质，同时还需将商品价格、制作工艺等重要信息清楚展示出来。

3. 操作思路

完成本实训可先输入并设置文本格式，然后为文本添加图层样式，最后绘制形状完成操作，其操作思路如图6-40所示。

图6-40 制作名表钻展的操作思路

【步骤提示】

（1）打开“名表钻展图.jpg”，在工具箱中选择直排文字工具，在其工具属性栏中设置字体为“微软雅黑”，设置字号为“14点”，消除锯齿为“平滑”，字体颜色为白色，输入“卡夫儿英式手表”。

（2）再次设置字体为“华文中宋”，设置字号为“33点”，消除锯齿为“浑厚”，在文字的下方输入“精湛工艺　品质追求”，设置其图层样式为“渐变叠加”，“渐变”为“黑白渐变”。

（3）输入“现代爵士品味钢带石英中性表卡夫儿专场”，设置“字体和字号”分别为“微软雅黑、13号”。

（4）选择矩形工具，绘制120像素×50像素的矩形，并设置填充颜色为（R:205、G:0、B:0），为图像添加红色与深红色渐变叠加。

（5）在红色矩形左侧输入文字“原价:￥2889”和“卡夫儿促销”，设置字体为“微软雅黑”，字号为“14点”，在红色矩形中输入“￥1668”，设置“￥”字体为“造字工房圆演示版”，字号为“24点”，设置“1688”字体为“字典宋”，字号为“40点”。

（6）将“1668”文字图层的图层样式设置为“投影”，“不透明度、距离、扩展、大小”分别为“40、5、5、1”。设置完成后保存图像。

6.4 课后练习

本章主要介绍了文字的相关操作，如创建美术字文本、段落文本，设置字符格式和段落格式、创建变形字等。对于本章的内容，读者重点在于掌握文字在设计中的广泛应用，为以后在图像中添加文字方面打下坚实的基础。

练习1：制作企业资讯宣传广告

本练习要求制作一个企业资讯宣传广告，用于展示和宣传企业。可打开本书提供的素材文件进行操作，参考效果如图6-41所示。

素材所在位置 素材文件\第6章\课后练习\蝴蝶.psd
效果所在位置 效果文件\第6章\课后练习\广告资讯.psd

图6-41 “企业资讯宣传广告”效果

要求操作如下。

- 新建一个图像文件，使用钢笔工具绘制出画面底部的曲线图像和画面中的山峦图像。
- 使用横排文字工具在画面中输入文字，并在属性栏中设置字体属性。
- 最后在画面底部的曲线图像中添加文本框，输入段落文字。
- 打开“蝴蝶.psd”素材文件，将其添加到图像文件中。

练习2：制作茶之韵文字效果

本练习要求制作一个茶叶的广告文字，可打开本书提供的素材文件进行操作，参考效果如图6-42所示。

素材所在位置 素材文件\第6章\课后练习\茶韵.jpg
效果所在位置 效果文件\第6章\课后练习\茶韵.psd

图6-42 “茶之韵”效果

要求操作如下。

- 选择横排文字工具，分别输入“茶之韵”3个文本，设置文本格式。
- 在“茶”文本图层上单击鼠标右键，在弹出的快捷菜单中选择“转换为形状”命令，将其转换为形状。
- 选择直接选择工具调整文本锚点，改变文本形状。

6.5 技巧提升

1. 设置字体样式

在编辑文本时，可根据需要为字体添加合适的样式。Photoshop中提供了Regular（规则的）、Italic（斜体）、Bold（粗体）、Bold Italic（粗斜体）和Black（粗黑体）等字体样式，在工具属性栏的“字体”下拉列表中可设置这些字体样式，但并不是所有字体都可以设置字体样式，只有选择某些字体后才会激活该选项。若需要设置更多的字体样式，比如添加下划线、删除线等，则需在“字符”面板中单击对应的按钮进行设置。

2. 设置字符间距与基线偏移

输入文本时，若文本的默认间距不能满足需求，可通过“字符”面板设置文字之间的字距：当输入正值时，字距将变大；当输入负值时，字距将缩小；基线偏移是指文字与文字基线之间的距离，当为正值时，文字上移；当为负值时，文字下移。

3. 栅格化文本

在Photoshop CS6中不能直接对文字图层进行添加图层样式、添加滤镜等操作，而可在栅格化文字后再进行编辑，其方法为：选择文本图层，在其上单击鼠标右键，在弹出的快捷菜单中选择“栅格化文字”命令，即可栅格化该图层。

4. 查找和替换文本

在制作可能涉及大量文本的图像时，依次浏览和更改错误比较浪费时间。此时，可使用“查找和替换文本”功能以快速地查找到指定的文本，需要时还可对查找到的文字进行替换，其方法为：打开图像，选择【编辑】/【查找和替换文本】菜单命令，打开“查找和替换文本”对话框，在“查找内容”文本框中输入需要查找的文本；单击选中☑搜索所有图层(S)复选框，单击查找下一个(I)按钮，将显示查找到的文本；在“查找内容”文本框中输入需要替换的文本，在“更改为”文本框中输入替换的目标文本；单击更改(H)按钮，将第一个查找到的文本替换为需要更改后的文本；单击 更改全部(A) 按钮将所有图层中包含的指定文字进行替换。

5. 拼写检查

使用“拼写检查”功能可方便地检查出输入的英文单词是否正确，并可以对错误的单词进行修改，其方法为：选择【编辑】/【拼写检查】菜单命令，打开“拼写检查”对话框。单击选中☑检查所有图层(Y)复选框。系统将自动检查所有图层中不符合拼写规则的文字，并将其选择。在“建议”列表框中选择符合拼写规则的英文单词，单击 更改(H) 按钮或 更改全部(A) 按钮。系统将自动进行替换，检查完成后在打开的提示对话框中单击 确定 按钮即可。

6. 安装字体

系统自带的字体是有限的，为了使制作的图像更加美观，用户可在网上下载一些美观的字体，再对它们进行安装使用。需要注意的是，如果在使用Photoshop时安装字体，则需重启Photoshop才能在“字体”下拉列表框中找到新安装的字体。安装字体的方法为：下载好字体文件后，在字体文件上单击鼠标右键，在弹出的快捷菜单中选择“安装”命令即可。若需要同时安装多个字体，还可直接将字体文件复制到系统盘的“Windows/Fonts”文件夹下，如系统盘是C盘，则安装路径为“C:/Windows/Fonts”。

7. 字符面板中各参数的含义

字符面板中的其他按钮对应作用介绍如下。

- T T TT Tт T¹ T₁ T T 按钮组：分别用于对文字进行加粗、倾斜、全部大写字母、将大写字母转换成小写字母、上标、下标、添加下划线、添加删除线等操作。设置时选取文本后单击相应的按钮即可。
- 下拉列表框：此下拉列表框用于设置行间距，单击文本框右侧的下拉按钮，在打开的下拉列表中可以选择行间距的大小。
- 数值框：设置选中文本的垂直缩放效果。
- 数值框：设置选中文本的水平缩放效果。
- 下拉列表框：设置所选字符的字距调整，单击右侧的下拉按钮，在下拉列表中选择字符间距，也可以直接在文本框中输入数值。
- 下拉列表框：设置两个字符间的微调。
- 数值框：设置基线偏移，当设置参数为正值时，向上移动；当设置参数为负值时，向下移动。

8. 段落面板中各参数的含义

段落面板中其他按钮对应作用介绍如下。

- 按钮组：分别用于设置段落左对齐、居中对齐、右对齐、最后一行左对齐、最后一行居中对齐、最后一行右对齐和全部对齐。设置时选取文本后单击相应的按钮即可。
- “左缩进”文本框：用于设置所选段落文本左边向内缩进的距离。
- “右缩进”文本框：用于设置所选段落文本右边向内缩进的距离。
- “首行缩进”文本框：用于设置所选段落文本首行缩进的距离。
- “段前添加空格”文本框：用于设置插入光标所在段落与前一段落间的距离。
- “段后添加空格”文本框：用于设置插入光标所在段落与后一段落间的距离。
- ☑连字 复选框：选中该复选框，表示可以将文字的最后一个外文单词拆开形成连字符号，使剩余的部分自动换到下一行。

CHAPTER 7

第7章 调整图像色彩和色调

情景导入

老洪发现，米拉对于图像的整体色彩把握还有所欠缺，在设计图像时，不能很好地处理图像中的色彩，于是决定为米拉补习一下色彩调整方面的操作。

学习目标

- 掌握婚纱写真的制作方法。
  如“自动色调”命令、“自动颜色”命令等的使用。
- 掌握矫正数码照片色彩的方法。
  如“色阶”命令、“曲线”命令、“亮度/对比度”命令等的使用。
- 掌握处理艺术照片的方法。
  如“黑白”命令、“阴影/高光”命令等的使用。
- 掌握艺术海报的制作方法。
  如“替换颜色”命令、“可选颜色”命令等的使用。

案例展示

▲制作婚纱写真

▲矫正数码照片的色调

7.1 课堂案例：制作婚纱写真

今天早上，老洪将米拉叫到办公桌前，指着一堆照片文件说："这是一家摄影公司提供的系列照片，需要制作成婚纱写真。由于颜色不是很饱满，所以需要适当调整一下照片的颜色。"米拉浏览照片之后觉得很简单，可以使用"自动色调""自动颜色""自动对比度""色相/饱和度""色彩平衡"等菜单命令来调整颜色，最后添加简单的文字对写真内容稍加丰富即可。本例完成后的参考效果如图7-1所示，下面具体讲解其制作方法。

素材所在位置 素材文件\第7章\课堂案例\婚纱写真\
效果所在位置 效果文件\第7章\婚纱写真.psd

图7-1 婚纱写真最终效果

微课视频
"婚纱写真"高清彩图

行业提示

婚纱写真制作要点

一般来说，为了保证婚纱写真时尚好看，首先需选择高清的照片，便于进行编辑、制作效果。此外，婚纱写真的色调要符合写真的主题，例如，活泼的婚纱写真对应的颜色应该鲜艳明亮，可以添加一些色泽清晰的对象进行点缀。如果是一套婚纱写真，则建议整套写真的风格、色调等统一。

7.1.1 使用"自动色调"命令调整颜色

微课视频
使用"自动色调"命令调整颜色

"自动色调"命令能够对颜色较暗的图像色彩进行调整，使图像中的黑色和白色变得平衡，以增加图像的对比度。下面将打开"婚纱照.jpg"图像，并对图像进行自动调色操作，使其黑白平衡，具体操作如下。

（1）打开"婚纱照.jpg"图像，选择【图像】/【自动色调】菜单命令，调整图像的对比度，如图7-2所示。

（2）返回图像编辑区，即可发现调整后图像的颜色加深了，如图7-3所示。

图7-2 选择菜单命令

图7-3 查看调整后的效果

7.1.2 使用“自动颜色”命令调整颜色

“自动颜色”命令能够对图像中的阴影、中间调和高光进行搜索，并对图像的对比度和颜色进行调整，常被用于偏色的校正。下面将在“婚纱照.jpg”图像中，对图像进行自动颜色操作，纠正图像中的偏色，具体操作如下。

（1）选择【图像】/【自动颜色】菜单命令，调整图像的颜色，如图7-4所示。

（2）返回图像编辑区，即可发现调整后的颜色在向深色过渡，效果如图7-5所示。

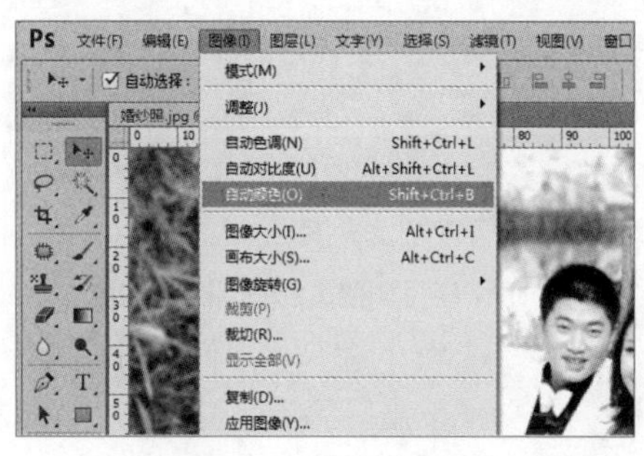

图7-4 选择菜单命令

图7-5 查看调整后的效果

7.1.3 使用“自动对比度”命令调整对比度

“自动对比度”命令可以自动调整图像的对比度，使阴影颜色更暗，高光颜色更亮。下面将在“婚纱照.jpg”图像中对图像进行自动对比度的操作，增强图像的对比效果，具体操作如下。

（1）继续在“婚纱照.jpg”图像中，选择【图像】/【自动对比度】菜单命令，调整图像的对比度，如图7-6所示。

（2）返回图像编辑区，即可发现调整后的颜色更加温馨不再显得那么苍白，如图7-7所示。

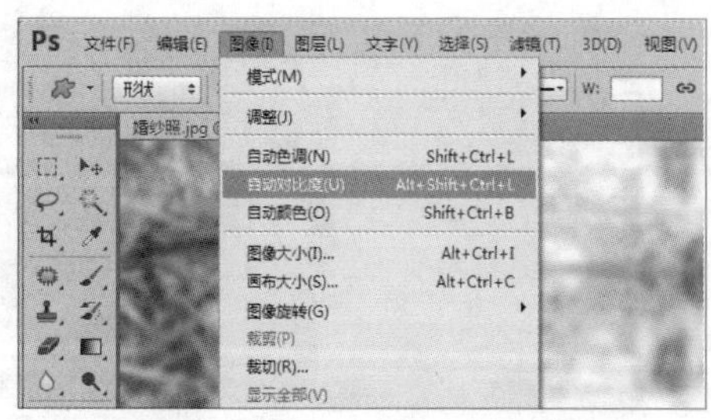

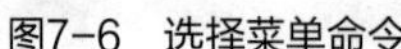

图7-6 选择菜单命令

图7-7 查看调整后的效果

7.1.4 使用“色相/饱和度”命令调整图像单个颜色

使用“色相/饱和度”命令调整图像单个颜色

使用“色相/饱和度”命令可以调整图像全图或单个颜色的色相、饱和度和明度，常用于处理图像中不协调的单个颜色。下面通过“色相/饱和度”命令来调整“婚纱照.jpg”图像的色相和饱和度，具体操作如下。

（1）选择【图像】/【调整】/【色相/饱和度】菜单命令，打开“色相/饱和度”对话框，如图7-8所示。

（2）在“预设”下拉列表框下的列表框中选择“黄色”选项，在“色相”“饱和度”和“明度”数值框中分别输入“-60”“0”和“+36”，如图7-9所示。

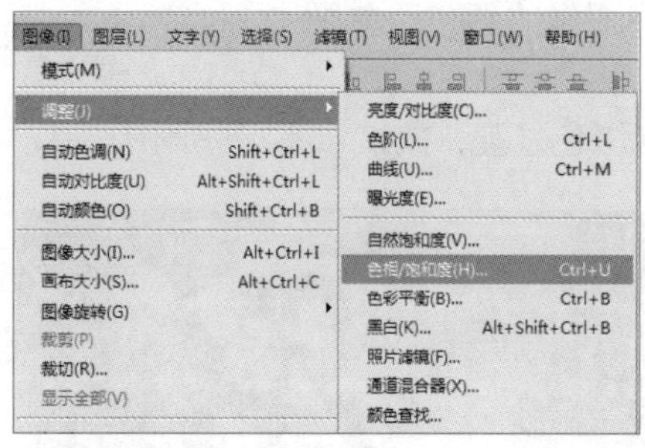

图7-8 打开“色相/饱和度”对话框

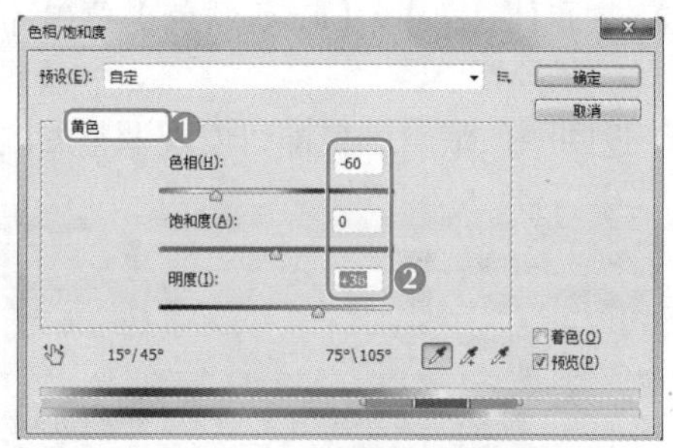

图7-9 调整黄色的色相/饱和度

（3）在“预设”下拉列表框下的列表框中选择“绿色”选项，在“色相”“饱和度”和“明度”数值框中分别输入“-116”“4”和“17”，单击 确定 按钮，如图7-10所示。

（4）返回图像编辑区，即可发现图像的颜色已经偏紫色，如图7-11所示。

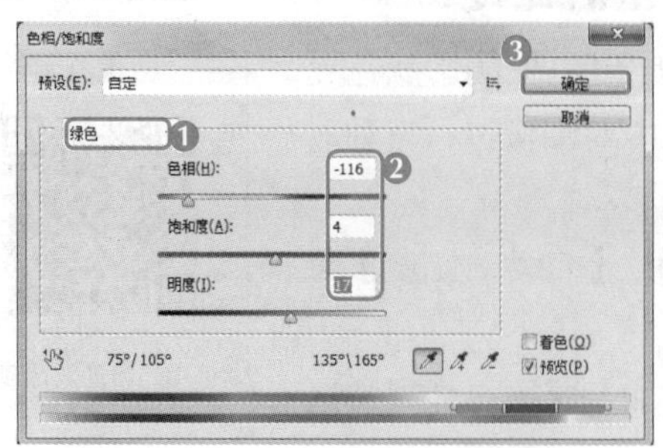

图7-10 调整绿色的色相/饱和度

图7-11 查看调整后的效果

7.1.5 使用“色彩平衡”命令调整图像颜色

微课视频

使用“色彩平衡”命令调整图像颜色

使用“色彩平衡”命令可以调整图像的阴影、中间调和高光，得到颜色鲜亮、明快的效果。下面将在“婚纱照.jpg”图像中，通过“色彩平衡”命令调整“婚纱照.jpg”图像的颜色，具体操作如下。

（1）选择【图像】/【调整】/【色彩平衡】菜单命令，打开“色彩平衡”对话框，单击选中“阴影(S)”单选项，在“色阶”数值框中依次输入“−14”“+23”和“−29”，调整图像中的阴影，如图7−12所示。

（2）单击选中“中间调(D)”单选项，在“色阶”数值框中依次输入“17”“−29”和“30”，调整图像的中间调，单击“确定”按钮，如图7−13所示。

（3）完成设置后，返回图像窗口即可看到调整后的图像效果。

图7−12 调整图像阴影

图7−13 调整图像中间调

（4）选择【图像】/【画布大小】菜单命令，打开“画布大小”对话框，在“新建大小”栏中的下拉列表框中选择“像素”选项，在“高度”数值框中输入“1700”，在“定位”栏下的九宫格中单击第一排中间的格子，设置画布向下增加高度，单击“确定”按钮扩展画布大小，如图7−14所示。

（5）在工具箱中选择矩形选框工具，框选整个人物图像，并按【Ctrl+J】组合键将框选的人物图像放置到新建的图层中，如图7−15所示。

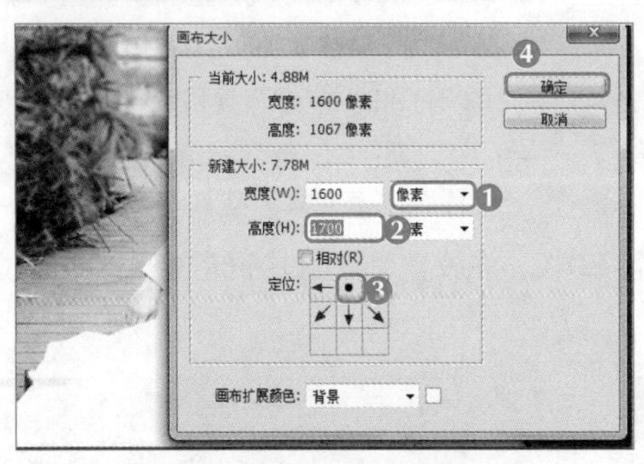

图7−14 扩展画布

图7−15 新建图层

（6）使用移动工具将图像移动到画布的最上方，复制移动后的图层，将图像移动到画布左下方，调整图像的大小，完成后再复制该图层，将其向右移动，如图7−16所示。

（7）打开“背景.jpg”图像，将其移动到“婚纱照.jpg”图像中，然后在“图层”面板的下拉列表框中选择“正片叠底”选项，调整图像的大小和位置，使背景中的花朵位于画布右下角，如图7-17所示。

图7-16　复制并调整图像大小

图7-17　添加背景

（8）在工具箱中选择橡皮擦工具，在工具属性栏中设置橡皮擦大小为“1000像素”，对背景和婚纱图像的交界处进行擦除，使其有递减的效果，如图7-18所示。

（9）选择【图像】/【调整】/【色彩平衡】菜单命令，打开“色彩平衡”对话框，单击选中 中间调(D) 单选项，在“色阶”数值框中依次输入“-27”“-57”和“-25”，如图7-19所示，单击 确定 按钮完成设置。然后，选择所有图层，单击鼠标右键，在弹出的快捷菜单中选择“合并图层”命令，对图层进行合并操作。

图7-18　擦除背景边缘

图7-19　调整背景的色彩平衡

（10）选择【图像】/【调整】/【曝光度】菜单命令，打开“曝光度”对话框，在“曝光度”和“灰度系数矫正”数值框中分别输入“-0.12”和“1.02”，单击 确定 按钮，如图7-20所示。

（11）打开“文字.psd”图像，将其拖动到图像窗口中，并放置到图像中间的空白部分，完成后保存图像，如图7-21所示。

图7-20　调整曝光度

图7-21　添加文本素材

7.2 课堂案例：矫正数码照片的色调

在摄影公司提供的系列照片中，有一些照片的颜色有点偏差。老洪让米拉对这些颜色有偏差的照片进行处理，米拉观察了一下照片的色调，决定使用“色阶”“曲线”“亮度/对比度”“变换”等菜单命令来调整。本例完成后的参考效果如图7-22所示，下面具体讲解其制作方法。

素材所在位置 素材文件\第7章\课堂案例\矫正数码照片色调\
效果所在位置 效果文件\第7章\数码照片.psd

图7-22 矫正数码照片色调的最终效果

照片调色技巧

进行照片调色时，首先要对照片进行观察，看哪些部分需要调整。确认调色部分后，即可使用调色工具对照片颜色进行调整。调整完成后，还应对照片的色调细节进行微调，观察颜色是否自然、饱和度是否合适等。

7.2.1 使用“色阶”命令调整灰暗图像

“色阶”命令通过调整图像中的暗调、中间调和高光区域的色阶分布情况来增强图像的色阶对比。通过色阶命令不但能提高画面亮度，还能使画面变得清晰。下面将打开“数码照片.jpg”图像，并对图像进行色阶的调整，提高画面的亮度效果，具体操作如下。

（1）打开“数码照片.jpg”图像，选择【图像】/【调整】/【色阶】菜单命令。

（2）打开“色阶”对话框，在“通道”下拉列表中选择“RGB”选项，在“输入色阶”栏从左到右依次输入“13”“1.30”和“200”，单击 确定 按钮，如图7-23所示。

（3）返回图像编辑区，即可发现调整后的图像颜色更加明亮美观，如图7-24所示。

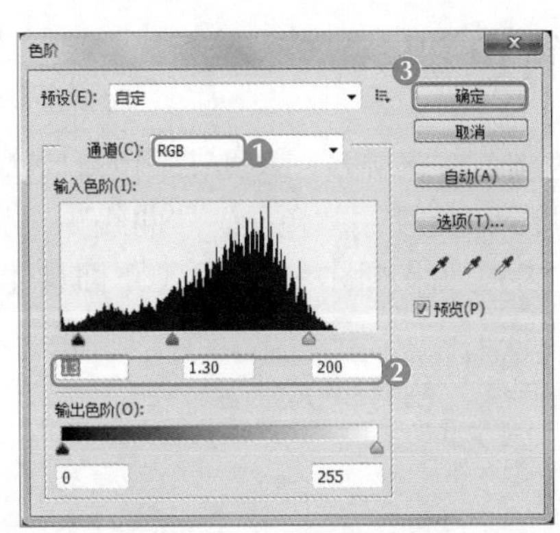

图7-23 设置“色阶”参数

图7-24 查看调整后的效果

7.2.2 使用“曲线”命令调整图像质感

“曲线”命令可对图片的色彩、亮度和对比度等进行调整，使图像颜色更具质感。这是图像处理中调整图像色彩时最常用的一种操作。下面将继续在“数码照片.jpg”图像中，使用曲线命令对图像进行调整，提高图像色彩和亮度，从而达到调整图像质感的目的，具体操作如下。

微课视频

使用“曲线”命令调整图像质感

（1）在打开的“数码照片.jpg”图像中，选择【图像】/【调整】/【曲线】菜单命令。

（2）打开“曲线”对话框，在“通道”下拉列表中选择“红”选项，将鼠标指针移动到曲线编辑框中的斜线上，单击鼠标创建一个控制点并拖动调整，或在“输出”和“输入”文本框中分别输入“154”和“124”，如图7-25所示。

（3）在“通道”下拉列表中选择“蓝”选项，在“输出”和“输入”文本框中分别输入“194”和“176”，单击确定按钮，如图7-26所示。

（4）返回图像显示窗口，查看调整后的最终效果。

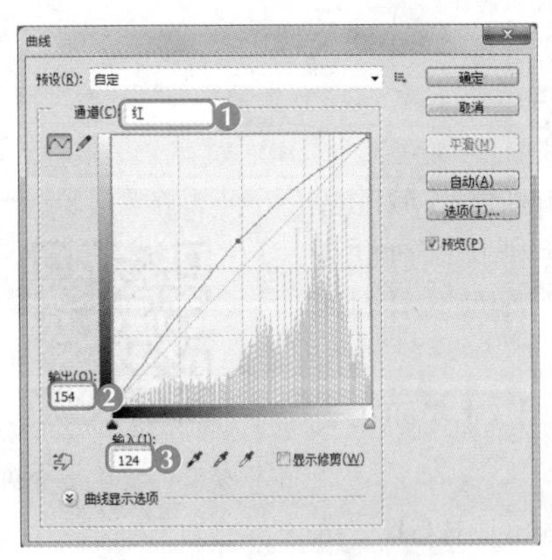

图7-25 设置“红曲线”参数

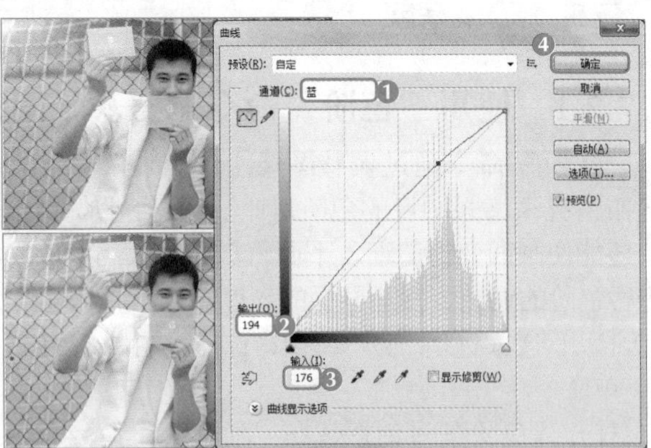

图7-26 设置“蓝曲线”参数

"选项"按钮的作用

在"曲线"对话框中单击选项(T)...按钮，打开"自动颜色校正选项"对话框，在其中可对图形进行颜色的设置。

7.2.3 使用"亮度/对比度"命令调整图像亮度

使用"亮度/对比度"命令可以将灰暗的图像变亮，并增加图像的明暗对比度。下面将继续在打开的"数码照片.jpg"图像中，调整图像的亮度，提高图像的明暗对比度，具体操作如下。

使用"亮度/对比度"命令调整图像亮度

（1）选择【图像】/【调整】/【亮度/对比度】菜单命令，打开"亮度/对比度"对话框，在"亮度"和"对比度"文本框中分别输入"20"和"15"，单击确定按钮，如图7-27所示。

（2）返回图像显示窗口，查看最终效果，如图7-28所示。

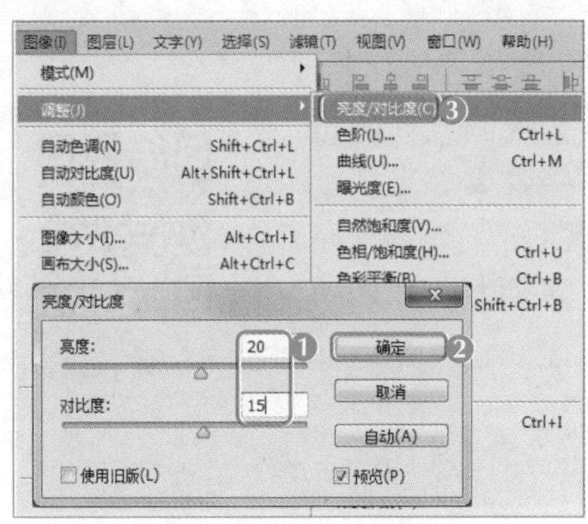

图7-27 设置"亮度/对比度"参数

图7-28 查看完成后的效果

7.2.4 使用"变化"命令调整图像色彩

使用"变化"命令可以调整图像的中间色调、高光、阴影和饱和度等信息。下面将继续在打开的"数码照片.jpg"图像中，对调整过后出现的过度偏红进行调整，使人物的肤色显得更加自然，完成后添加相框样式，具体操作如下。

使用"变化"命令调整图像色彩

（1）选择【图像】/【调整】/【变化】菜单命令，打开"变化"对话框，单击选中中间调单选项，在下方的列表框中选择需要变化的效果，这里选择两次"加深青色"选项，拖动"精细"滑块调整颜色效果，单击确定按钮，如图7-29所示。

（2）打开"相框.jpg"图像文件，将"相框"移动到"数码照片"图像文件中，查看调整后的效果，如图7-30所示。

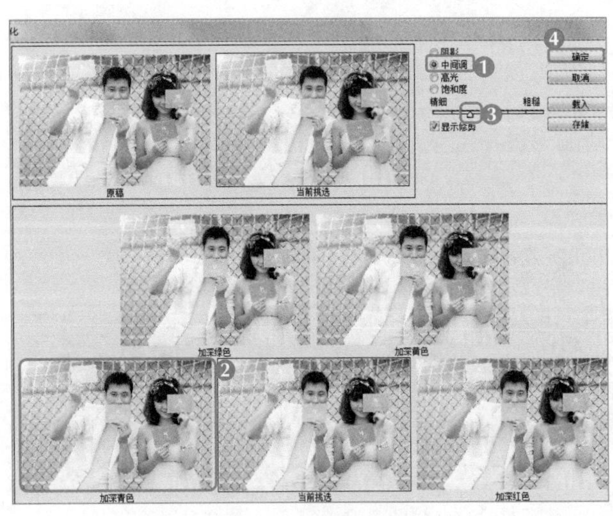

图7-29　设置变化参数

图7-30　查看调整后的效果

7.3　课堂案例：处理一组艺术照

米拉处理的摄影公司照片中，有一组用于宣传艺术照系列的新品，摄影公司要求不添加太多装饰，可简单制作一些效果。米拉查看了照片，决定使用“曝光度”“自然饱和度”“黑白”“阴影/高光”“照片滤镜”等菜单命令来调整。本例完成后的参考效果如图7-31所示，下面具体讲解制作方法。

扫一扫

“艺术照”高清彩图

素材所在位置　素材文件\第7章\课堂案例\艺术照\
效果所在位置　效果文件\第7章\艺术照\

图7-31　艺术照最终效果

行业提示

照片调色技巧

艺术照片在拍照时画面已经很漂亮了，后期一般只对色调进行相应的处理即可。需要注意的是，在调整照片颜色时需要根据客户在拍照前期选择的艺术照风格类型来调整图像，否则图像的色调将会与画面风格起冲突。常见的艺术照色调有冷色调、暖色调和单色调等。

7.3.1 使用“曝光度”命令调整图像色彩

微课视频

使用“曝光度”命令调整图像色彩

“曝光度”命令常用于对照片曝光度不够色彩暗淡，或曝光过度色彩太亮的处理。下面将打开“艺术照1.jpg”图像，并对图像进行曝光度的处理，增加图像的曝光度，使图像颜色恢复到正常显示状态，具体操作如下。

（1）在Photoshop CS6中打开“艺术照1.jpg”图像，选择【图像】/【调整】/【曝光度】菜单命令，打开“曝光度”对话框，在“曝光度”“位移”和“灰度”文本框中分别输入“+0.98”“-0.4”和“1”，单击 确定 按钮，如图7-32所示。

（2）返回图像编辑区，即可发现“艺术照1”中的色彩已发生了变化，调整后的颜色更加美观，如图7-33所示。

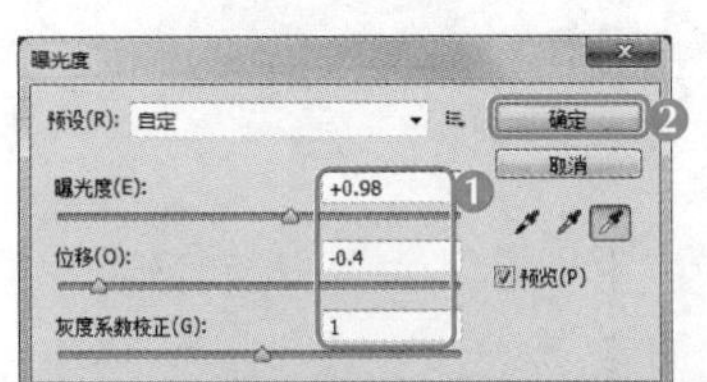

图7-32 调整曝光度

图7-33 查看完成后的效果

7.3.2 使用“自然饱和度”命令调整图像全局色彩

微课视频

使用“自然饱和度”命令调整图像全局色彩

“自然饱和度”命令可增加图像色彩的饱和度，常用于在增加饱和度的同时，防止颜色过于饱和而出现溢色，适合于处理人物图像。下面将打开“艺术照2.jpg”图像，并对图像的饱和度进行处理，让艺术照中的人物颜色更加饱满，具体操作如下。

（1）打开“艺术照2.jpg”图像，选择【图像】/【调整】/【自然饱和度】菜单命令，打开“自然饱和度”对话框，在“自然饱和度”和“饱和度”文本框中分别输入“+80”和“10”，单击 确定 按钮，如图7-34所示。

（2）返回图像编辑区，即可发现调整后图像的色彩更加鲜艳，如图7-35所示。

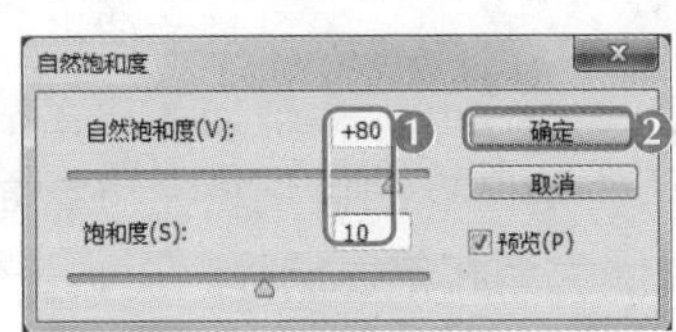

图7-34 调整自然饱和度

图7-35 查看调整后的效果

7.3.3 使用“黑白”命令制作黑白照

微课视频

使用“黑白”命令制作黑白照

“黑白”命令能够将彩色的图像转换为黑白照片，并能对图像中各颜色的色调深浅进行调整，使黑白照片更有层次感。下面将打开“艺术照3.jpg”图像，并对图像进行黑白处理，让颜色丰富的照片变为黑白照，体现照片的怀旧感，具体操作如下。

（1）打开“艺术照3.jpg”图像，选择【图像】/【调整】/【黑白】菜单命令。

（2）打开“黑白”对话框，在“红色”“黄色”和“洋红”文本框中分别输入“-40”“140”和“40”，单击确定按钮，如图7-36所示。

（3）返回图像编辑区，即可发现“艺术照3”图像已经变为黑白效果，此时的艺术照更加具有复古感，如图7-37所示。

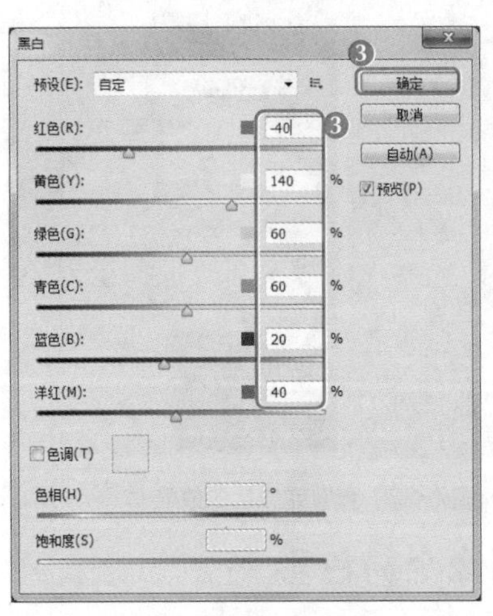

图7-36 设置黑白参数

图7-37 查看完成后的效果

7.3.4 使用“阴影/高光”命令调整图像明暗度

“阴影/高光”命令能够对图像中特别亮或特别暗的区域进行调整，常用于校正由强逆光而形成剪影的照片，也可用于校正因太接近相机闪光灯而导致曝光过渡的照片。下面将打开“艺术照4.jpg”图像，对图像的阴影和高光进行调整，使画面显示的更加自然，具体操作如下。

（1）打开“艺术照4.jpg”图像，选择【图像】/【调整】/【阴影/高光】菜单命令，打开“阴影/高光”对话框，在“阴影”栏中

微课视频

使用“阴影/高光”命令调整图像明暗度

设置“数量”“色调宽度”和“半径”分别为“85%”、“69%”和“200像素”，在“高光”栏中设置“色彩宽度”为“75%”，在“调整”栏中设置“颜色矫正”和“中间调对比”分别为“-30”和“+50”，单击[确定]按钮，如图7-38所示。

（2）返回图像编辑区，即可发现“艺术照4”图像的亮度提高了，如图7-39所示。

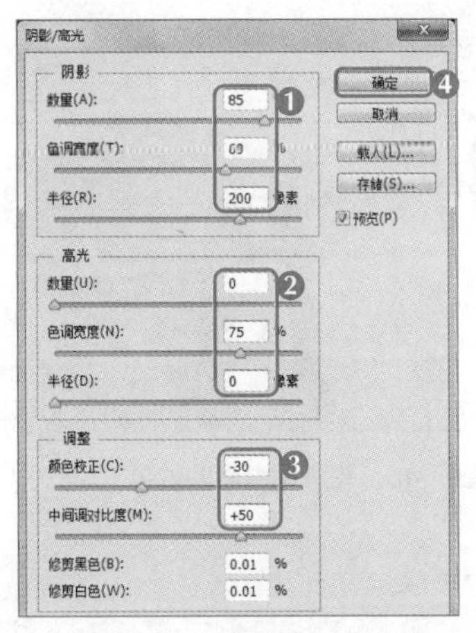

图7-38 置阴影与高光参数

图7-39 查看完成后的效果

7.3.5 使用“照片滤镜”命令调整图像色调

“照片滤镜”命令可以模拟传统光学滤镜特效，使图像呈暖色调、冷色调或其他色调进行显示。下面将打开“艺术照5.jpg”图像，对照片添加浅蓝色的色调，完成后使用“曲线”命令提高照片的亮度，具体操作如下。

（1）打开“艺术照5.jpg”图像，选择【图像】/【调整】/【照片滤镜】菜单命令。

（2）打开“照片滤镜”对话框，单击选中[颜色(C):]单选项，单击其后的色块，打开“拾色器”对话框，设置滤镜颜色为“#c2c5e4”（R:194、G:197、B:228），设置“浓度”为“80%”，单击[确定]按钮，如图7-40所示。

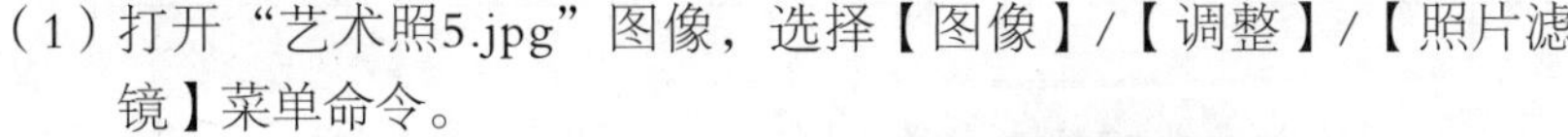

（3）返回图像编辑区，即可发现“艺术照5”图像中的色彩偏向已变为正常，如图7-41所示。

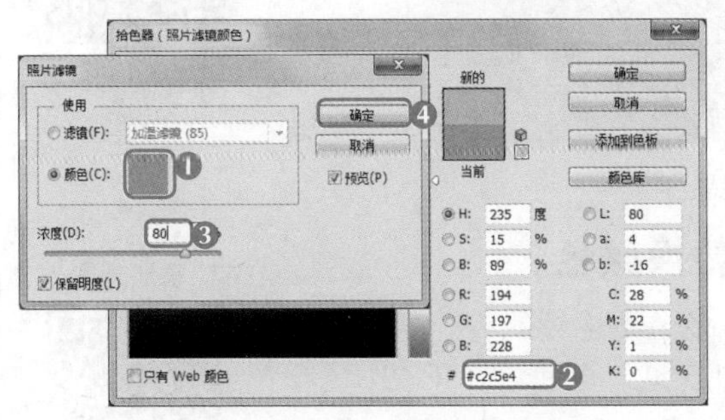

图7-40 设置照片滤镜颜色

图7-41 查看调整后的效果

（4）选择【图像】/【调整】/【色阶】菜单命令，打开“色阶”对话框，在“输入色阶”

栏的数值框中从左到右依次输入“0”“1.13”和“222”，单击[确定]按钮，如图7-42所示。

（5）返回图像编辑区，即可发现图像已经提亮，此时画面与艺术照呈蓝白色调，如图7-43所示。

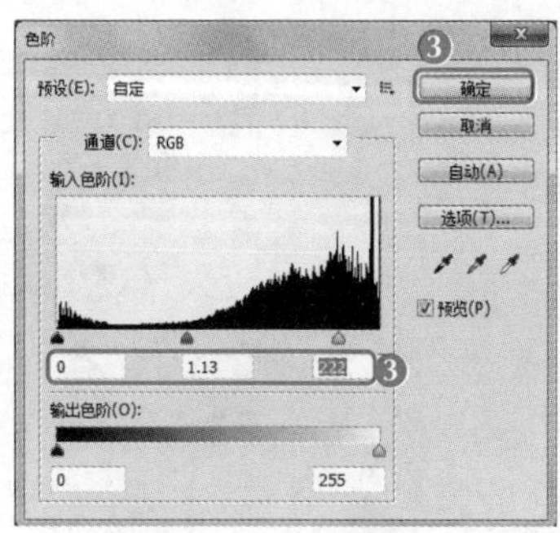

图7-42 调整曲线

图7-43 查看调整后的效果

7.4 课堂案例：制作艺术海报

在摄影公司提供的照片中，有部分照片要处理成海报效果，需将不同类型的艺术照制作成一个统一的整体。米拉决定使用“替换颜色”“匹配颜色”“可选颜色”等菜单命令来处理照片。本例完成后的参考效果如图7-44所示，下面具体讲解其制作方法。

素材所在位置 素材文件\第7章\课堂案例\艺术海报

效果所在位置 效果文件\第7章\艺术海报.psd

图7-44 艺术海报最终效果

7.4.1 使用“替换颜色”命令替换颜色

使用“替换颜色”命令可以调整图像中多个不连续的相同颜色区域，常用于调整边缘较为复杂的图像中的局部区域。下面将打开“小孩1.jpg”“小孩2.jpg”“小孩3.jpg”图像，将图像载入到“海报蒙版.psd”中，并将“小孩1.jpg”图像中的黄色部分替换为紫色，其具体操作如下。

（1）打开“海报蒙版.psd”“小孩1.jpg”“小孩2.jpg”和“小孩3.jpg”图像文件，将“小孩1.jpg”“小孩2.jpg”“小孩3.jpg”图像拖动到“海报蒙版.psd”中，调整图像大小，并将“小孩1.jpg”图层拖动到“蒙版01”图层的上方。使用相同的方法将“小孩2.jpg”和“小孩3.jpg”分别拖动到“蒙版02”和“蒙版03”图层的上方，如图7-45所示。

（2）在“图层”面板选择“图层1”图层，在其上单击鼠标右键，在弹出的快捷菜单中选择“创建剪切蒙版”命令，将图层1载入到下方矩形框中，此时拖动“图层1”所对应的图片，该图片将只能在矩形框中进行移动，如图7-46所示。

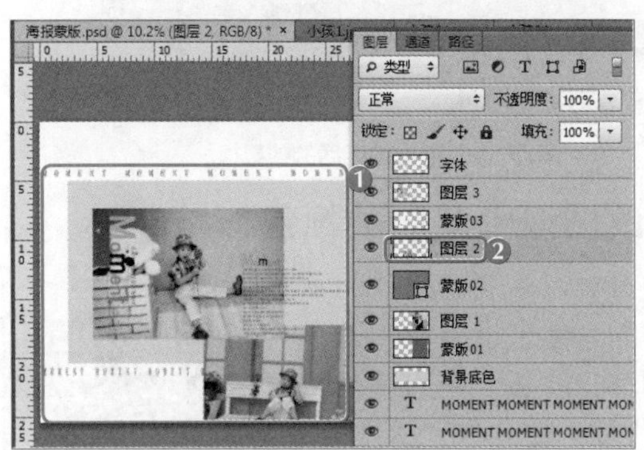

图7-45　添加素材文件

图7-46　创建剪切蒙版

（3）使用相同的方法，在“图层”面板选择“图层2”图层，为其创建剪切蒙版，再选择“图层3”图层，为其创建图层蒙版。查看创建剪切蒙版后的图像效果，并拖动图像使主体显示在矩形框中，如图7-47所示。

（4）选择“图层1”图层，选择【图像】/【调整】/【替换颜色】菜单命令，打开“替换颜色”对话框，如图7-48所示。

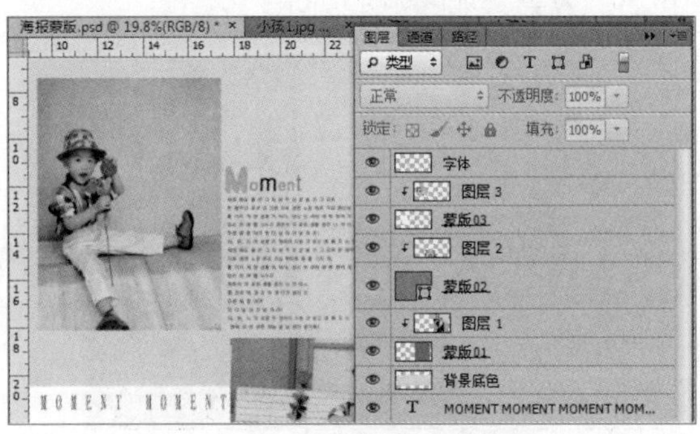

图7-47　创建其他剪切蒙版

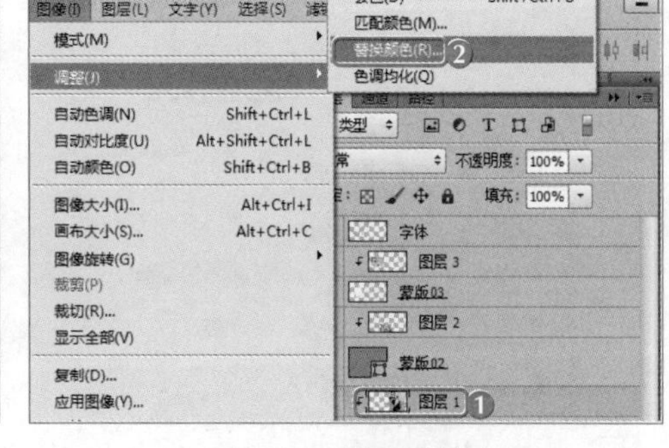

图7-48　选择菜单命令

（5）移动鼠标到图像窗口中，在需要替换的颜色位置单击鼠标提取颜色。这里单击黄色区域，在“替换”栏中的“色相”数值框中输入“-148”，在“饱和度”数值框中输入“-49”，在“明度”数值框中输入“+10”，单击“确定”按钮完成设置，如图7-49所示。

（6）返回图像窗口中即可查看到替换颜色后的效果，如图7-50所示。

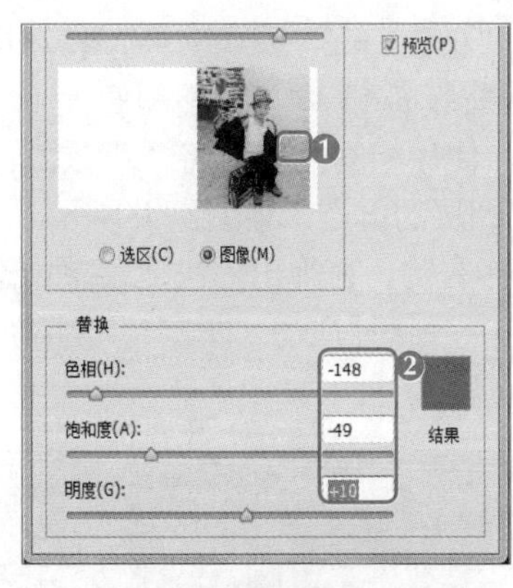

图7-49　设置替换的参数

图7-50　查看完成后的效果

7.4.2　使用“可选颜色”命令修改图像中某一种颜色

微课视频

使用“可选颜色”命令修改图像中某一种颜色

“可选颜色”命令可以对图像中的颜色进行针对性的修改，而不影响图像中的其他颜色。它主要是用印刷油墨的含量来进行控制，包括青色、洋红、黄色和黑色。下面将继续在“海报蒙版”中选择“图层3”图层，并将其中的蓝色背景修改为紫色背景，使其与“图层1”统一，具体操作如下。

（1）在“图层”面板中，选择“图层3”图层，选择【图像】/【调整】/【可选颜色】菜单命令，打开“可选颜色”对话框。

（2）在“颜色”下拉列表中选择“蓝色”选项，在“青色”“洋红”“黄色”“黑色”数值框中分别输入“-100”“+100”“-100”“+100”，单击选中 绝对(A) 单选项，单击 确定 按钮完成设置，如图7-51所示。

（3）返回图像窗口中即可查看到设置可选颜色后的效果，如图7-52所示。

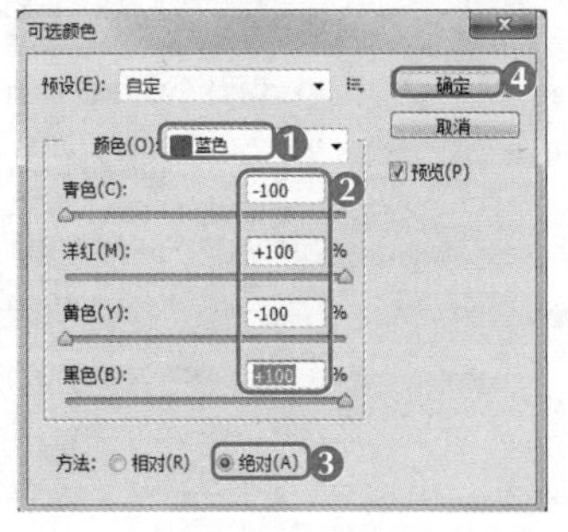

图7-51　设置“可选颜色”参数

图7-52　查看完成后的效果

7.4.3　使用“匹配颜色”命令合成图像

使用“匹配颜色”命令可以匹配不同图像之间的颜色。该命令常用于图像合成。下面将继续在“海报蒙版”文件中选择“图层2”图层，并将其中的蓝色背景修改为紫色背景，使其与“图层1”的色调统一，具体操作如下。

（1）选择【图像】/【调整】/【匹配颜色】菜单命令，打开“匹配颜色”对话框，在“源”下拉列表中选择“小孩3.jpg”选项，拖动

"明亮度"滑块，设置其值为"114"，拖动"颜色强度"和"渐隐"滑块，分别设置其值为"45""6"，单击 确定 按钮，如图7-53所示。

（2）返回图像窗口中即可查看到设置匹配颜色后的图像效果，完成后将其以"艺术海报.psd"为名进行保存，效果如图7-54所示。

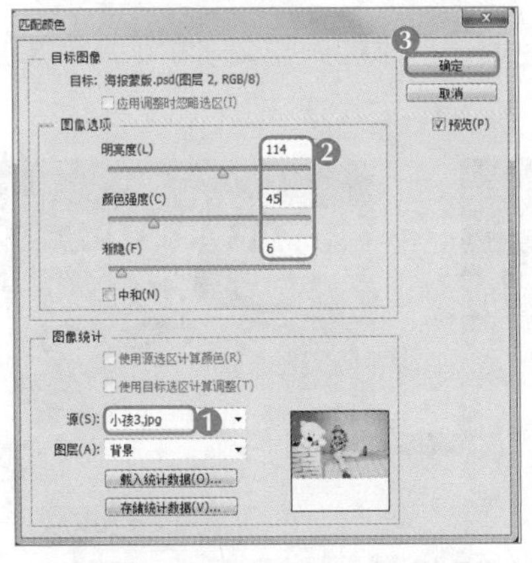

图7-53 设置"匹配颜色"参数

图7-54 查看完成后的效果

7.5 项目实训

7.5.1 制作唯美写真

1. 实训目标

本实训主要是制作一张唯美写真，要求画面唯美，配图合理，色彩漂亮。在制作时，主要运用了曲线和通道混合等操作，要注意照片整体色调的调整。本实训的参考效果如图7-55所示。

素材所在位置 素材文件\第7章\项目实训\写真\
效果所在位置 效果文件\第7章\项目实训\唯美写真.psd

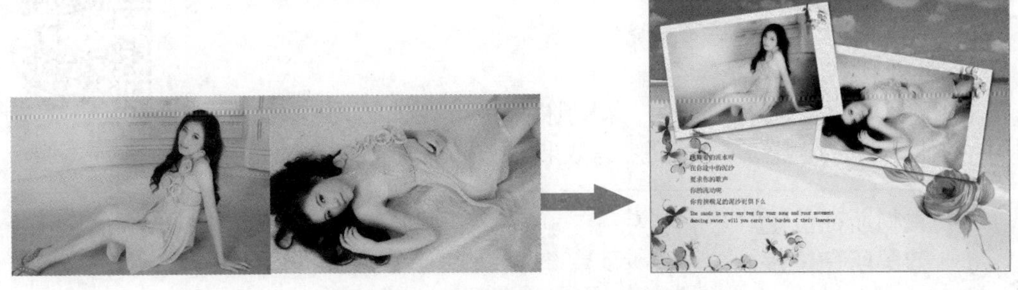

图7-55 唯美写真处理前后对比效果

2. 专业背景

随着数字科技的发展，艺术照迅速在生活中普及。根据色彩可将艺术照划分为冷色调、暖色调和单色调；根据画面性质又可分为韩版写真、唯美写真和童趣写真等。写真可以是一组照片，也可以是一张照片。本例将制作一张画面唯美的写真。

3. 操作思路

完成本实训可先绘制基本的背景，然后调整照片色调，再添加一些文字和花纹，并调整画面布局，其操作思路如图7-56所示。

图7-56 制作唯美写真的操作思路

【步骤提示】

（1）打开“沙滩.jpg”素材文件，绘制两个圆角矩形，然后添加杂色滤镜和纹理化滤镜。

（2）将圆角矩形复制一个图层，制作阴影效果。

（3）打开“照片.jpg”图像，通过“计算”命令计算通道颜色，然后将计算后的通道颜色复制一层。

（4）调出高光选区，并复制，然后更改图层混合模式为“滤色”。

（5）对复制的图层添加高斯模糊滤镜，然后通过曲线调整色调。

（6）盖印图层，然后设置该图层的混合模式和不透明度，再合并图层，并将合并后的图层拖至要编辑的图像窗口中，使用圆角矩形工具绘制路径，其中圆角半径为“20px”。

（7）将矩形路径载入选区，反选后清除，最后自由变换图像到合适位置。

（8）运用相同的方法处理另一张照片色调，然后将其放在另一个圆角矩形图像上。

（9）在其中添加文字，并进行设置，然后调入花朵素材并进行适当调整，完成制作。

7.5.2 制作音乐海报

1. 实训目标

本实训要求制作一张音乐海报，要求风格沉静，有强烈画面感，注意对照片整体色调进行调整，本实训的参考效果如图7-57所示。

素材所在位置 素材文件\第7章\项目实训\音乐海报.CMYK
效果所在位置 效果文件\第7章\项目实训\音乐海报.CMYK

图7-57 音乐海报处理前后对比效果

2．专业背景

音乐海报是海报的一种，海报风格一般可以根据音乐的风格进行确定，如活泼明快的音乐，海报风格可以简洁明亮，大气沉重的音乐，海报风格可以暗一些，体现音乐的沉重感。

3．操作思路

完成本实训可先调整图片的色调，然后设置图层样式，最后添加文本即可，其操作思路如图7-58所示。

① 打开素材　② 调整照片色调　③ 添加文字

图7-58 制作音乐海报的操作思路

【步骤提示】

（1）打开“音乐海报.psd”图像，用“通道混合器”调整背景图层，设置输出通道为“青色”，再设置青色、黄色、黑色为“130、-2、-25”。

（2）设置“输出通道”为“黄色”，数值为“-50”再设置“青色”“洋红”“黄色”“黑色”常数分别为“-5”“100”“-35”“30”。

（3）打开“色彩平衡”对话框，设置“色阶”为“30、20、45”。

（4）打开“亮度/对比度”对话框，设置“亮度”为“-15”。

（5）在“图层”面板中设置“彩光”图层的混合模式为“线性减淡（添加）”，并添加文本内容。

7.6 课后练习

本章主要介绍了色彩和色调调整的相关操作命令，如亮度/对比度、色彩平衡、色相/饱和度、替换颜色、照片滤镜、曲线、去色、通道混合器等调整命令。对于本章的内容，读者要好好把握各种色彩和色调调整命令实现的效果，能够根据素材图像中的色彩或色调，分析出调整时需要使用的命令，然后通过拖曳滑块设置相关参数，以达到满意的效果。

练习1：制作暖色调风格照片

本练习要求将一张冷色调的照片处理成暖色调照片。可打开本书提供的素材文件进行操作，参考效果如图7-59所示。

素材所在位置 素材文件\第7章\课后练习\暖色调风格.jpg
效果所在位置 效果文件\第7章\课后练习\暖色调风格.jpg

图7-59 “暖色调风格照片”效果

要求操作如下。

- 打开“暖色调风格.jpg”素材图片，调整色阶，使其明亮度发生变化。
- 调整图像的色相/饱和度和色彩平衡，改变图像的整体色调。
- 适当对图片的曝光度进行处理。

练习2：制作怀旧风格照片

本练习要求将一张照片处理成怀旧风格。可打开本书提供的素材文件进行操作，参考效果如图7-60所示。

素材所在位置 素材文件\第7章\课后练习\茶.jpg
效果所在位置 效果文件\第7章\课后练习\茶.psd

图7-60 “怀旧风格照片”效果

要求操作如下。

- 打开"茶.jpg"素材图片，通过"色彩平衡"命令调整图像的整体，使其色调偏深红。
- 将"茶背景.jpg"素材融合到"茶.jpg"图像文件中，设置图层混合模式为"正片叠底"。

7.7 技巧提升

1. 色彩的感情表达

颜色拥有着丰富的感情色彩，其会因为性别、年龄、生活环境、地域、民族、阶层、经济、工作能力、教育水平、风俗习惯和宗教信仰等的差异有着不同的象征意义。常用色彩所代表的感情色彩如下。

- 红色：红色一般代表勇敢、激怒、热情、危险、祝福，常用于食品、交通、金融、石化、百货等行业。红色具有很强的视觉冲击效果，"红+黑白灰"的搭配更能体现冲击感。
- 绿色：绿色是最接近大自然的颜色，通常象征着生命、生长、和平、平静、安全和自然等感情色彩，常用于食品、化妆品、安全等行业。
- 黄色：黄色一般代表愉悦、嫉妒、奢华、光明、希望，常用于食品、能源、照明、金融等行业。黄色是最亮丽的颜色，比如，"黄+黑"搭配非常明晰；"黄+果绿+青绿"搭配协调中有对比，"桔黄+紫+浅蓝"搭配对比中有协调。
- 蓝色：蓝色一般代表轻盈、忧郁、深远、宁静、科技，常用于IT、交通、金融、农林等行业。常见的商务风格配色为"蓝+白+浅灰"搭配，体现清爽干净；"蓝+白+深灰"搭配，体现成熟稳重；"蓝+白+对比色（或准对比色）"搭配，体现明快活跃。
- 紫色：紫色的特点是娇柔、高贵、艳丽和优雅，通常可用于营造气氛或表达神秘、吸引的感情色彩。
- 白色：白色是最明亮的一种色彩，通常用于表现纯洁、快乐、神圣和朴实等感情色彩。

2. 使用"色调分离"命令分离图像中的色调

使用"色调分离"命令可以为图像中的每个通道指定亮度数量，并将这些像素映射到最接近的匹配色调上，以减少图像分离的色调，其方法是：选择【图像】/【调整】/【色调分离】菜单命令，打开"色调分离"对话框，在其中拖动"色阶"滑块调整分离的色阶值即可。

3. 使用"去色"和"反向"命令调色

使用"去色"命令可去掉图像中除黑色、灰色和白色以外的颜色，使用"反向"命令可将图像中的颜色替换为相对应的补色，但不会丢失图像颜色信息。比如，将红色替换为绿色，反向后可将正常图像转化为负片或将负片还原为正常图像。下面分别介绍"去色"和"反向"命令的使用方法。

- "去色"命令：在打开一个彩色图像文件后，选择【图像】/【调整】/【去色】菜单命令，即可将图像中的彩色去掉。
- "反向"命令：在打开一个正常的图像文件后，选择【图像】/【调整】/【反向】菜单命令，即可制作出该图像的负片效果。

4. 使用“阈值”和“色调均化”命令调色

使用“阈值”命令可将彩色或灰度图像转换为只有黑白两种颜色的高对比度图像。使用“色调均化”命令，可将图像中各像素的亮度值进行重新分配。下面分别介绍“阈值”和“色调均化”命令的使用方法。

- “阈值”命令：在打开一个彩色图像文件后，选择【图像】/【调整】/【阈值】菜单命令，在打开的“阈值”对话框的“阈值色阶”文本框中输入1~255的整数，单击 确定 按钮，即可将图片转换为高对比度的黑白图像。
- “色调均化”命令：打开一个彩色图像文件后，选择【图像】/【调整】/【色调均化】菜单命令，即可重新分配图像中各像素的亮度值。

5. 使用“色阶”命令调色

“色阶”命令主要是调整图像的阴影、中间调和高光的强度级别，矫正色调范围和色彩平衡。在“输入色阶”栏中，阴影滑块位于色阶0处时，则对应的像素是纯黑色，如果向右移动阴影滑块，则Photoshop会将当前阴影滑块位置的像素值映射为色阶“0”，即滑块所在位置左侧的所有像素都为黑色；高光滑块位于色阶255处，其对应的像素是纯白色，若向左移动高光滑块，则滑块所在位置右侧的所有像素都会变为白色；中间调滑块位于色阶128处，主要用于调整图像中的灰度系数，可以改变灰色调中间范围的强度值，但不会明显改变高光和阴影。“输出色阶”栏中的两个滑块主要用于限定图像的亮度范围，当拖曳暗部滑块时，左侧的色调都会映射为滑块当前位置的灰色，图像中最暗的色调将不再为黑色，而是变为灰色，拖曳白色滑块，其作用与暗部滑块相反。

CHAPTER 8

第8章 蒙版、通道和3D应用

情景导入

经过一段时间的工作，米拉发现自己对Photoshop的了解还不够多，对蒙版、通道和3D对象的应用也不是很出色，看过老洪的作品后，才知道Photoshop还有很多特殊功能，决定继续进行学习。

学习目标

- 掌握制作炫彩美女的方法。
  如创建蒙版、编辑蒙版、调整蒙版色调等。
- 掌握制作3D地球效果的方法。
  如创建智能对象图层、创建3D图层、编辑3D图层等。
- 掌握使用通道抠取玻璃品的方法。
  如创建Alpha通道、复制和删除通道等。
- 掌握使用通道调整数码照片的方法。
  如创建通道、分离通道、复制通道、合并通道、计算通道等。

案例展示

▲制作炫彩美女杂志彩页

▲制作3D地球效果

8.1 课堂案例：制作炫彩美女杂志彩页

这段时间，一本美妆杂志委托老洪帮忙做一张大幅横版的杂志彩页，要求彩页效果要突破现有模式，展现新式的视觉感。老洪将这项委托交给米拉来完成，米拉浏览了杂志，发现这家杂志的风格比较艳丽鲜明，于是决定设计一张炫彩的美女图片，凸显美妆的魅力。要完成这个案例，主要需用到创建蒙版、编辑蒙版和调整蒙版色调等操作。本例完成后的参考效果如图8-1所示，下面具体讲解其制作方法。

素材所在位置 素材文件\第8章\课堂案例\美女素材\
效果所在位置 效果文件\第8章\美女.psd

图8-1 炫彩美女杂志彩页最终效果

8.1.1 创建蒙版

蒙版其实就像是在图层上贴上一张隐藏的纸，从而控制图像的显示内容。蒙版的图像区域是保护该区域不被操作。下面将在“美女.jpg”素材文件中调整图像的色彩，然后创建图层蒙版和矢量蒙版，并对其他蒙版的创建方法进行简单介绍。

1．创建快速蒙版

在图像中创建快速蒙版，可以将图像中的某一部分创建为选区。需要注意的是，快速蒙版的作用范围是整个图像，而不是当前图层。下面打开“美女.jpg”素材文件，将背景区域创建为选区，具体操作如下。

微课视频
创建快速蒙版

（1）打开“美女.jpg”素材文件，选择【图像】/【调整】/【亮度/对比度】菜单命令，打开“亮度/对比度”对话框，在“亮度”数值框中输入“5”，在“对比度”数值框中输入“36”，单击 确定 按钮完成设置，如图8-2所示。

（2）单击工具箱底部的“以快速蒙版模式编辑”按钮，系统自动创建快速蒙版。选择画笔工具，在图像中对人物以外的区域进行涂抹，创建蒙版区域，如图8-3所示。

（3）继续对背景区域进行涂抹，并查看涂抹后的效果，如图8-4所示。

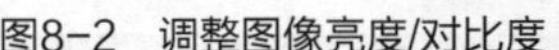

图8-2 调整图像亮度/对比度

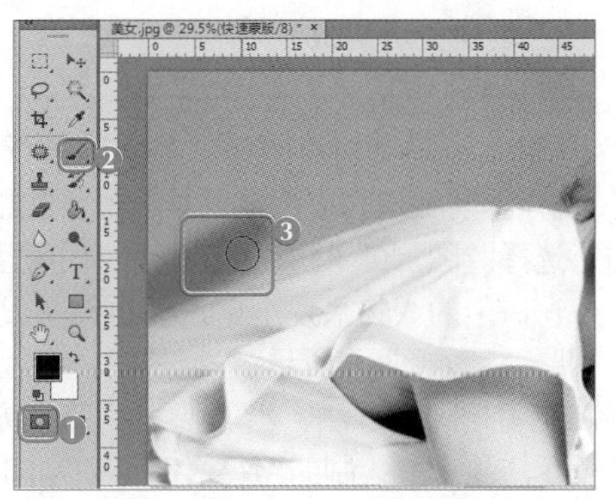

图8-3 创建蒙版区域

（4）单击工具箱中的“以标准模式编辑”按钮，退出快速蒙版编辑状态，此时图像中的人物将被选区选中。双击背景图层，打开“新建图层”对话框，单击确定按钮，将背景图层转换为普通图层，如图8-5所示。

图8-4 查看创建蒙版区域后的效果

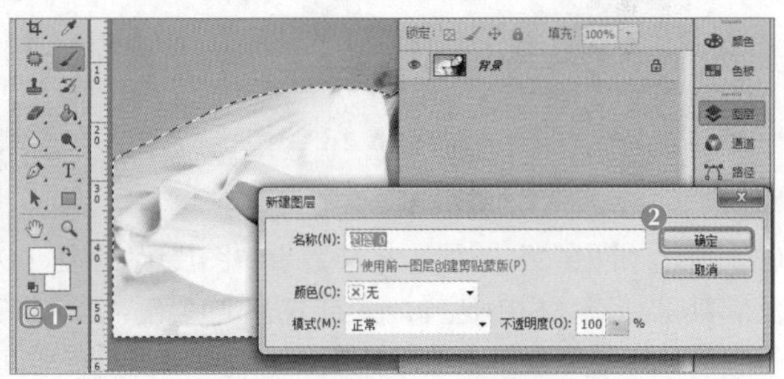

图8-5 退出快速蒙版

2．创建图层蒙版

图层蒙版与快速蒙版不同，使用它可以控制图像在图层蒙版不同区域内隐藏或显示的状态。下面继续在“美女.jpg”素材文件中创建图层蒙版，并在其上绘制路径，具体操作如下。

微课视频

创建图层蒙版

（1）将背景图层转换为普通图层后，选择【图层】/【图层蒙版】/【显示选区】菜单命令，基于当前选区创建图层蒙版，如图8-6所示。

（2）在“图层”面板中新建“图层1”图层，将其置于“图层0”图层的下方，设置其填充色为黑色，查看完成后的效果，如图8-7所示。

图8-6 基于选区创建图层蒙版

图8-7 新建图层

3．创建矢量蒙版

微课视频

创建矢量蒙版

矢量蒙版也是较为常用的一种蒙版，它可以将用户创建的路径转换为矢量蒙版。下面将制作“美女”的炫彩头发，并通过创建矢量蒙版，制作不同类型的小图案，具体操作如下。

（1）选择“图层0”图层，在工具箱中选择钢笔工具，在图像编辑窗口中的人物头发上单击，再在头发的另一点上单击，绘制钢笔路径，如图8-8所示。

（2）使用相同的方法，沿着头发的竖直方向绘制路径，并查看绘制后的效果，如图8-9所示。注意，绘制的路径最后必须是闭合状态，这样才能转换为选区。

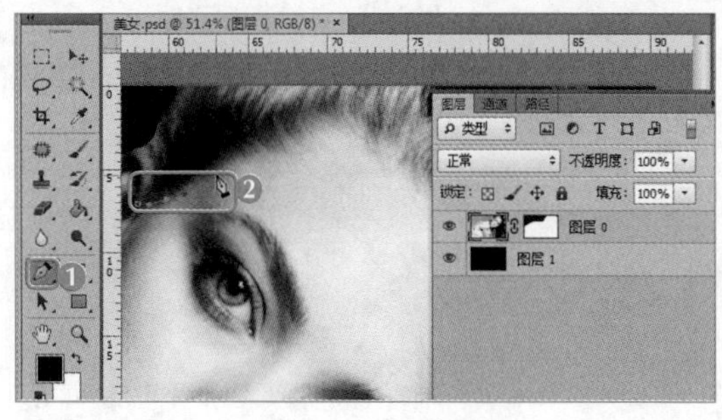

图8-8　绘制路径

图8-9　完成路径的绘制

（3）新建“图层2”图层，将其置于“图层0”图层上方。在工具箱中选择渐变工具，在其工具属性栏中选择渐变样式为“色谱”，再选择渐变方式为“线性渐变”，拖动鼠标，在图像窗口中填充渐变色，查看完成后的效果，如图8-10所示。

（4）在“图层”面板中选择“图层2”图层，单击下方的“添加矢量蒙版”按钮。

（5）切换到“路径”面板，在“工作路径”上方单击鼠标右键，在弹出的快捷菜单中选择“建立选区”命令，打开“建立选区”对话框，单击 确定 按钮，如图8-11所示。

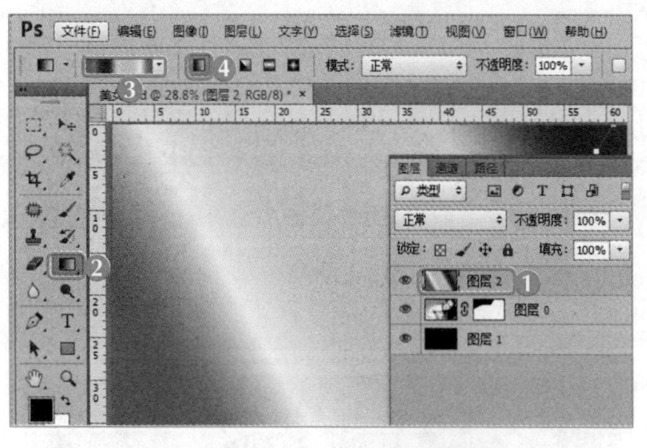

图8-10　创建渐变图层

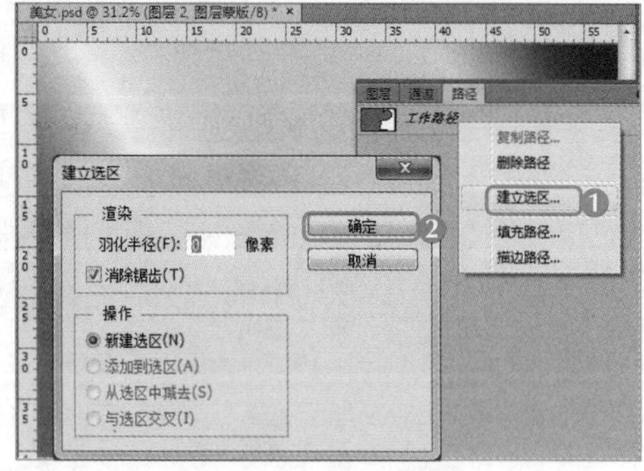

图8-11　建立选区

（6）按【Shift+Ctrl+I】组合键反选选区，并在工具箱中选择画笔工具，对未选中区域进行涂抹，此时未选中部分将恢复到未添加渐变的状态，如图8-12所示。

（7）在“图层”面板中设置图层的混合模式为“颜色”，查看添加颜色后的效果，如图8-13所示。

图8-12 创建蒙版

图8-13 查看完成后的效果

（8）打开“彩条.jpg”素材文件，将其拖动到“美女.jpg”图像文件中，适当调整其大小和位置，将其放置在图像的左上角。在工具箱中选择自定形状工具，在其工具属性栏中设置绘图模式为“路径”，单击“形状”栏右侧的下拉按钮，在打开的面板中单击按钮，在打开的下拉列表中选择“全部”选项，在打开的提示对话框中单击确定按钮，如图8-14所示。

（9）在形状下拉列表中选择“爪印”选项，拖动鼠标在图像左上角的位置绘制大小和方向不同的爪印，使用相同的方法选择“红心形卡”和“溅泼”选项，绘制形状，并查看绘制的效果，如图8-15所示。

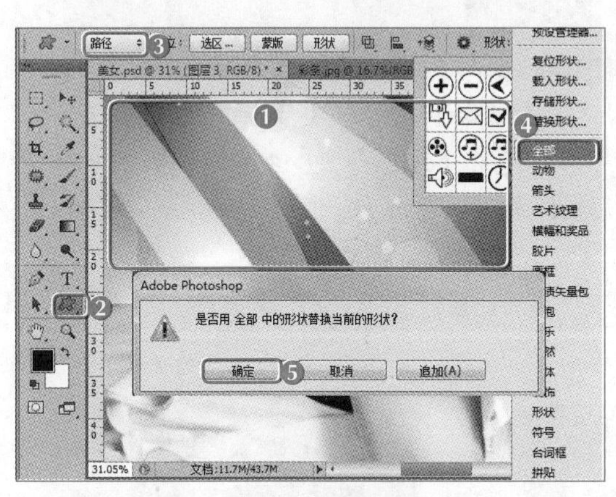

图8-14 添加形状

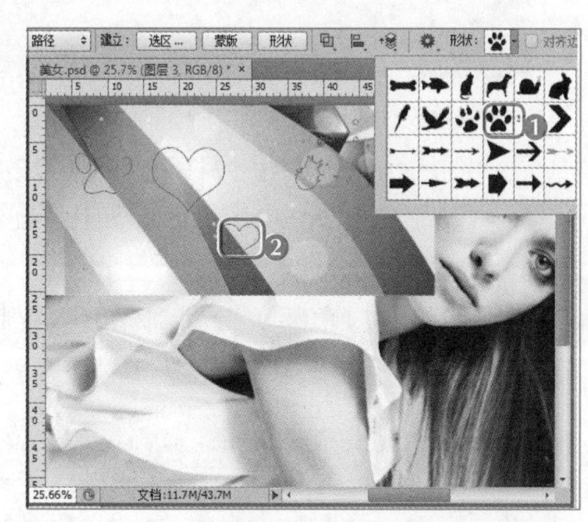

图8-15 添加形状

（10）选择【图层】/【矢量蒙版】/【当前路径】菜单命令，根据当前路径建立矢量蒙版，如图8-16所示。

（11）此时绘制的形状将自动添加渐变颜色，查看完成后的效果，如图8-17所示。

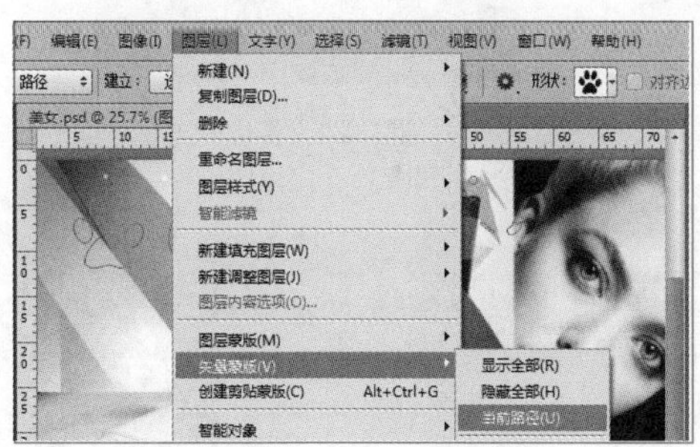

图8-16 添加矢量蒙版

图8-17 查看完成后的效果

4．创建剪贴蒙版

使用剪贴蒙版可以制作出相框效果，而使用剪切蒙版能将一幅图像置于所需的图像区域中，对图像进行编辑，但图像的形状不会发生变化。下面就对剪贴蒙版的创建方法进行介绍，具体操作如下。

（1）打开“剪贴蒙版.psd”图像文件，在“图层”面板中单击“图层1”图层上的图标，隐藏该图层，选择“背景”图层，如图8-18所示。

（2）单击“创建新图层”按钮，创建“图层2”图层，设置前景色为黑色。选择画笔工具，使用鼠标在图像窗口中单击鼠标，绘制“图层2”中的图形，如图8-19所示。

图8-18　选择图层

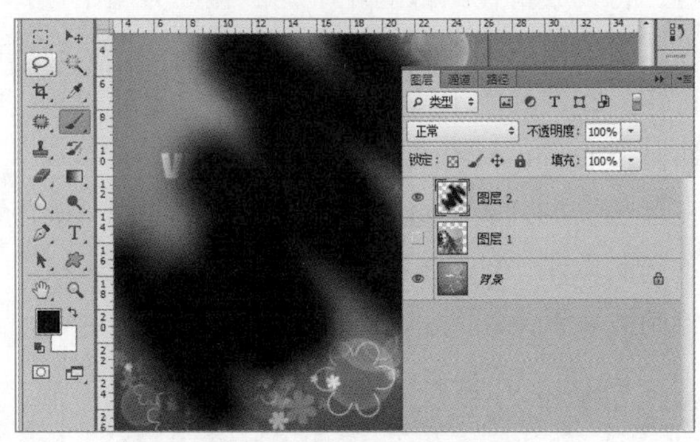

图8-19　新建并填充图层

（3）显示图层1，并将图层2移动到图层1的下方。选择【图层】/【创建剪贴蒙版】菜单命令，此时“图层1”图层缩览图中将出现图标，且“图层2”图层的图层名称将以下划线显示，如图8-20所示。

（4）返回图像窗口中即可看到创建剪贴蒙版后，“图层1”图层中位于“图层2”中形状以外的区域被隐藏了，如图8-21所示。

图8-20　创建剪贴蒙版

图8-21　查看效果

8.1.2　编辑蒙版

编辑蒙版是创建蒙版后的常见操作，常用于蒙版的后期制作。下面在“美女.jpg”图像文件中，将绘制的矢量蒙版转换为图层蒙版，并对转换后的蒙版进行复制操作，使其运用到其他区域，完成后调整蒙版的位置，具体操作如下。

（1）在“美女”图像文件中的“图层”面板中选择“图层3”，选择【图层】/【栅格化】/【矢量蒙版】菜单命令，即可将其转换为图层蒙版。

（2）选择“图层3”图层，设置图层混合模式为“浅色”，按【Ctrl+T】组合键调整图像的大小和位置，使其完整显示，如图8-22所示。

（3）选择“图层3”图层按住鼠标左键不放，将其拖动到“创建新图层”按钮上，复制图层蒙版，或按住【Alt】键不放，拖动需要复制的图像，也可复制对应的图层蒙版，如图8-23所示。

图8-22 调整蒙版样式

图8-23 复制图层蒙版

（4）调整复制后的图像大小，使用画笔工具涂抹两个图层重复的部分，查看调整后的效果，如图8-24所示。

（5）再次新建“图层4”，在工具箱中选择画笔工具，设置前景色为“#fa5dc1”，在“图层4”上绘制不规则的墨迹图像，完成后将其移动到“图层0”的下方，查看完成后的效果，如图8-25所示。

图8-24 调整复制图层样式并查看效果

图8-25 添加墨迹

8.1.3 调整蒙版色调

当图像中的蒙版创建完成后，往往会出现蒙版颜色和外面背景色不匹配的问题。此时，可使用调整蒙版色调的方法，对蒙版的颜色进行调整，使其更加统一。下面将在“美女.jpg”图像文件中对头发蒙版进行颜色的调整，统一色调，具体操作如下。

（1）在“图层”面板中选择“图层2”图层，选择【图像】/【调整】/【曲线】菜单命令，打开“曲线”对话框，在“通道”下拉列

表中选择“红”选项，在曲线上单击添加控制点，然后拖曳曲线弧度调整曲线，如图8-26所示。

（2）在“通道”下拉列表中选择“蓝”选项，设置在曲线上单击添加控制点，并向下拖动控制点调整色调，在“通道”下拉列表中选择“RGB”选项，在曲线上单击添加控制点，然后拖曳曲线弧度调整曲线，完成后单击 确定 按钮，如图8-27所示。

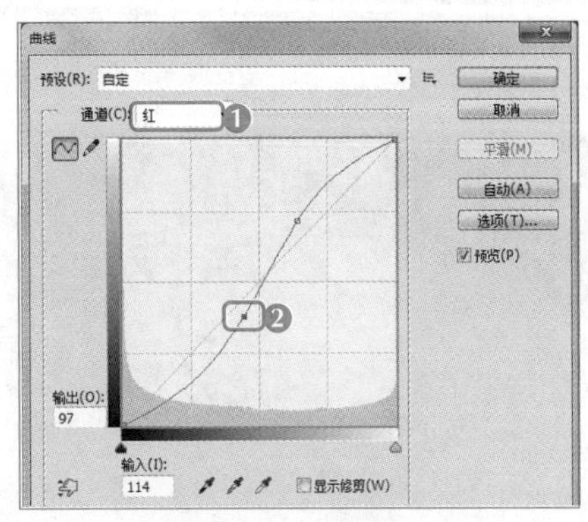

图8-26 调整红通道曲线

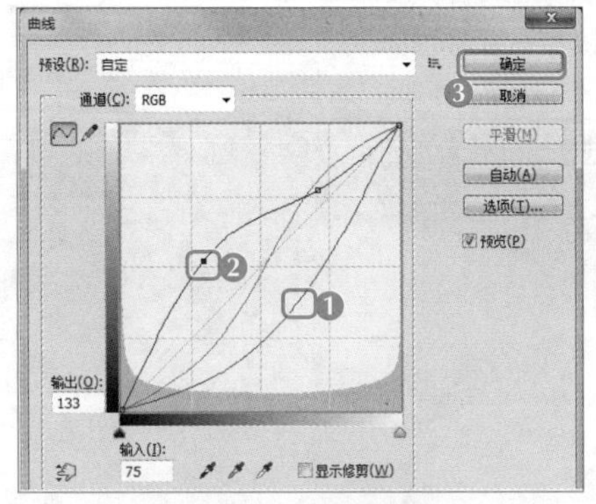

图8-27 调整其他曲线

（3）在“图层”面板中选择“图层3”图层，选择【图像】/【调整】/【自然饱和度】菜单命令，打开“自然饱和度”对话框，设置“自然饱和度”和“饱和度”分别为“+38”“+100”，单击 确定 按钮，如图8-28所示。

（4）此时可发现头发和图形中已经存在深浅过渡，完成后保存图像，并查看完成后的效果，如图8-29所示。

图8-28 设置自然饱和度

图8-29 查看完成后的效果

8.2 课堂案例：制作3D地球效果

老洪告诉米拉，在Photoshop CS6中不仅可以处理平面图形，进行平面设计，还可以制作简单的3D图形。他交给米拉了一个简单的任务，利用Photoshop制作一个3D地球效果。米拉构思了一下3D地球效果的制作过程，决定使用Photoshop的3D工具来完成。本例的参考效果如图8-30所示，下面具体讲解其制作方法。

素材所在位置 素材文件\第8章\课堂案例\3D素材\
效果所在位置 效果文件\第8章\3D地球效果.psd

图8-30 3D地球效果

扫一扫

"3D 地球"高清彩图

8.2.1 创建智能对象图层

智能对象是一个嵌入到当前文档中的文件，可以是图像，也可以是矢量图形。智能对象图层能够保留对象的源内容和所有的原始特征。这是一种非破坏性的编辑功能。下面将普通图像转换为智能对象，具体操作如下。

（1）打开"3D素材.jpg"素材文件，复制一个背景图层，如图8-31所示。

（2）选择【图层】/【智能对象】/【转换为智能对象】菜单命令，将图层转换为智能对象图层，如图8-32所示。

图 8-31 复制图层

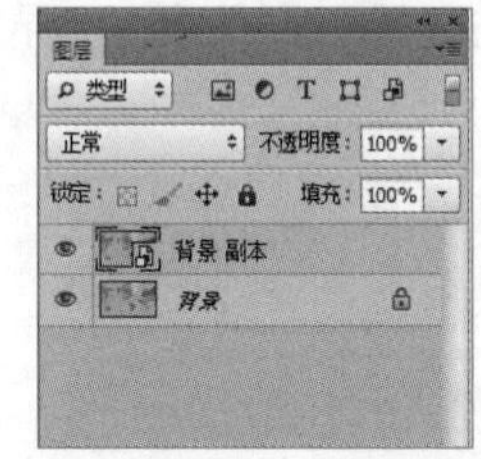

图 8-32 转换为智能对象图层

多学一招 **创建或转换智能对象**

创建或转换的智能对象还可以进行其他操作，比如，通过自由变换操作制作出旋转的效果；选择【图层】/【智能对象】/【替换内容】菜单命令替换智能对象内容；选择【图层】/【智能对象】/【编辑内容】菜单命令编辑智能对象内容；选择【图层】/【智能对象】/【栅格化】菜单命令可将智能对象转换为普通图层；选择【图层】/【智能对象】/【导出内容】菜单命令还可将智能对象导出。

8.2.2 创建3D图层

Photoshop中创建3D图层的方法有很多，可通过3D文件新建图层、从图层新建3D明信片、从图层新建形状、从灰度新建网格、从图层新建体积和凸纹方法创建，选择不同的创建方式，可实现不同的效果，下面主要讲解从图层新建形状的方法，其具体操作如下。

（1）选择背景图层，然后新建一个透明图层，并填充为由黑到白的渐变效果，如图8-33所示。

（2）选择创建的智能对象图层，选择【3D】/【从图层新建网格】/【网格预设】/【球体】菜单命令，即可将图层根据选择的菜单命令创建出形状，如图8-34所示。

图 8-33　渐变填充图层

图 8-34　创建3D图层

8.2.3　编辑3D图层

微课视频

编辑 3D 图层

对创建的3D图层可进行编辑，如替换材质和调整光源等，下面对地球图形添加并调整光照位置，其具体操作如下。

（1）选择【窗口】/【3D】菜单命令，或在面板组中单击按钮，打开“3D”面板，如图8-35所示。

（2）在面板上方单击“滤镜：光源”按钮，单击“属性”选项卡，在“类型”下拉列表框中选择“无限光”选项，在“强度”下拉列表框中拖曳滑块，设置值为“148%”，将“颜色”色块设置为“白色”，效果如图8-36所示。

（3）设置完成后的效果如图8-37所示。

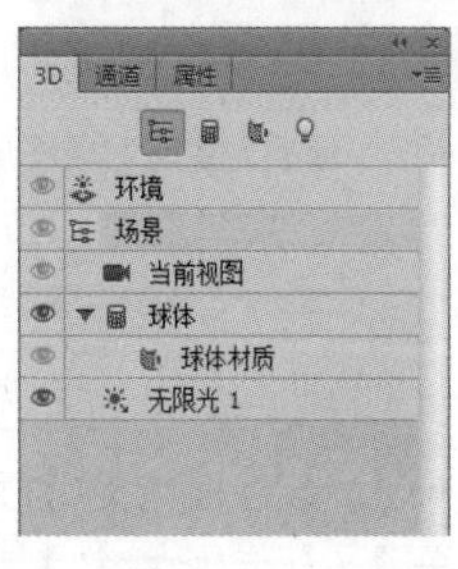

图 8-35　“3D”面板

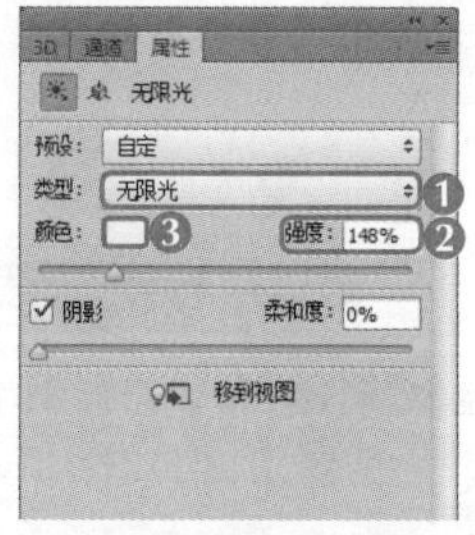

图 8-36　设置光照参数

图 8-37　设置后的效果

（4）在“图层1”的上方新建一个空白图层，然后创建一个椭圆选区，填充为黑色。并选择【滤镜】/【模糊】/【高斯模糊】菜单命令，在打开的“高斯模糊”对话框中设置半径为“15像素”，单击 确定 按钮，如图8-38所示。

（5）通过自由变换对选区进行变形，如图8-39所示。

（6）调整到合适位置后并确认变形，然后在“3D”面板中单击“光源旋转工具”按钮，拖曳鼠标调整图像的光照角度，如图8-40所示。

（7）角度调整到合适位置后，然后单击“对象旋转工具”按钮，在图像中拖曳鼠标，旋转对象到合适位置，如图8-41所示。

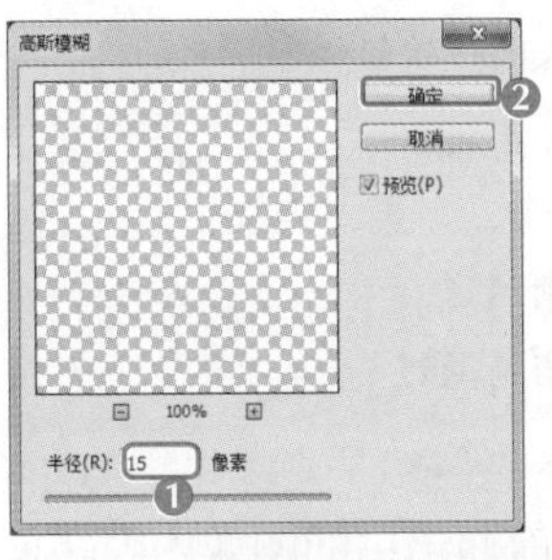

图 8-38 “高斯模糊”对话框

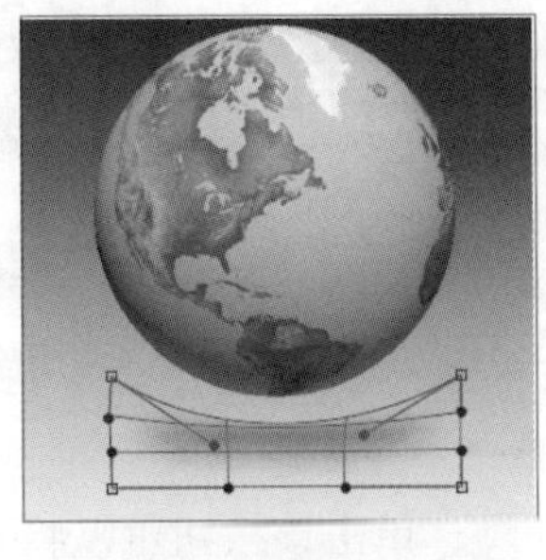

图 8-39 对阴影进行变形

图 8-40 调整光源角度

图 8-41 旋转对象

8.3 课堂案例：使用通道扣取透明商品

米拉在为一组商品图片扣取素材，但是在扣取一个玻璃素材的时候效果不是很理想，她去请教老洪，老洪告诉她：“你可以使用通道来扣取这些复杂的图像”。米拉听了老洪的建议后，重新使用Photoshop的通道功能对透明商品进行扣取，发现不仅方法简单，而且扣取效果很不错。本例完成后的参考效果如图8-42所示，下面具体讲解其制作方法。

素材所在位置 素材文件\第8章\课堂案例\冰块.jpg
效果所在位置 效果文件\第8章\冰块.psd

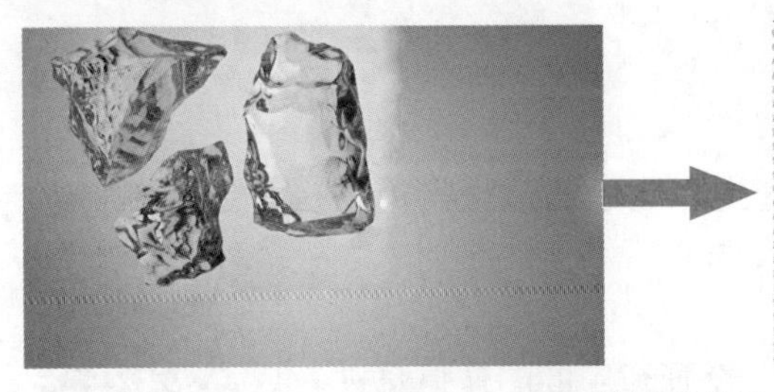

图8-42 抠取冰块最终效果

8.3.1 认识“通道”面板

在默认情况下，“通道”面板、“图层”面板和“路径”面板在同一组面板中，可以直接单击“通道”选项，打开“通道”面板，如图8-43所示，其中各选项的含义介绍如下。

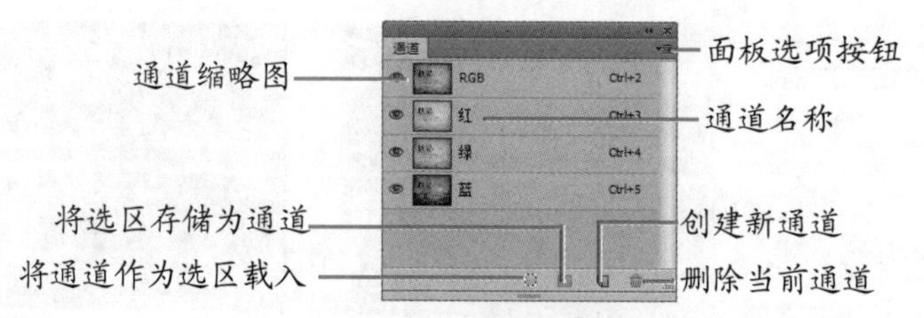

图8-43 “通道”面板

- “将通道作为选区载入”按钮：单击该按钮可以将当前通道中的图像内容转换为选区。选择【选择】/【载入选区】菜单命令和该按钮的效果一样。
- “将选区存储为通道”按钮：单击该按钮可以自动创建Alpha通道，并将图像中的选区保存。选择【选择】/【存储选区】菜单命令和该按钮的效果一样。
- “创建新通道”按钮：单击该按钮可以创建新的Alpha通道。
- “删除当前通道”按钮：单击该按钮可以删除选择的通道。
- “面板选项”按钮：单击该按钮可弹出通道的部分菜单命令。

8.3.2 创建Alpha通道

在“通道”面板中创建一个新的通道，称为“Alpha”通道。用户可以通过创建“Alpha”通道来保存和编辑图像选区，其具体操作如下。

（1）打开提供的“冰块.jpg”素材文件，切换到“通道”面板。

（2）单击按钮，在弹出的下拉列表中选择“新建通道”选项。

（3）在打开的“新建通道”对话框中设置新通道的名称为“填充色”，单击 确定 按钮，如图8-44所示。

（4）此时新建一个名为“填充色”的Alpha通道，如图8-45所示。

156

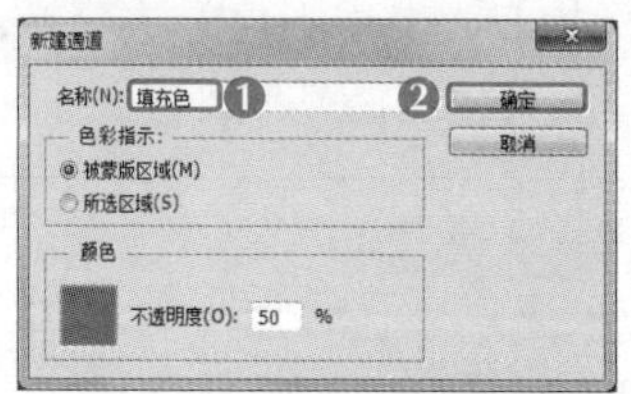

图8-44 “新建通道”对话框

图8-45 新建的通道效果

8.3.3 复制和删除通道

在应用通道编辑图像的过程中，复制通道和删除通道是常用的操作。

1. 复制通道

复制通道和复制图层的原理相同，是将一个通道中的图像信息进行复制后，粘贴到另一个图像文件的通道中，而原通道中的图像保持不变，具体操作如下。

（1）在“通道”面板中选择“红”通道，然后单击右上角的按钮，在弹出的下拉列表中选择“复制通道”选项，打开“复制通道”对话框，直接单击 确定 按钮即可，如图8-46所示。

（2）此时新建的通道将位于通道面板底部，效果如图8-47所示。

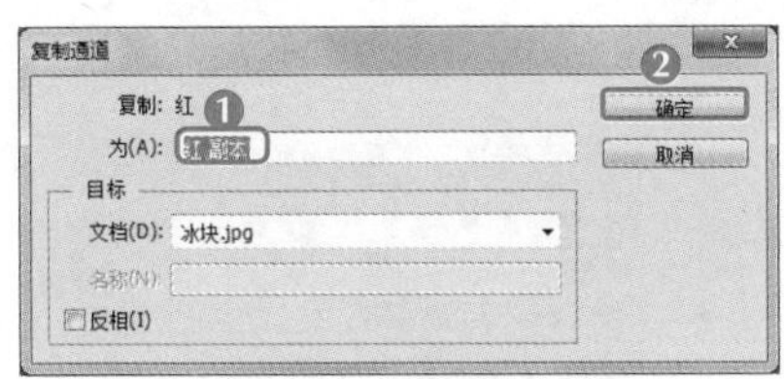

图8-46 “复制通道”对话框

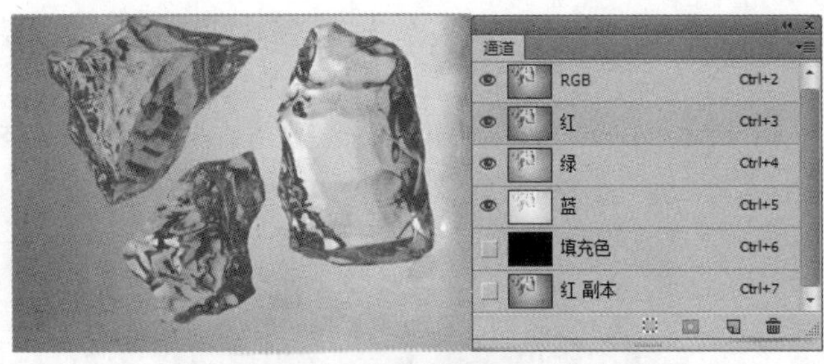

图8-47 复制的通道效果

复制通道

在通道上单击鼠标右键，在弹出的快捷菜单中选择“复制通道”命令，或选择通道，按住鼠标左键将其拖动到面板底部的“创建新通道”按钮上，当光标变成形状时释放鼠标，也可复制所选通道。

（3）选择【图像】/【调整】/【色阶】菜单命令，打开“色阶”对话框，在其中设置参数如图8-48所示。

（4）设置完成后单击 确定 按钮，效果如图8-49所示。

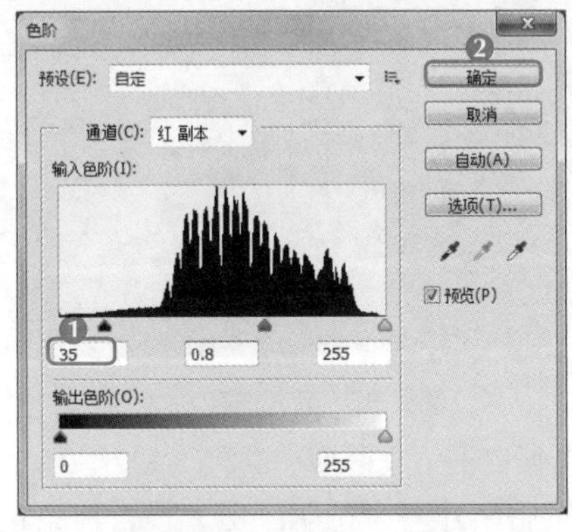

图8-48 “色阶”对话框

图8-49 调整色阶后的效果

（5）按【Ctrl】键的同时单击“红副本”通道缩略图，载入选区，如图8-50所示，选中部分即为图像的高光部分。

（6）利用快速选择工具减去图像中不需要的高光图像部分，效果如图8-51所示。

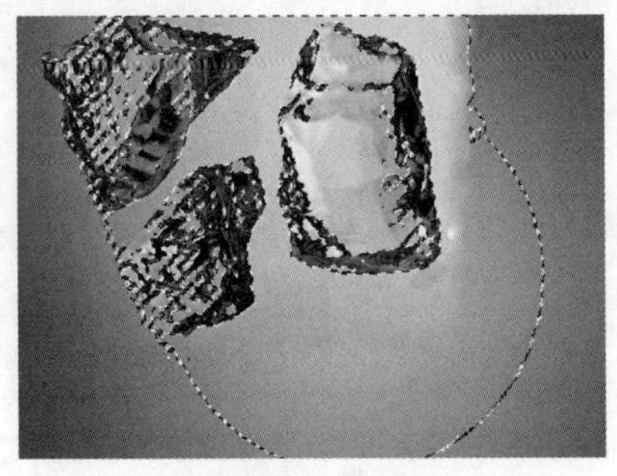

图8-50 载入选区

图8-51 选取需要的高光部分

(7) 切换到“图层”面板，选择“背景”图层，然后新建一个透明图层，设置前景色为白色，按【Alt+Delete】组合键快速填充前景色。

(8) 按【Ctrl+D】组合键取消选区，得到图像效果如图8-52所示，图层面板如图8-53所示。

图8-52 填充选区效果

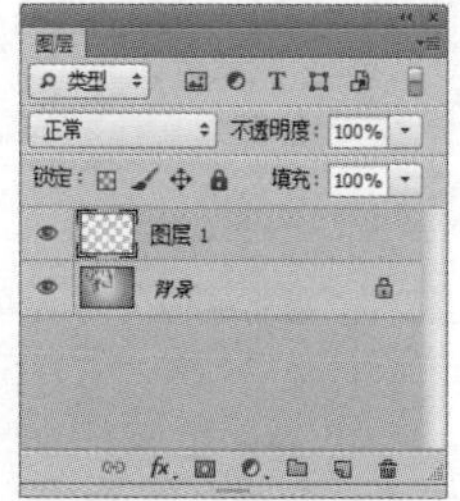

图8-53 图层面板效果

(9) 切换到通道面板，选择“红副本”通道。

(10) 选择【图像】/【调整】/【反相】菜单命令，得到如图8-54所示的效果。

(11) 按住【Ctrl】键的同时单击“红副本”通道缩略图，载入选区，如图8-55所示，选中部分即为图像的暗调区域部分。

图8-54 反向图像

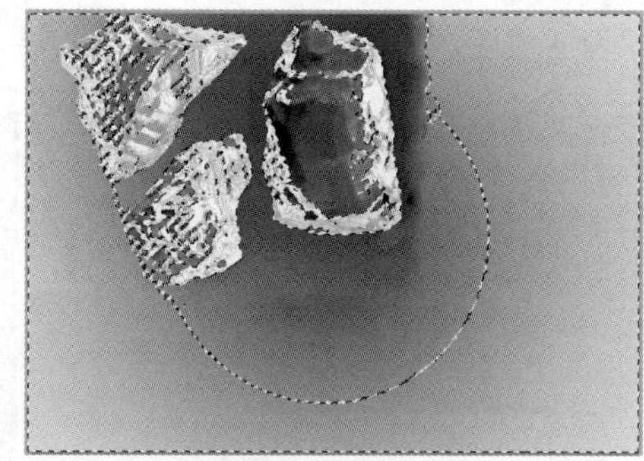

图8-55 载入选区

(12) 利用快速选择工具减去图像中不需要的暗调图像部分，如图8-56所示。

(13) 切换到“图层”面板，选择“背景”图层，然后新建一个透明图层，设置前景色为黑色，按【Alt+Delete】组合键快速填充前景色。

(14) 按【Ctrl+D】组合键取消选区，得到图像效果如图8-57所示。

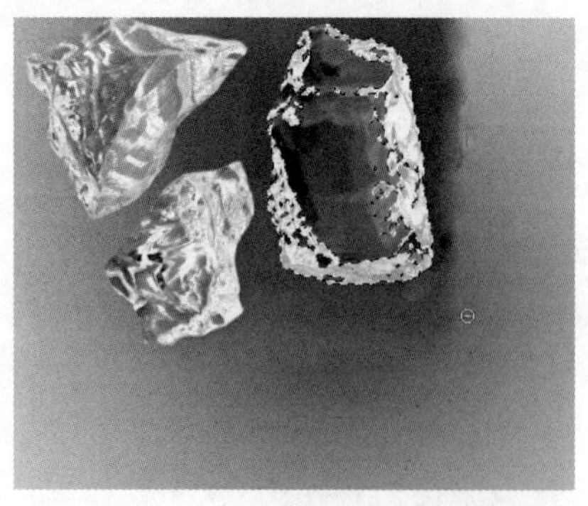

图8-56 选择需要的暗调区域

图8-57 填充黑色

(15) 隐藏背景图层，得到的图像效果如图8-58所示。

（16）将“图层2”的填充值设置为70%，得到如图8-59所示效果。

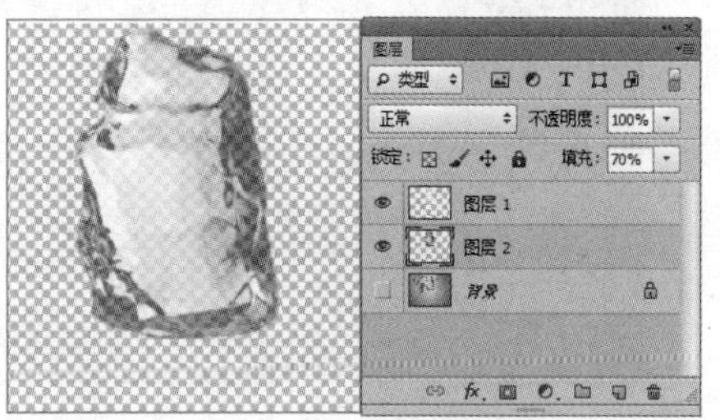

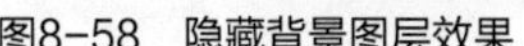

图8-58　隐藏背景图层效果　　　　图8-59　设置图层填充值

（17）按住【Ctrl】键不放的同时，在“图层”面板上同时单击“图层1”和“图层2”，选择这两个图层，按【Ctrl+Alt+Shift+E】组合键盖印选中的图层，得到“图层3”，如图8-60所示，完成冰块图像的选取操作。

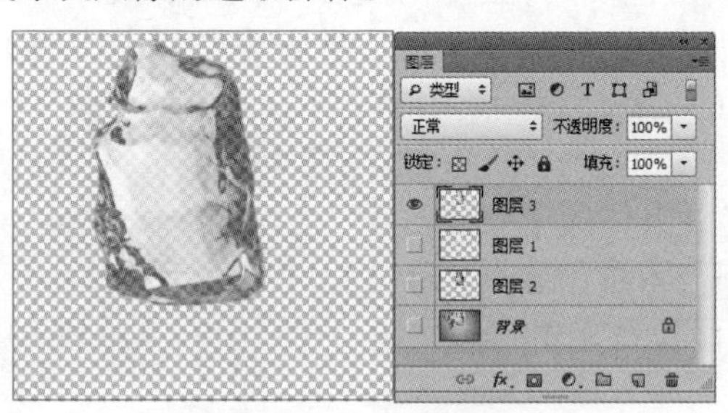

图8-60　盖印图层

2. 删除通道

将多余的通道删除，可以减少系统资源的使用，提高运行速度。删除通道有以下3种方法。

- 选择需要删除的通道，在其上单击鼠标右键，在弹出的快捷菜单中选择“删除通道”命令。
- 选择需要删除的通道，单击“通道”面板右上角的按钮，在弹出的下拉列表中选择“删除通道”选项。
- 选择需删除的通道，按住鼠标左键将其拖动到面板底部的“删除当前通道”按钮上即可。

8.4　课堂案例：使用通道调整数码照片

米拉学习了通道后，发现通道的功能非常强大，不但可以扣取一些复杂的图像，还可以调整图像的颜色。老洪对米拉说：“利用通道来调整图像的色调可以处理一些特殊的图像颜色效果，这也是通道的一大特色功能。”米拉听后，决定尝试使用通道的功能来调整数码照片，主要使用分离通道、复制通道、合并通道、计算通道、存储和载入通道来完成。本例的参考效果如图8-61所示，下面将具体讲解制作方法。

素材所在位置　素材文件\第8章\课堂案例\数码照片\
效果所在位置　效果文件\第8章\调整数码照片\

图8-61　使用通道调整数码照片最终效果

扫一扫

高清彩图

8.4.1　分离通道

若只需在单个通道中处理某一个通道的图像，可将通道分离出来，在分离通道时图像的颜色模式直接影响通道分离出的文件个数，比如，RGB颜色模式的图像会分离成3个独立的灰度文件，CMYK颜色模式会分离出4个独立的文件。被分离出的文件分别保存了原文件各颜色通道的信息。下面将在“数码照片.jpg”图像中分离通道，并使用“曲线”调整通道的颜色，具体操作如下。

（1）打开“数码照片.jpg”图像，选择【窗口】/【通道】菜单命令，打开“通道”面板。

（2）单击“通道”控制面板右上角的按钮，在弹出的下拉列表中选择“新建专色通道”选项。

（3）在打开的“新建专色通道”对话框中单击“颜色”色块，在打开的“拾色器（专色）”对话框最下方的“#”文本框中输入“ffde02”，单击 确定 按钮，如图8-62所示。

（4）返回“新建专色通道”对话框，在“名称”文本框中输入名称为“黄色”，单击 确定 按钮完成设置，此时“通道”面板的最下方将出现一个名为“黄色”的通道，如图8-63所示。

（5）打开“通道”面板，单击“通道”控制面板右上角的按钮，在弹出的下拉列表中选择“分离通道”选项。

（6）此时图像将按每个颜色通道进行分离，且每个通道分别以单独的图像窗口显示，查看各个通道显示的效果，如图8-64所示。

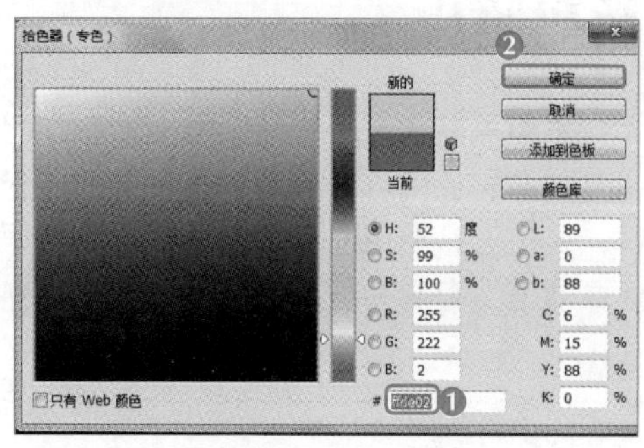

图8-62　设置专色通道属性

图8-63　完成新建

（7）切换到“数码照片.jpg红”图像窗口，选择【图像】/【调整】/【曲线】菜单命令，打开“曲线”对话框。

（8）在曲线上单击添加控制点，然后拖曳曲线弧度调整曲线，这里直接在"输出"和"输入"数值框中输入"42"和"55"，单击确定按钮，如图8-65所示。

图8-64　查看各个通道的显示效果

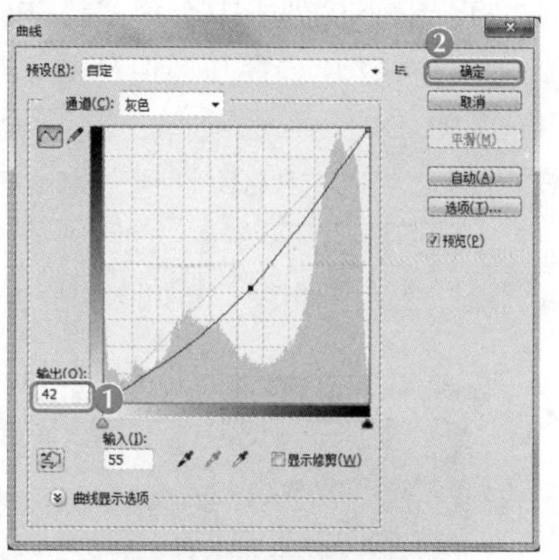

图8-65　设置曲线参数

行业提示

专色通道显示为白色的原因

新建的专色通道一般显示为白色，这是由于专色通道是针对印刷使用的，所以在屏幕上显示时没有明显的颜色变化，但在实际印刷时则会产生差异。

（9）此时可发现"数码照片.jpg红"图像窗口中的图像越发白皙。将当前图像窗口切换到"数码照片.jpg绿"图像窗口，选择【图像】/【调整】/【色阶】菜单命令，打开"色阶"对话框，在其中拖曳滑块调整颜色，或在下方的数值框中分别输入"3""1.06"和"222"，单击确定按钮，如图8-66所示。

（10）将当前图像窗口切换到"数码照片.jpg蓝"图像窗口，打开"曲线"对话框在其中拖曳曲线调整颜色，单击确定按钮，如图8-67所示。此时可发现"数码照片.jpg蓝"和"数码照片.jpg绿"图像已发生变化，查看完成后的效果。

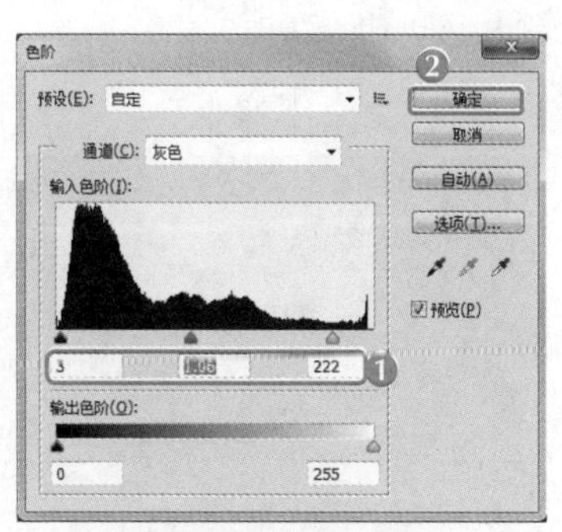

图8-66　设置色阶参数

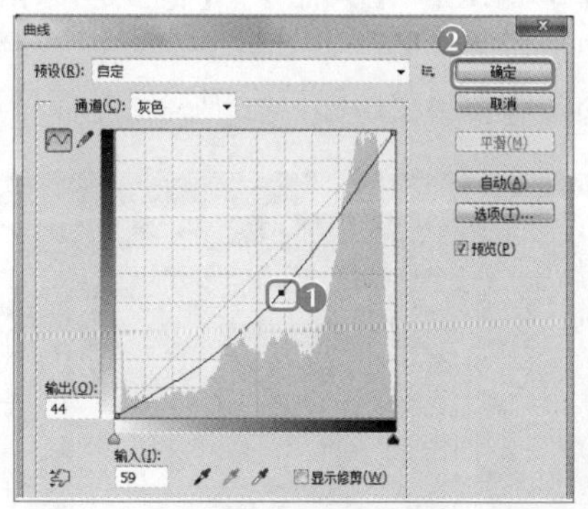

图8-67　设置"数码照片.jpg蓝"的曲线参数

8.4.2　合并通道

分离的通道是以灰度模式显示，无法正常使用，当需使用时，可将分离的通道进行合并显示。下面将继续在"数码照片.jpg"图像中对分离后调整颜色显示的通道进行合并操作，并查看合并后图像显示效果，具体操作如下。

（1）打开当前图像窗口中的“通道”面板，在右上角单击按钮，在打开的下拉列表中选择“合并通道”选项。

（2）此时将打开“合并通道”对话框，在“模式”下拉列表框中选择“RGB颜色”选项,单击 确定 按钮，如图8-68所示。

（3）打开“合并 RGB 通道”对话框，保持指定通道的默认设置，单击 确定 按钮，如图8-69所示。

（4）返回图像编辑窗口即可发现合并通道后的图像效果已发生变化，查看完成后的效果。

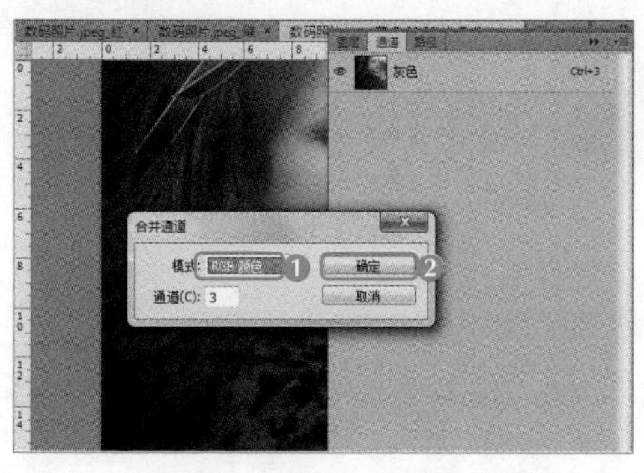

图8-68 选择合并通道颜色模式

图8-69 设置合并通道

8.4.3 复制通道

在对通道进行操作时，为了防止误操作，可在对通道进行操作前复制通道，还可通过复制通道进行磨皮操作，让人物的皮肤更加光滑。下面将继续在“数码照片.jpg”图像中使用复制通道的方法对图像的皮肤进行修整，使其更加光滑美观，具体操作如下。

（1）切换到“通道”面板，在其中选择“绿”通道，将其拖曳到面板底部的“创建新通道”按钮上，复制通道。

（2）选择【滤镜】/【其他】/【高反差保留】菜单命令，打开“高反差保留”对话框，在其中设置“半径”为“40”，单击 确定 按钮，如图8-70所示。

（3）返回图像编辑窗口即可发现高反差保留后的效果，如图8-71所示。

图8-70 设置高反差保留

图8-71 查看高反差保留后的效果

8.4.4 计算通道

为了得到更加丰富的图像效果，可通过使用Photoshop CS6中的通道运算功能对两个通道图像进行运算。下面将继续在“数码照片.jpg”图像中使用“计算”命令强化图像中的色点，以达到美化人物皮肤的目的，具体操作如下。

（1）选择【图像】/【计算】菜单命令，打开“计算”对话框，在其中设置“混合”为“强光”，结果为“新建通道”，单击 确定 按钮，新建的通道将自动命名为“Alpha1”通道，如图8-72所示。

（2）利用相同的方法执行两次“计算”命令，强化色点，得到Alpha3通道，在强化过程中随着计算的次数增多，其对应的人物颜色也随之加深，如图8-73所示。

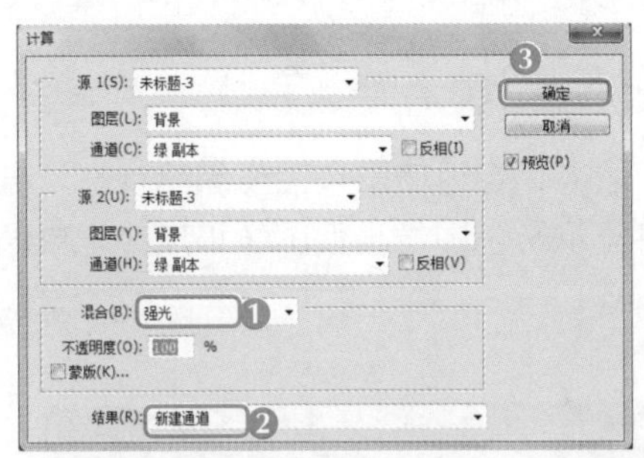

图8-72 设置计算参数

图8-73 继续计算通道

（3）单击“通道”面板底部的“将通道作为选区载入”按钮，载入选区，此时人物的画面中将出现蚂蚁状的选区，查看选区效果，如图8-74所示。

（4）按【Ctrl+2】组合键返回彩色图像编辑状态，按【Ctrl+Shift+I】组合键反选选区，然后按【Ctrl+H】组合键快速隐藏选区，以便于更好地观察图像变化，如图8-75所示。

图8-74 载入选区

图8-75 观察图像变化效果

（5）打开“调整”面板，在其上单击“曲线”按钮，创建曲线调整图层，如图8-76所示。

（6）在打开的“曲线”面板中单击曲线，创建控制点，向上拖动控制点调整亮度，然后在曲线下方单击插入控制点，向下拖动调整暗部，如图8-77所示。

（7）按【Ctrl+Shift+Alt+E】组合键盖印图层，设置图层混合模式为“滤色”，再设置图层不透明度为“40%”，此时图像的亮度将提升，而且人物的肤色将更加光滑，如图8-78所示。

（8）返回图像编辑窗口，即可查看完成后的效果，并且发现人物的颜色过浅，但是头部地方颜色需要加深。

图8-76　创建曲线调整图层

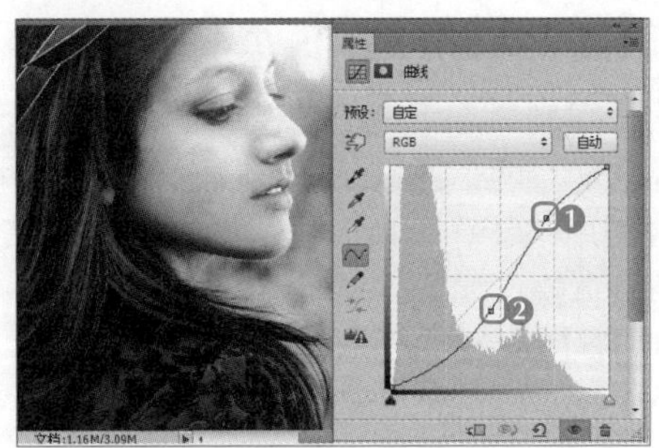

图8-77　调整曲线

（9）在“图层”面板底部单击“添加图层蒙版”按钮，为图层添加一个图层蒙版，使用渐变工具对蒙版进行由白色到黑色的线性渐变填充，如图8-79所示。

多学一招

返回彩图图像状态的其他方法

在“通道”面板中单击“RGB”通道，可返回彩色图像编辑状态，若只单击“RGB”通道前的按钮，将显示彩色图像，但图像仍然处于单通道编辑状态。

图8-78　盖印图层

图8-79　填充蒙版

（10）打开“调整”面板，在其上单击“色阶”按钮，打开“色阶”列表框，设置色阶的参数为“26”“0.94”“255”，如图8-80所示。

（11）返回图像编辑窗口，即可查看到完成后的效果，完成后将其以“调整数码照片.psd”为名进行保存，如图8-81所示。

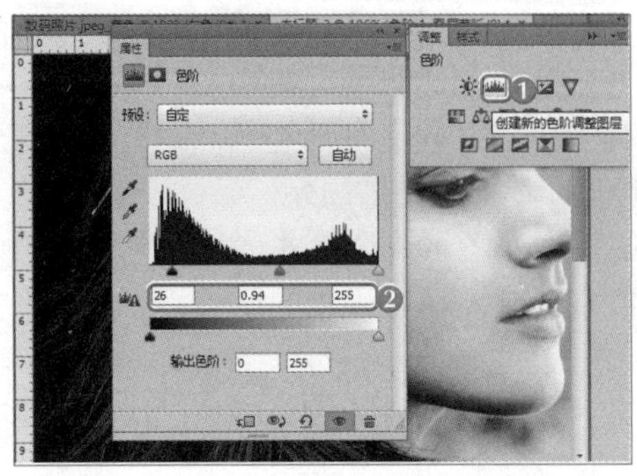

图8-80　设置色阶参数

图8-81　查看完成后的效果

8.4.5 存储和载入通道

微课视频

储存通道

使用存储和载入通道选区功能可将多个选区存储在不同通道上，当需要对选区进行编辑时，载入存储的通道选区可以方便地对图像中的多个选区进行编辑操作。下面将打开“星光气泡.psd”图像文件，将其储存到通道，并通过载入通道的方法在背景中进行使用。

1. 储存通道

在图像抠取完成后，有时暂时不需要使用选区，而Photoshop CS6 不能直接存储选区，此时，就可以使用通道将选区先存储起来。下面打开“星光气泡.psd”文件，并将其中的“星光”和“气泡”分别储存为通道，具体操作如下。

（1）打开“星光气泡.psd”图像，在“图层”面板中选择“星光”图层，在工具箱中选择魔棒工具，单击空白处选择除星光外的其他区域，按【Ctrl+Shift+I】组合键反选图像，此时星光呈被选中状态。

（2）单击“通道”选项卡，打开“通道”面板，单击“通道”控制面板下方的“将选区储存为通道”按钮，即可将星光图像储存为通道，此时储存的通道将以“Alpha 1”为名显示在“通道”面板中，在其上双击使其呈可编辑状态，并输入“星光”，如图8-82所示。

（3）使用相同的方法，在“图层”面板中选择“气泡”图层，隐藏下方的星光图层，并使用魔棒工具抠取气泡选区，再在“通道”控制面板下方单击“将选区储存为通道”按钮，即可将气泡图像储存为通道，并重命名为“气泡”，如图8-83所示。

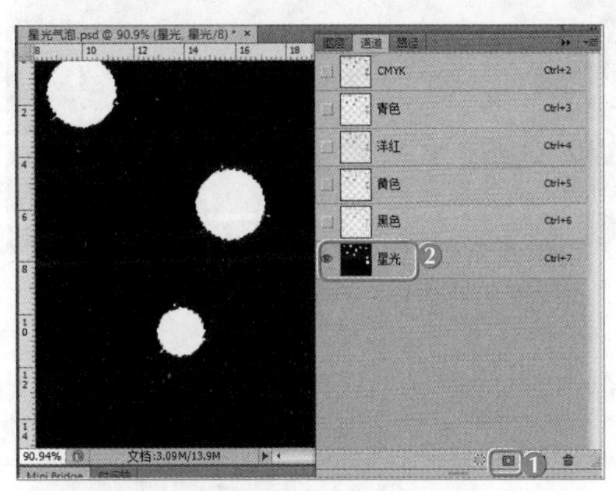

图8-82 储存通道

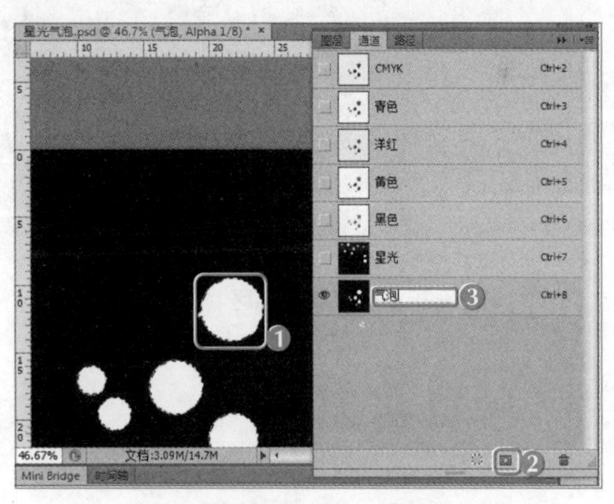

图8-83 储存气泡通道

2. 载入通道

当通道储存后，当需要时可将储存的通道载入到需要的图层中。下面打开“背景.jpg”文件，并将前面保存的“调整数码照片.psd”图像拖动到背景图层中，擦除照片的边缘，再载入通道，最后添加说明性文字，具体操作如下。

（1）打开“背景.jpg”和“调整数码照片.psd”图像，将“调整数码照片”拖动到背景左侧中，调整大小位置，完成后在工具箱中选择橡皮擦工具，擦除照片与背景分割线的区域使其自然过渡，查看完成后的效果，如图8-84所示。

（2）将当前图像窗口切换到“星光气泡”图像窗口，打开“通道”面板，选择“星光”通道，单击“将通道作为选区载入”按钮，此时对应的星光将以选区形式显示，拖动选区到背景中，并调整其位置，如图8-85所示。

图8-84　擦除分割线区域

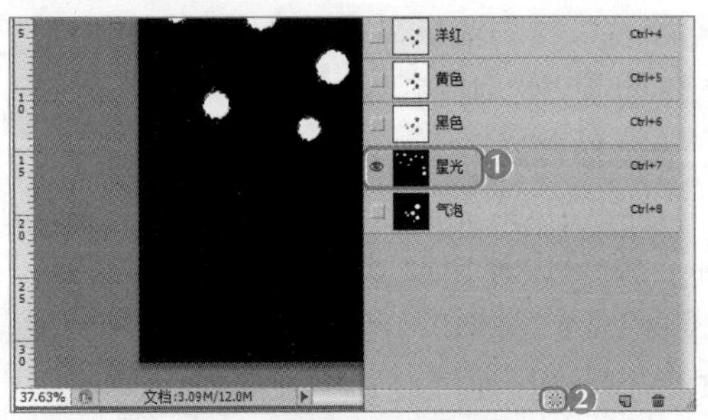

图8-85　载入选区

（3）使用相同的方法，打开“通道”面板，选择“气泡”通道，载入选区，并将其拖动到“背景”中，调整大小，再分别设置载入选区图层的不透明度分别为“50%”和“80%”，查看完成后的效果，如图8-86所示。

（4）打开“文字.psd”图像文件，将文字拖动到“背景”图像窗口中，调整文字大小和显示位置，并查看编辑后的效果，完成后将其以“数码照片展示.psd”进行保存，如图8-87所示。

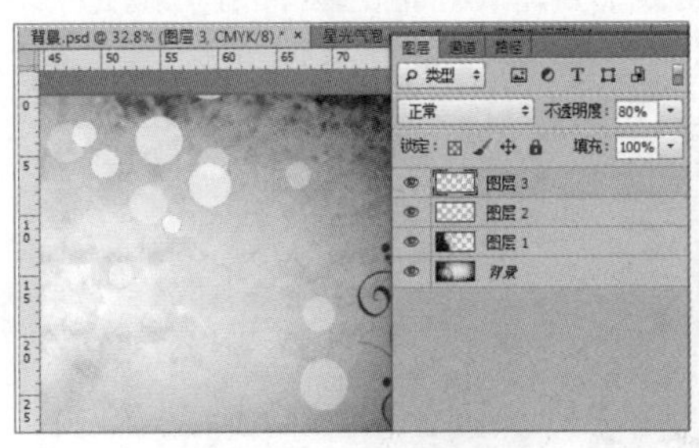

图8-86　载入其他选区

图8-87　添加文字并查看完成后的效果

8.5　项目实训

8.5.1　制作合成苹果

1．实训目标

本实训的目标是对苹果进行合成，使其与橙子融为一体。本实训的前后对比效果如图8-88所示。

微课视频

制作合成苹果

素材所在位置　素材文件\第8章\项目实训\苹果合成\
效果所在位置　效果文件\第8章\项目实训\苹果合成.psd

图8-88 合成苹果前后对比效果

2. 专业背景

合成是Photoshop的代表性功能之一，在图像设计中，很多工作都需要使用合成功能，如合成海报图片、合成特效等。尤其是特效，仅靠拍摄是无法实现特效效果的，此时就需要使用照片的特效合成技术，如房屋倾倒、星际战场、世界末日等效果都要依靠合成技术来实现。

合成是一项需要综合运用Photoshop多项功能的操作，同时还需设计师具有良好的创意想象能力。本例主要是对水果进行基本的合成，使苹果呈现出一种倒错的美感。

3. 操作思路

完成本实训主要包括打开素材及编辑选区使橙子变形、隐藏多余部分并融合边缘两大步骤，其操作思路如图8-89所示。

① 打开素材

② 编辑选区

③ 完成编辑

图8-89 合成苹果的操作思路

【步骤提示】

（1）打开“青苹果.jpg”“橙子.jpg”图像，扭曲橙子图片，将橙子与苹果的方向变换为一致。

（2）勾画出苹果果肉的选区，运用图层蒙版将多余的橙子隐藏。

（3）再对蒙版进行编辑，使边缘融合得更协调。

8.5.2 为头发挑染颜色

1. 实训目标

本实训的目标是为图片中模特的头发挑染比较自然的颜色。本实训的前后对比效果如图8-90所示。

素材所在位置 素材文件\第8章\项目实训\人物.jpg

效果所在位置 效果文件\第8章\项目实训\为头发挑染颜色.psd

图8-90　为头发挑染颜色前后对比效果

2．专业背景

人像美化是Photoshop中使用非常频繁的功能。一般来说，人像美容、人物美妆、人物艺术特效等都可以通过Photoshop来完成。本例中的为头发挑染颜色主要是使用蒙版、渐变工具和橡皮擦工具等完成。

3．操作思路

完成本实训主要包括打开素材、创建蒙版、创建渐变调出、选择选区、擦除颜色等几大步骤，其操作思路如图8-91所示。

① 打开素材

② 选择选区

③ 完成编辑

图8-91　为头发挑染颜色的操作思路

【步骤提示】

（1）打开“人物.jpg”图像，单击工具箱底部的“以快速蒙版模式编辑”按钮创建蒙版并进入编辑状态。然后选择画笔工具，在人物的头发区域进行涂抹。这时涂抹的颜色将呈现透明红色，将头发图像区域完全选择。

（2）然后再次单击“以标准模式编辑”按钮退出编辑状态，然后反选选区，得到人物头发的选区。

（3）选择渐变工具，在工具属性栏中单击“线性渐变”按钮，在人物头发中斜拉鼠标创建渐变填充，并设置图层1的图层混合模式为“柔光”。

（4）按【Ctrl＋Shift+I】组合键反选选区，选择橡皮擦工具，擦除头发周围溢出来的颜色，然后设置图层1的图层不透明度为50%，按【Ctrl+D】组合键取消选区，得到最终的图像效果。

8.6 课后练习

本章主要介绍了图层蒙版的使用方法、3D工具的使用方法和通道的相关知识，如使用通道抠取复杂的图像，编辑和制作3D对象，使用分离通道、合并通道、计算通道功能调整图像颜色等。对于本章的内容，读者需要熟练掌握。

练习1：制作菠萝屋

本练习要求合成一张菠萝屋的图片。可打开本书提供的素材文件进行操作，参考效果如图8-92所示。

素材所在位置 素材文件\第8章\课后练习\菠萝屋\
效果所在位置 效果文件\第8章\课后练习\菠萝屋.psd

图8-92 “菠萝屋”效果

要求操作如下。

- 打开“摇篮.jpg”“门窗.jpg”“菠萝.jpg”素材文件，通过通道抠取出“菠萝.jpg”素材文件中的菠萝，然后将其载入到“摇篮.jpg”素材文件中。
- 将“门窗.jpg”素材拖动到其中，通过蒙版隐藏不需要的部分，对素材进行变换操作，使效果更为美观。

练习2：制作相册翻页效果

本练习要求将一张照片制作成即将翻页的效果。可打开本书提供的素材文件进行操作，参考效果如图8-93所示。

素材所在位置 素材文件\第8章\课后练习\照片\
效果所在位置 效果文件\第8章\课后练习\翻页相册.psd

要求操作如下。

- 打开“照片1.jpg”素材文件，隐藏“RGB”“红”“绿”通道。
- 调整蓝色通道的曲线值，在“输出”数值框中输入“83”，在“输入”数值框中输入“99”。

图8-93 “相册翻页”效果

- 将画布大小的“高度”扩展到“800”像素，将“背景”图层转换为“图层0”图层，创建两个副本图层，按【Ctrl+T】组合键对“图层0”和“图层0副本”图层执行变形操作。
- 将“照片2.jpg”素材文件拖动到“照片1.jpg”中，置于“图层0副本”图层上方，载入“图层0”选区，并将选区存储到通道。
- 在“图层”面板中按住【Ctrl】键不放，将“图层0副本”载入为选区。返回“通道”面板中，按住【Ctrl+Alt】组合键不放，将鼠标放在“Alpha1”通道缩览图右下角的黑色区域，当鼠标变为形状时单击鼠标，获得两“图层0”和“图层0副本”图层的交叉选区。
- 删除“照片2.jpg”图层的多余区域，隐藏“照片2.jpg”图层，在工具箱中选择魔棒工具。选择“图层0副本”图层中的白色边框为选区。显示“照片2.jpg”的图层，选择【图层】/【图层蒙版】/【隐藏选区】菜单命令，将“照片2.jpg”中多余的部分隐藏。
- 使用相同的方法，将“图层0副本2”图层的内容替换为“照片3.jpg”中的内容。

8.7 技巧提升

1. 使用“应用图像”命令合成通道

为了得到更加丰富的图像效果，可通过使用Photoshop CS6中的通道运算功能对2个通道图像进行运算。通道运算的方法为：打开两张需要进行通道运算的图像，切换到任意一个图像窗口，选择【图像】/【应用图像】菜单命令，在打开的对话框中设置源、混合等选项，单击 确定 按钮。完成后，即可看到通道合成的效果。

另外，在“源”下拉列表框中默认为当前文件，但也可选择其他文件与当前图像混合，而此处所选择的图像文件必须打开，并且是与当前文件具有相同尺寸和分辨率的图像。

2. 从透明区域创建图层蒙版

从透明区域创建蒙版可以使图像有半透明的效果，其具体操作如下。

（1）打开素材文件，在“背景”图层上双击鼠标，将其转换为普通图层。选择【图层】/【图层蒙版】/【从透明区域】菜单命令，创建图层蒙版。

（2）设置前景色为“黑色”，在工具箱中选择渐变工具，在其工具属性栏中选择填充样式为“前景色到透明渐变”，渐变样式为“线性渐变”。将鼠标移动到图像窗口中，拖动鼠标在蒙版中进行绘制，使图像右侧产生透明渐变效果。

（3）打开需要添加的素材文件，将其拖动到当前图像文件中，然后将“图层1”置于“图层0”

图层的下方，适当调整其位置和大小，查看完成后的效果。

3. 链接与取消链接图层蒙版

创建图层蒙版后，图层与蒙版缩览图之间会出现链接图标，单击该图标或选择【图层】/【图层蒙版】/【取消链接】菜单命令可取消图层与蒙版的链接状态；再次单击缩览图之间隐藏的链接图标或选择【图层】/【图层蒙版】/【链接】菜单命令，则可再次链接图层与蒙版。当取消链接后，用户可以单独对图层和蒙版进行编辑，而不会产生相同的效果。

4. 设置剪贴蒙版的不透明度和混合模式

用户还可以通过设置剪贴蒙版的不透明度和混合模式使图像的效果发生改变。只要在“图层”面板中选择剪贴蒙版，在“不透明度”数值框中输入需要的透明度或在“模式”下拉列表框中选择需要的混合模式选项即可。

5. 添加或移除剪贴蒙版组

剪贴蒙版能够同时控制多个图层的显示范围，但其前提条件是这些图层必须上下相邻，成为一个剪贴蒙版组。在剪贴蒙版组中，最下层的图层叫做基底图层（即剪贴蒙版），其名称由下划线进行标识；位于它上方的图层叫做内容图层，其图层缩览图前带有图标，表示指向基底图层。在剪贴蒙版组中，基底图层所表示的区域就是蒙版中的透明区域，因此，只要移动基底图层的位置，就可以实现不同的显示效果。

要将其他图层添加到剪贴蒙版组中，只需要将图层拖动到基底图层上即可，若要移除剪贴蒙版组，只需移动到剪贴蒙版组以外。若在剪贴蒙版组的中间图层上单击鼠标右键，在弹出的快捷菜单中选择“释放剪贴蒙版”命令则可释放所有的剪贴蒙版。

6. 删除蒙版

如果不需要使用蒙版，可将其删除，下面分别对各种蒙版的删除方法进行介绍。

- 删除图层蒙版：在“图层”面板中的单击图层蒙版缩览图上单击鼠标右键，在弹出的快捷菜单中选择“删除图层蒙版”命令或选择【图层】/【图层蒙版】/【删除】菜单命令进行删除。
- 删除剪贴蒙版：在“图层”面板中选择需要删除的剪贴蒙版，直接按【Delete】键即可。
- 删除矢量蒙版：在“图层”面板的矢量蒙版缩览图上单击鼠标右键，在弹出的快捷菜单中选择“删除矢量蒙版”命令或选择【图层】/【矢量蒙版】/【删除】菜单命令进行删除。

7. 载入通道选区

通过通道载入选区是通道应用中最广泛的操作之一，常用于较复杂的图像处理中。在“通道”面板中选择一个通道，单击其底部的“将通道作为选区载入”按钮，即可将通道载入选区。

8. 快速合成两幅图像的颜色

“应用图像”菜单命令还可以对两个不同图像中的通道进行同时运算，以得到更丰富的图像效果，其方法是：打开需要合成颜色的两幅图像，选择【图像】/【应用图像】菜单命令，打开“应用图像”对话框，设置源图像、目标图像和混合模式，然后确认操作即可。

CHAPTER 9

第9章 使用路径和形状

情景导入

老洪说，在Photoshop中，路径也是绘制图像常用的工具之一，且功能非常强大，让米拉多加强这方面的能力。

学习目标

- 掌握绘制人物剪影的方法。

  如认识“路径”面板、使用钢笔工具绘制路径、编辑路径、路径和选区互换等。

- 掌握绘制企业标志的方法。

  如创建路径、填充和描边路径等。

案例展示

▲绘制公司标志

▲绘制名片

9.1 课堂案例：绘制人物剪影

老洪让米拉制作一个时尚人物剪影素材，用于某商场妇女节促销使用的招贴设计。米拉没有这方面的经验，于是查看了各类资料，翻阅了许多招贴设计，决定绘制一个女性剪影。

米拉主要使用钢笔工具来绘制路径，制作出人物的剪影效果，然后再添加一些装饰元素。本例完成后的参考效果如图9-1所示，下面具体讲解制作方法。

素材所在位置 素材文件\第9章\课堂案例\人物剪影\
效果所在位置 效果文件\第9章\绘制人物剪影.psd

图9-1 人物剪影最终效果

扫一扫

"人物剪影"高清彩图

9.1.1 认识"路径"面板

"路径"面板默认情况下与"图层"面板在同一面板组中，其主要用于储存和编辑路径。因此，在制作本例前，先熟悉一下"路径"面板的组成。打开本书"路径.psd"图像文件，如图9-2所示。

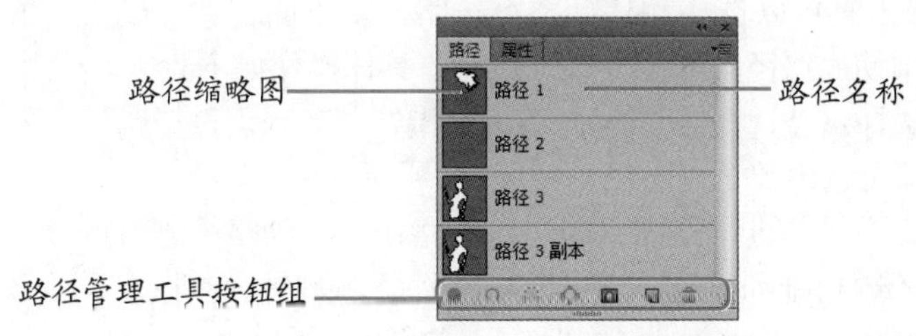

图9-2 "路径"面板

9.1.2 使用钢笔工具绘制路径

微课视频

使用钢笔工具绘制路径

钢笔工具是Photoshop中较为强大的路径绘图工具，主要用于绘制矢量图形，或是选取对象。下面讲解使用钢笔工具绘制图形的方法，具体操作如下。

（1）新建一个名称为"绘制人物剪影"，大小为默认的图像文件。

（2）在工具箱中选择钢笔工具，在图像中单击创建一个锚点，然后在其他位置继续单击并拖曳鼠标创建路径，如图9-3所示。

（3）继续使用钢笔工具在图像区域单击并拖曳鼠标绘制线条流畅的人物图像，如图9-4所示。

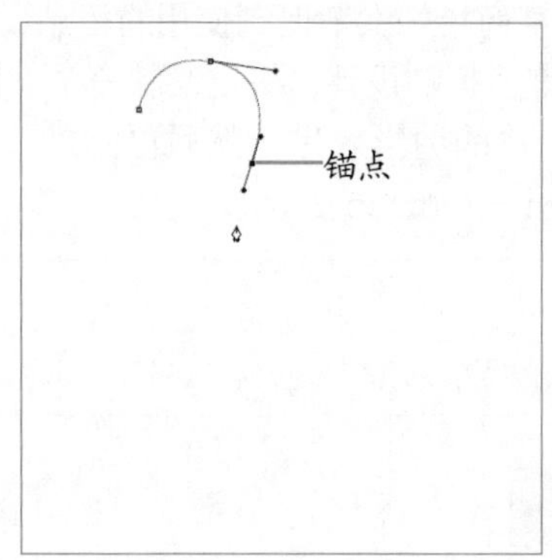

图9-3 创建路径

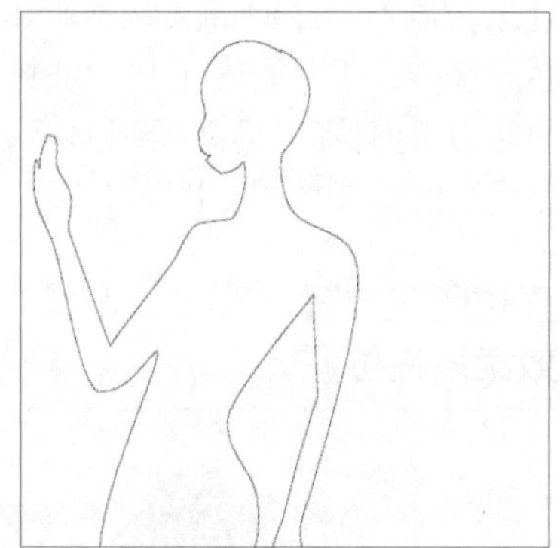

图9-4 闭合路径

（4）单击“路径”选项卡，打开“路径”面板，即可查看已经创建的工作路径，单击“创建新路径”按钮，新建路径，如图9-5所示。

（5）使用钢笔工具在图像中绘制人物剪影头发部分，如图9-6所示。

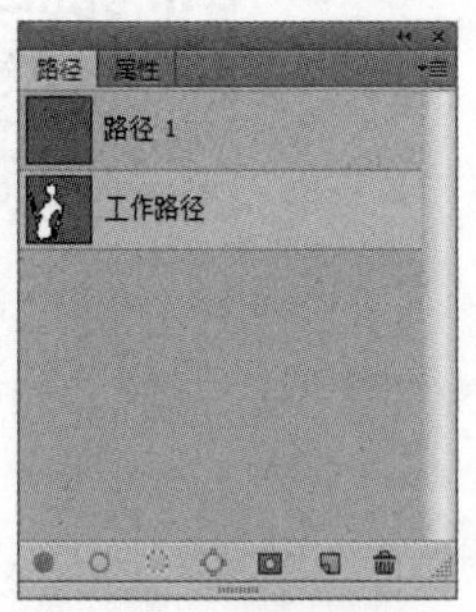

图9-5 新建路径

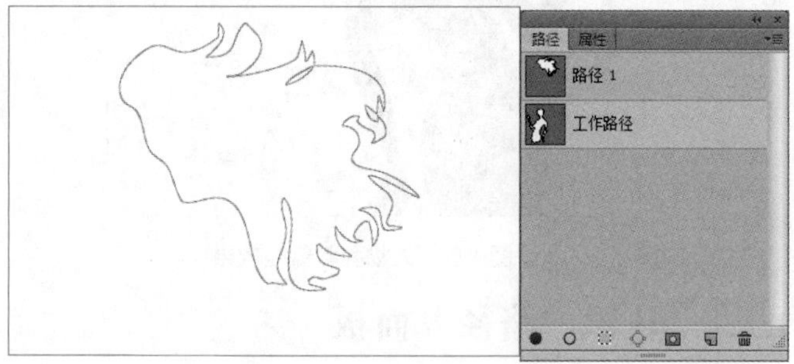

图9-6 绘制人物头发路径

9.1.3 使用路径选择工具选择路径

使用路径选择工具可以选择和移动整个子路径。下面在“绘制人物剪影.psd”图像中使用路径选择工具选择路径，具体操作如下。

（1）在工具箱中选择路径选择工具，将鼠标指针移动到需选择路径上并单击，即可选中整个子路径，如图9-7所示。

（2）按住鼠标左键不放并进行拖动，即可移动路径，移动路径时若按住【Alt】键不放再拖动鼠标，则可以复制路径，如图9-8所示。

（3）拖曳鼠标即可选择鼠标经过地方的路径，如图9-9所示。

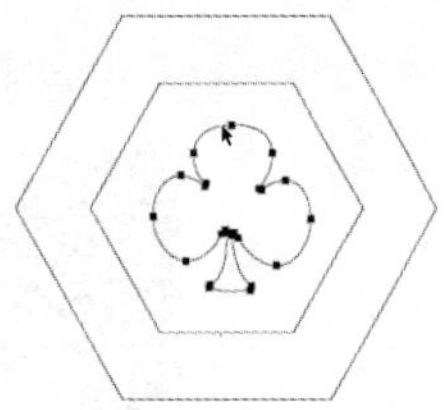

图9-7 选择路径

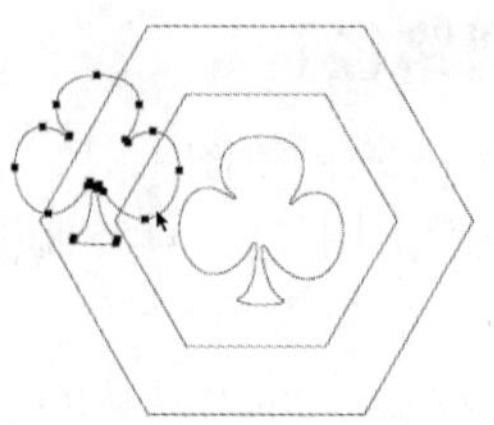

图9-8 复制路径

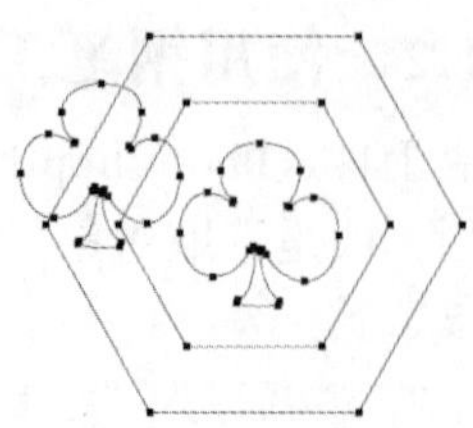

图9-9 框选路径

多学一招

选择和移动部分路径

使用直接选择工具可以选取或移动某个路径中的部分路径，将路径变形，其方法是：选择工具箱中的直接选择工具，在图像中拖动鼠标框选所要选择的锚点即可选择路径，被选中的部分锚点为黑色实心点，未被选中的路径锚点为空心。

9.1.4 编辑路径

使用钢笔工具绘制对象轮廓时，有时不能一次绘制准确，需要在绘制完成后，通过锚点和路径的编辑达到理想的效果。

微课视频

编辑锚点

1．编辑锚点

下面在“绘制人物剪影.psd”图像中编辑路径，具体操作如下。

（1）在工具箱中选择添加锚点工具，然后在路径中单击即可添加锚点，如图9-10所示。

（2）将鼠标移动到锚点的节点上，单击并拖曳鼠标即可调整路径的光滑度，继续使用该工具调整其他需要平滑的路径，效果如图9-11所示。

图9-10 添加锚点

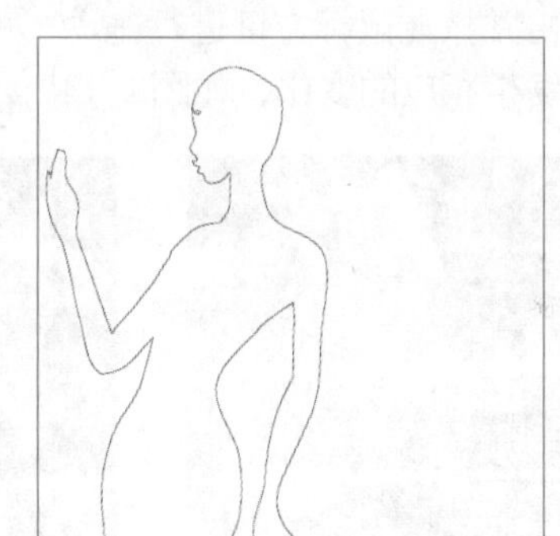

图9-11 调整路径平滑度

多学一招

删除锚点

选择删除锚点工具，将鼠标指针移动到锚点上，当光标变为形状时，单击即可删除该锚点；也可以使用直接选择工具选择锚点后，按【Delete】键删除，这种方法删除锚点后，两侧的路径也将被删除。

（3）利用路径选择工具，选择人物剪影的头发路径，如图9-12所示。

（4）在工具箱中选择转换点工具，然后将鼠标移动到需要转换的锚点上，单击即将当前锚点转换为角点，如图9-13所示。

多学一招

切换到转换点工具

在使用直接选择工具时，按【Ctrl+Alt】组合键可切换到转换点工具，单击并拖动锚点，可将其转换为平滑点，再次单击平滑点，则可将其转换为角点；使用钢笔工具时，按住【Ctrl】键也可切换到转换点工具。

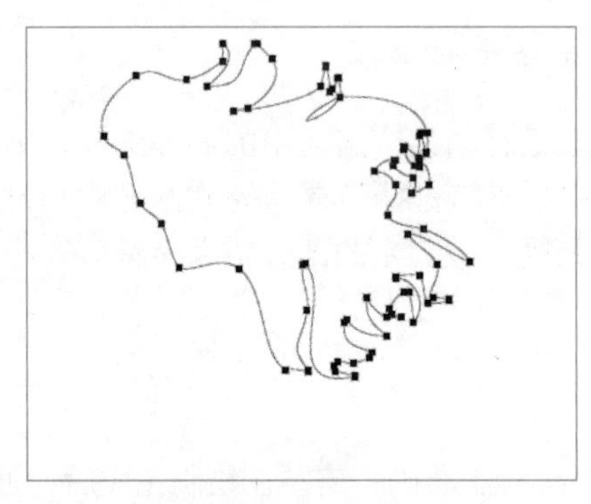
图9-12　选择路径

图9-13　转换角点

2．平滑与尖突锚点

路径线段上的锚点有方向线，通过调整方向线上的方向点可调整线段的形状。而锚点也可分为两类，一类是平滑点，通过平滑点连接的线段可以形成平滑的曲线；另一类是尖突点，通过角点连接的线段通常为直线或转角曲线。使用转换点工具可以转换路径上锚点的类型，可使路径在平滑曲线和直线之间相互转换。在工具箱中选择转换点工具，将鼠标光标移动至需要转换的锚点上，若当前锚点为平滑点，单击可将其转换为角点。若当前锚点为角点，单击并按住鼠标左键进行拖动，将会出现锚点的控制柄。该锚点两侧的曲线在拖动的同时也会发生相应的变化，如图9-14所示。

图9-14　平滑点与尖突锚点的转换

3．移动路径

移动路径主要用于调整路径的位置或路径的形状。当选择路径、路径段或锚点后，按住鼠标不放并拖动，即可移动路径。

4．显示与隐藏路径

绘制完成的路径会显示在图像窗口中，即便使用其他工具进行操作也是如此。这样有时会影响后面的操作，用户可以根据情况对路径进行隐藏，其方法是：按住【Shift】键，单击“路径”面板中的路径缩览图或按【Ctrl+H】组合键，即可将画面中的路径隐藏，再次单击路径缩览图或按【Ctrl+H】组合键则可重新显示路径。

5．复制与删除路径

绘制路径后，若还需要绘制相同的路径，此时就可以将绘制的路径进行复制操作；若已不需要路径，则可将路径删除。在工具箱中选择转换点工具，在路径面板中将路径拖动至“创建新路径”按钮上，即可复制路径。复制路径后，使用直接选择工具选择路径，可将其拖动到其他图像中。在“路径”面板中选择要删除的路径，然后单击控制面板底部“删除当前路径”按钮，或将其拖动至“删除当前路径”按钮上直接删除。

6．保存路径

新建路径后，将以“工作路径”为名显示在路径面板中，若没有描边或填充路径，当继续绘制其他路径时，原有的路径将丢失。此时可保存路径，其方法为：选择工作路径，在“路径”面板右上角单击按钮，在弹出的下拉列表中选择“保存路径”选项，打开“保存路径”对话框，输入路径的名称，单击确定按钮，即可完成路径的保存。

7．路径的变换

路径也可像选区和图形一样进行自由变换，其操作方法也相似。选择路径，选择【编辑】/【自由变换路径】菜单命令或按【Ctrl+T】组合键。此时，路径周围会显示变换框，拖动变换框上的控制点即可实现路径的变换。

9.1.5　路径和选区的互换

对于创建的路径可将其转换为选区，同样，创建的选区也可将其转换为路径。下面讲解路径与选区转换的方法，具体操作如下。

（1）切换到“路径”面板，选择人物剪影主体部分路径，如图9-15所示。

（2）在“路径”面板底部单击“将路径转换为选区”按钮，即可根据路径创建选区，如图9-16所示。

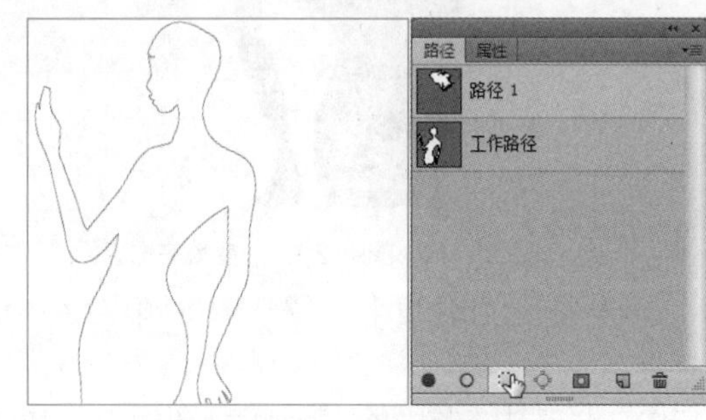

图9-15　选择路径层

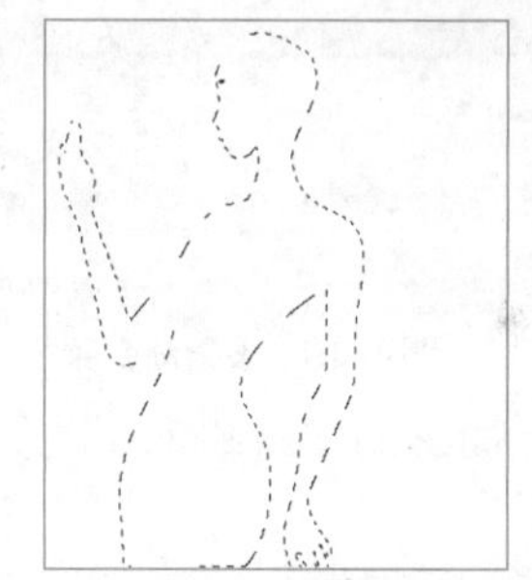

图9-16　转换为选区

（3）切换到“图层”面板，新建一个透明图层，为选区填充黑色，然后取消选区，效果如图9-17所示。

（4）利用相同的方法将人物剪影头发部分的路径转换为选区，效果如图9-18所示。

图9-17　填充选区颜色

图9-18　将路径转换为选区

多学一招

将选区转换为路径

在Photoshop CS6中不仅可以将路径转换为选区，还可以将选区转换为路径，且将选区转化为路径通常用于扣取一些复杂的图像，其方法为：创建选区后，在“路径”面板中单击“从选区生成工作路径”按钮。

（5）在工具箱中选择渐变工具，在工具属性栏中单击“渐变编辑器”按钮，打开“渐变编辑器”对话框，在其中设置由橙色（R:226、G:86、B:21）到橘色（R:228、G:59、B:48）的渐变，如图9-19所示。

（6）完成后单击 确定 按钮，新建一个透明图层，在图像区域由左上向右下拖曳鼠标渐变填充，然后取消选区，效果如图9-20所示。

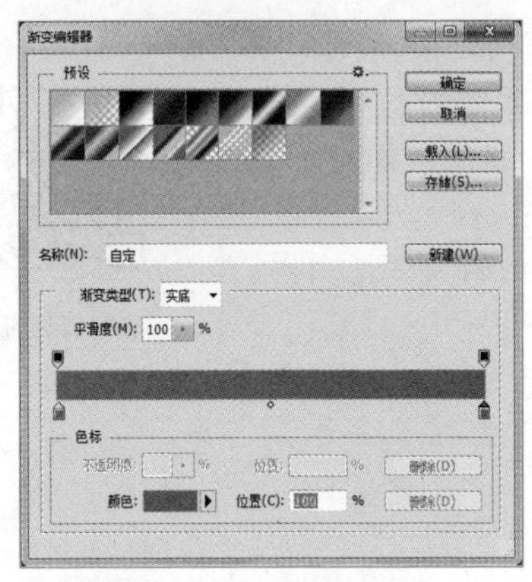

图9-19　设置渐变颜色

图9-20　渐变填充选区

（7）打开提供的“背景.psd”素材文件，将其拖曳到图像中，调整图层顺序后，效果如图9-21所示。

（8）继续打开提供的“装饰.psd”素材文件，将其中的图像分别拖曳到图像中，并调整到合适位置即可，完成后的效果如图9-22所示。

图9-21　添加背景

图9-22　添加装饰图像

9.2　课堂案例：绘制企业标志

米拉使用钢笔工具完成了矢量图像的绘制后，对没有像素限制的矢量图形有极大的兴趣。老洪告诉她，除了直接绘制路径外，还可以将文本创建为路径等。

米拉决定继续为某企业制作一个具有代表性的标志，主要使用创建路径、编辑路径、描边和填充路径等操作，参考效果如图9-23所示，下面具体讲解制作方法。

效果所在位置 效果文件\第9章\企业标志.psd

图9-23 企业标志最终效果

扫一扫

"企业标志"高清彩图

9.2.1 创建路径

微课视频

创建路径

路径常用于创建不规则的、复杂的图像区域。路径一般可分为三大类，其中，有起点和终点的被称为开放式路径；没有起点和终点的被称为闭合路径，由多个独立路径组成的则可称为多条路径或子路径。下面输入公司名称拼音的首字母"F"，将文本创建为路径，具体操作如下。

（1）新建宽度为8.5厘米，高度为7.5厘米，分辨率为250像素/英寸，名称为"企业标志"的文件。在工具箱中选择横排文字工具，在图像中单击鼠标并输入文字"F"，在工具属性栏中设置字体为"方正超粗黑简体"，并适当调整文字大小，填充颜色为"R:0、G:100、B:160"，如图9-24所示。

（2）按住【Ctrl】键单击"文字"图层前的缩略图，载入图像选区，切换到"路径"面板，单击面板底部的"从选区生成工作路径"按钮，得到文字路径，如图9-25所示。

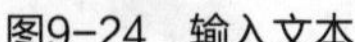

图9-24 输入文本

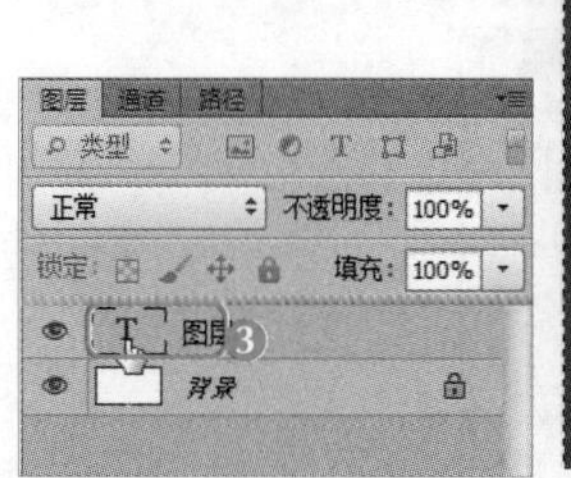

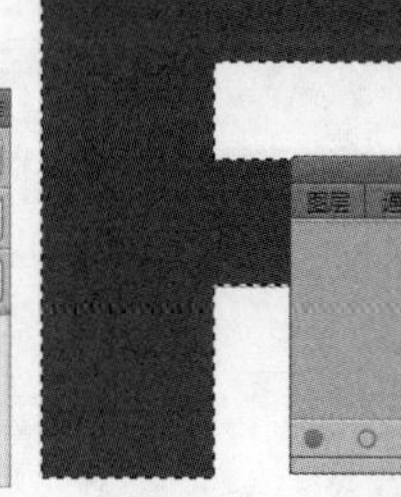

图9-25 创建文字路径

9.2.2 编辑路径并转换为选区

微课视频

编辑路径并转换为选区

绘制路径时，往往初次绘制的路径不够精确，需对该路径进行修改和调整。在处理图像时，可以将路径转换为选区，作为选区进行编辑。下面编辑企业标志中路径的外观，对"F"进行创意造型，然后将其转换为选区，其具体操作如下。

（1）在“图层”面板中单击文字图层左侧的眼睛图标隐藏文字图层，选择钢笔工具，按住【Ctrl】键调整路径，绘制得到一个变形的F造型。再继续编辑路径，在外面添加圆圈，得到一个圆形与F字形结合的路径效果，如图9-26所示。

（2）单击“图层”面板底部的“创建新图层”按钮，新建“图层1”图层，按【Ctrl+Enter】组合键将路径转换为选区，如图9-27所示。

图9-26　编辑文字路径

图9-27　将路径转换为选区

9.2.3　填充与描边路径

微课视频
渐变填充路径

填充路径是指用指定的颜色或图案填充路径包围的区域。用户可以使用颜色、渐变颜色和图案填充选择的路径。描边路径是指使用一种图像绘制工具或修饰工具沿着路径绘制图像或修饰图像。下面对填充与描边路径的方法进行具体介绍。

1．渐变填充路径

渐变填充路径，需要先将路径转换为选区，再进行填充。下面为企业标志填充渐变蓝色，增强标志的科技感，具体操作如下。

（1）将路径转换为选区后，选择渐变工具，在工具属性栏中单击选择第一个滑块，并在下方的“颜色”栏中设置颜色为“R:0、G:84、B:153”，选择第二个滑块，设置颜色为“R:0、G:19、B:94”，单击 确定 按钮，再在工具属性栏中单击“径向渐变”按钮，如图9-28所示。

（2）从文字的中心位置向外拖动鼠标，为路径创建渐变填充效果，如图9-29所示。

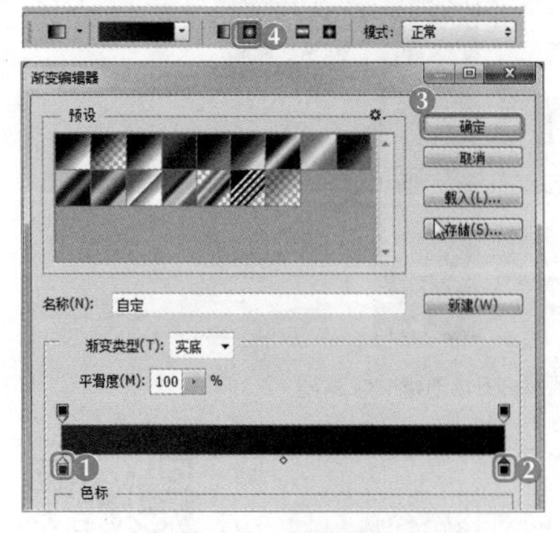

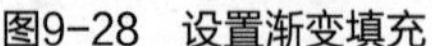

图9-28　设置渐变填充

图9-29　填充路径

2．使用图案填充路径

Photoshop内置了一些丰富的图案，用户可直接将图案填充到路径中，增加图像的美观性。在图像中绘制需要的路径，此处选择头部，打开“路径”面板，单击按钮，在弹出的下拉列表中选择“填充路径”选项。打开“填充路径”对话框，在“使用”下拉列表框中选择“图案”选项，在“自定义图案”下拉列表框中选择填充的图案，单击确定按钮，返回图像窗口查看图案填充路径效果，如图9-30所示。

图9-30 使用图案填充路径

3．使用纯色填充路径

使用纯色填充路径的方法很多，除了使用“填充”对话框和“填充路径”对话框进行填充，还可以在绘制好路径后，直接按【Ctrl+Enter】组合键将路径转换为选区，设置前景色，新建或选择需要填充路径的图层，按【Alt+Delete】组合键进行颜色的填充即可。

4．使用“描边”对话框描边路径

使用“填充”对话框可以使用硬线条对路径描边，并且可以设置描边的颜色、描边的粗细、描边位置、图层混合模式等。使用“描边”对话框描边路径前需要按【Ctrl+Enter】组合键将路径转换为选区，然后选择【编辑】/【描边】菜单命令，打开“描边”对话框，设置描边宽度、颜色等参数，单击确定按钮即可完成描边操作。

5．使用画笔描边路径

使用画笔也可对路径进行描边操作。打开图像，新建图层，选择画笔工具，打开“画笔”面板，对笔尖样式、笔尖大小、前景色等进行设置，然后在“路径”面板中选择“工作路径”路径图层，在面板底部单击“用画笔描边路径”按钮，即可为路径描边。返回“路径”面板中单击面板的空白部分，取消路径的选择，此时图像窗口中即可看到编辑并描边路径后的效果，如图9-31所示。

图9-31 使用画笔描边路径

6．使用“描边路径”对话框描边路径

使用“描边路径”对话框可以为图像添加丰富的描边效果，其方法为：在图像中绘制需要的路径，打开“路径”面板，单击按钮，在弹出的下拉列表中选择“描边路径”选项，将打开“描边路径”对话框，在该对话框中可选择使用铅笔、画笔、橡皮擦、涂抹、仿制图章等多种工具描边路径。需要注意的是，在选择使用某种工具描边路径前，需要对工具的参数进行设置，以便得到更佳的描边效果，然后单击确定按钮即可。

9.2.4 使用钢笔工具组绘制路径

使用钢笔工具可以很方便地绘制出需要的路径，并且在绘制路径的过程中可以随时编辑锚点，而使用自有钢笔工具无需创建每个锚点，直接拖动鼠标即可绘制包含多个锚点的曲线。下面对钢笔工具和自由钢笔工具的使用方法分别进行介绍。

1．使用钢笔工具创建路径

使用钢笔工具可以创建直线路径和曲线路径。下面对标志绘制路径，转换为选区，查看转换后的效果，其具体操作如下。

微课视频

使用钢笔工具创建路径

（1）选择钢笔工具，在渐变图像下半部分绘制一个不规则图形，按【Ctrl+Enter】组合键将路径转换为选区，选择“图层1”图层，再按【Ctrl+J】组合键复制选区中的图像，得到新的“图层2”图层，得到绘制图形与图形1相交的部分，如图9-32所示。

（2）按住【Ctrl】键单击“图层2”图层的缩略图，载入选区，选择渐变工具，在工具属性栏中单击选择第一个滑块，设置颜色为“R:0、G:99、B:159”，选择第二个滑块，设置颜色为“R:0、G:19、B:94”，单击 确定 按钮，在工具属性栏中单击“线性渐变”按钮，如图9-33所示。

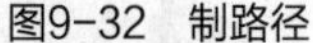

图9-32 制路径　　图9-33 设置渐变填充

（3）从文字的中心位置向外拖动鼠标，为路径创建渐变填充效果。

（4）按住【Ctrl】键单击“图层1”和“图层2”，同时选择这两个图层，按【Ctrl+J】组合键复制所选择的图层，选择【图层】/【合并图层】菜单命令，将其命名为“阴影”；按【Ctrl+T】组合键，调整图形的高度与倾斜度，压缩成投影的形状，如图9-34所示。

（5）选择【选择】/【修改】/【羽化】菜单命令，打开“羽化选区”对话框，设置“羽化半径”为“10”，单击 确定 按钮，得到羽化选区图像，按住【Ctrl】键单击“图层2”图层的缩略图，载入选区，并将其填充为浅灰色（R:206、G:206、B:206），将“阴影”图层拖动到背景图层上方，如图9-35所示。

图9-34 合并图层

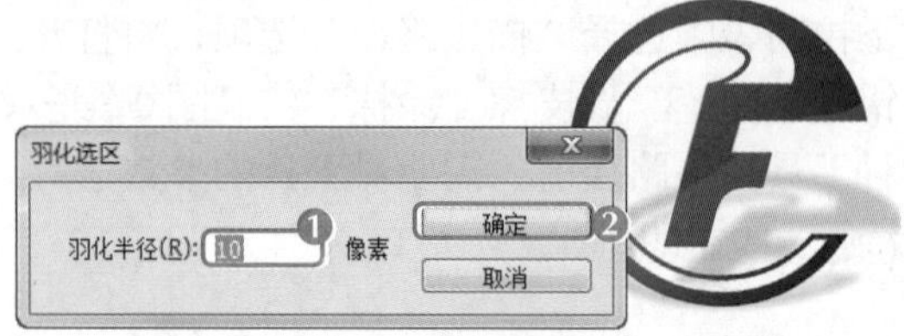

图9-35 羽化图像

2．使用自由钢笔工具创建路径

自由钢笔工具与钢笔工具的使用方法相似，常用于绘制较随意的对象，其方法是：在工具箱中选择自由钢笔工具，在图像中沿需创建路径的对象边缘拖动鼠标绘制路径，在绘制过程中会自动生成一系列具有磁性的锚点，当鼠标光标移动至创建的第一个锚点上单击可封闭路径。

9.2.5 添加文字

微课视频

添加文字

标志分为3类，分别为纯文本、图形、图文结合型。大部分企业选择图文结合型的标志，不仅美观，而且能更加直观的显示公司名称，下面为标志添加文本，并设置文本字体与颜色，与图形组合成企业的标志，其具体操作如下。

（1）在工具箱中选择横排文字工具，在标志下方输入一行中文文字，并在工具属性栏中设置“字体”为“方正正粗黑简体”，字号为“22.77点”，设置字体颜色为“R:0、G:100、B:160”，如图9-36所示。

（2）继续选择横排文字工具，再次输入一行英文文字，在工具属性栏中设置字体为“方正粗活意简体”，同时设置字体颜色为“R:0、G:100、B:160”，适当调整文字大小，完成本实例的制作，如图9-37所示。

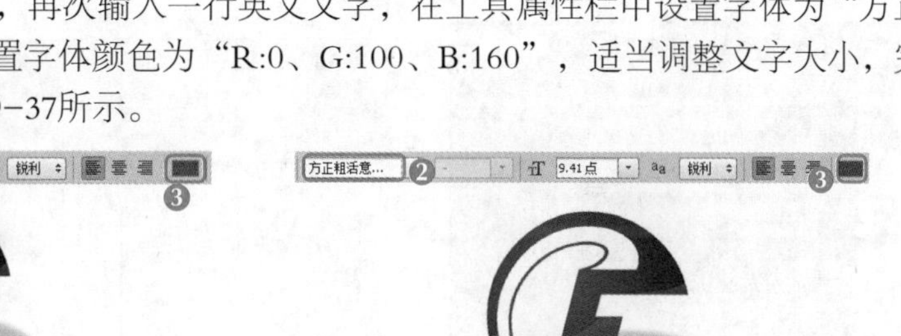

图9-36 输入企业名称

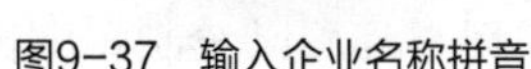

图9-37 输入企业名称拼音

9.3 课堂案例：制作名片

老洪在为一家公司设计名片，米拉在旁边学习，发现使用形状工具也可以绘制路径。米拉自告奋勇接过老洪的工作，决定自己来设计这张名片，主要使用各种形状工具进行操作，参考效果如图9-38所示，下面具体讲解制作方法。

素材所在位置 素材文件\第9章\课堂案例\制作名片\
效果所在位置 效果文件\第9章\名片.psd

图9-38 名片最终效果

“名片”高清彩图

9.3.1 使用矩形工具绘制

矩形工具分为直角矩形工具和圆角矩形工具，使用直角矩形工具可以绘制任意方形或具有固定长宽的矩形形状路径；而圆角矩形工具则可绘制具有圆角半径的矩形路径，如生活中常见的包装、手机等。下面使用形状工具绘制名片中的背景条，并为形状填充颜色，具体操作如下。

（1）新建大小为90mm×54mm，分辨率为72像素，名为“名片”的文件，在工具箱中选择矩形工具，在工具属性栏选择“形状”选项。单击填充色块，在打开的面板中单击右上角的“拾色器”按钮，在打开的对话框中设置填充色为“R:93、G:181、B:49”，单击 确定 按钮，单击描边色块，在打开的面板中单击“无描边”按钮取消描边，如图9-39所示。

（2）拖动鼠标在页面上方和下方分别绘制大小为“1112像素×218像素”“1112像素×11.8像素”矩形，如图9-40所示。

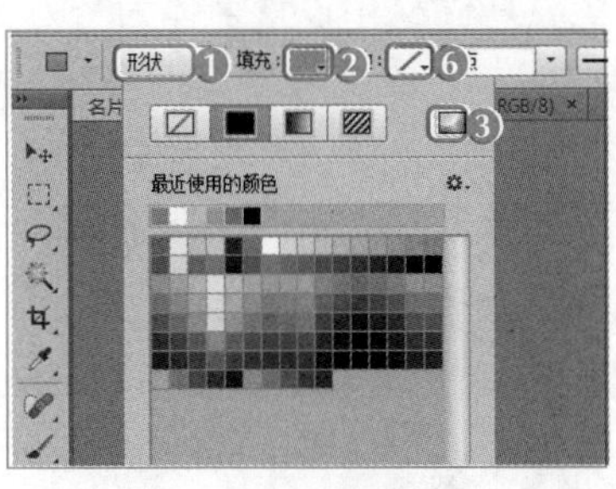
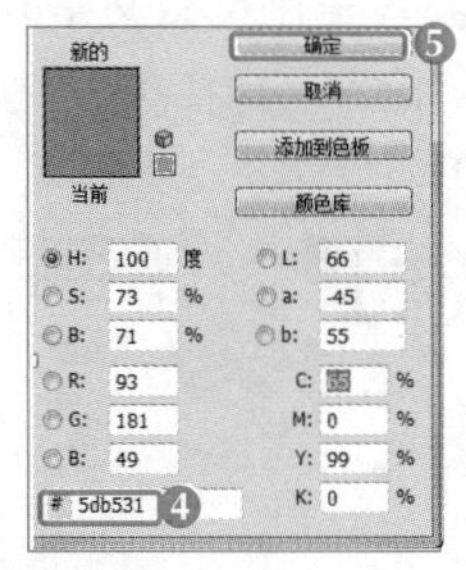

图9-39 设置矩形的填充颜色

图9-40 绘制矩形

9.3.2 使用椭圆工具绘制

使用椭圆工具可以绘制正圆或椭圆形状路径，其使用与设置方法与矩形工具相同。下面使用形状工具绘制名片中的背景条，并为形状填充颜色，其具体操作如下。

（1）在工具箱中选择椭圆工具，在工具属性栏选择“形状”选项，并取消填充色，单击描边色块，在打开的面板中设置描边颜色为“白色”，设置描边粗细为“3点”，设置描边样式为“实线”。

（2）按住【Shift】键在矩形左侧绘制正圆，若不按【Shift】键容易绘制成椭圆形。按【Ctrl+T】组合键，拖动四角和中心点调整圆的大小与位置，如图9-41所示。

（3）继续绘制圆，在工具属性栏中取消描边，调整大小与位置，并分别填充为不同颜色的绿色，分别是“R:154、G:200、B:59”“R:66、G:160、B:55”和“R:212、G:227、B:132”，打开“蜂.psd”图像，将蜂图像拖动到“名片”图像中并调整其位置，如图9-41所示。

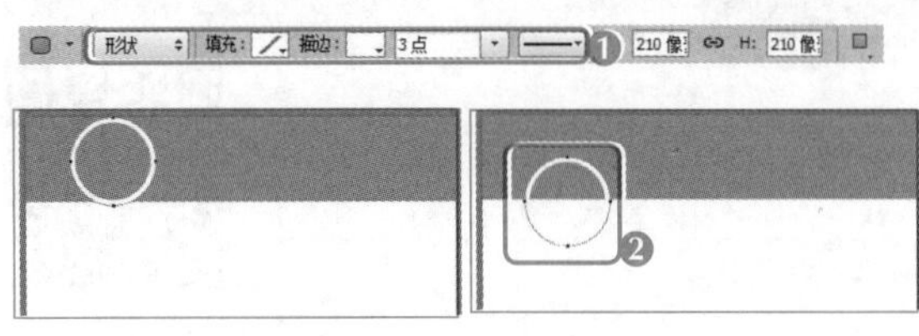

图9-41 绘制圆形

图9-42 添加素材

9.3.3 使用多边形工具绘制

使用多边形工具可以绘制具有不同边数的多边形路径，其工具选项栏与矩形工具相似。下面在名片右上角绘制六边形，其具体操作如下。

（1）在工具箱中选择多边形工具，在工具属性栏选择“形状”选项，设置填充色为“R:66、G:160、B:55”，单击描边色块，在打开的面板中设置描边颜色为“R:188、G:255、B:0”，设置描边粗细为“3点”，设置描边样式为“实线”，设置边数为“6”。

（2）按【Shift】键绘制正六边形，将其移动至页面右上角，按两次【Ctrl+J】组合键复制两个六边形，调整位置，在右上角排列成品字型，如图9-42所示。

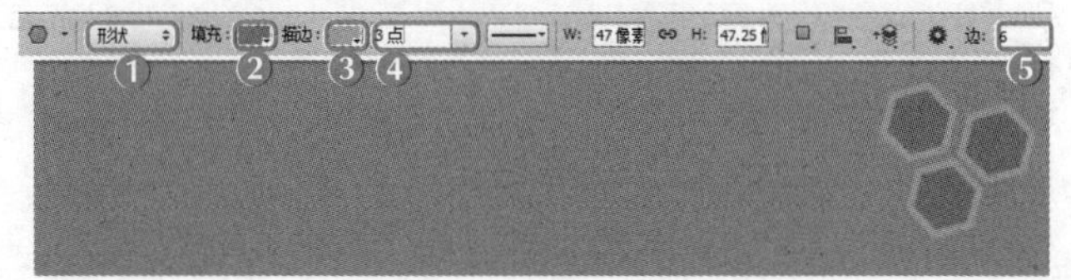

图9-43 绘制多边形

9.3.4 使用直线工具绘制

使用直线工具可以绘制具有不同线宽的直线，还可以根据需要为直线增加单向或双向箭头。直线工具属性栏与多形工具相似，只是“边”数值框变成了“粗细”数值框。本例将使用直线来分割与装饰输入的文本，其具体操作如下。

（1）选择横排文字工具，在工具属性栏中设置字体为“方正兰亭黑简体”，设置字号为“12”，颜色为“白色”，在图形右侧输入公司名称，如图9-44所示。

（2）保持文本的选择状态，打开“字符”调板，设置其字符间距为“200”，按【Ctrl+Enter】组合键退出输入状态。

（3）在公司名称下方输入联系人姓名、职称和姓名拼音，并设置中文字体为“方正兰亭黑简体”，英文字体为“汉仪中宋简”，字号分别为“14、8、7”，颜色为“黑色”，如图9-45所示。

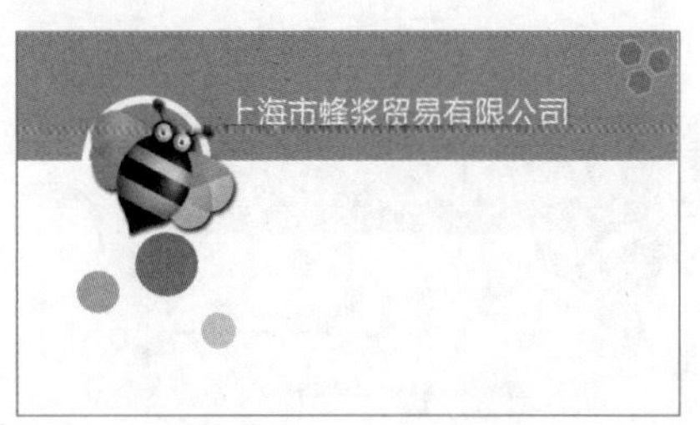

图9-44 输入公司名称

图9-45 输入联系人和职称

（4）在工具箱中选择直线工具，在工具属性栏中选择“形状”选项，在属性栏设置填充颜色为“黑色”，设置线条粗细为“2像素”，设置描边样式为“实线”，绘制实线，如图9-46所示。

（5）使用相同的方法输入地址和联系方式，设置其字体为“汉仪中等线简”，字号为“7”，颜色为“黑色”，调整其位置后按【Ctrl+Enter】组合键退出输入状态。

（6）在工具箱中选择横排文字工具T，在工具属性栏将字符格式设置为“隶书、7点、平滑”，文本颜色为“R:239、G:129、B:25”，输入“拥有蜂浆 拥有美丽”，在工具属性栏中单击“创建文字变形”按钮，打开“变形文字”对话框，设置样式为“上弧”，设置“弯曲”为“+50”，设置“水平扭曲”为“7”，单击确定按钮，如图9-47所示。

图9-46　绘制直线

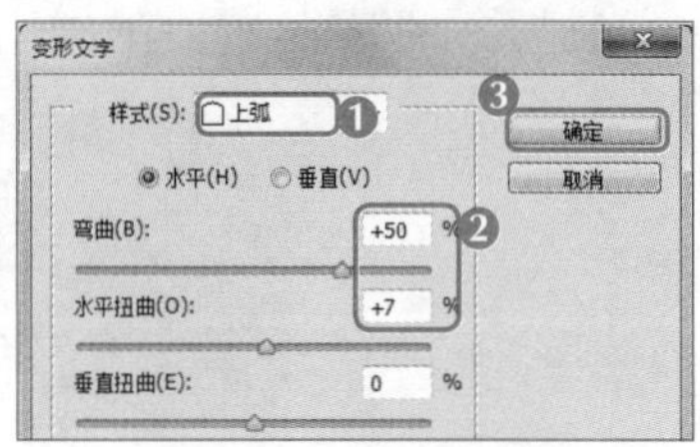

图9-47　设置变形文字

9.3.5　使用自定形状工具绘制

使用自定形状工具可以绘制系统自带的不同形状，例如箭头、人物、花卉和动物等，大大简化了用户绘制复杂形状的难度。下面将使用自定形状工具为名片的地址、电话和邮箱添加对应图标，具体操作如下。

（1）在工具箱中选择圆角矩形工具，设置填充颜色为“R:93、G:181、B:49”，半径为“5像素”，拖动鼠标在地址左侧绘制圆角矩形。

（2）选择自定形状工具，在工具属性栏将填充颜色设置为“白色”，单击“形状”栏右侧的下拉按钮，打开“形状”下拉列表框，在右上角单击“设置”按钮，在打开的下拉列表中选择“全部”选项，在打开的提示对话框中单击确定按钮，替换当前列表框中的形状，在“形状”下拉列表框选择房子图形，如图9-48所示。

（3）绘制地址图标，使用相同的方法绘制邮箱图标和电话图标，注意电话图标无需添加绿色的背景，只需将填充颜色设置为“R:93、G:181、B:49”即可，如图9-49所示。

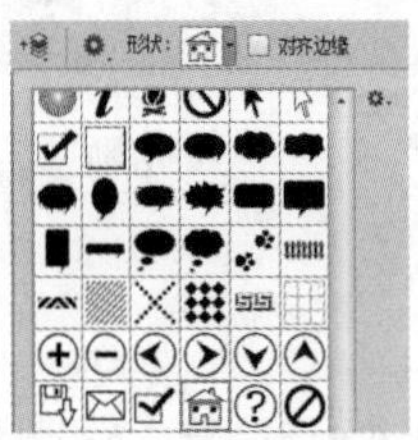

图9-48　选择形状

图9-49　绘制地址图标和电话图标

9.4 项目实训

9.4.1 公司标志设计

1. 实训目标

本实训要求为一家公司绘制一个标志，要求标志具有可识别性。本实训完成后的参考效果如图9-50所示，主要运用钢笔工具 、转换点工具 、形状工具、填充路径和添加文字等操作。

效果所在位置 效果文件\项目实训\第9章\公司标志.psd

2. 专业背景

标志是一种具有象征性的大众传播符号。它以精练的形象表达一定的涵义，并借助人们的符号识别、联想等思维能力，传达特定的信息。标志传达信息的功能很强，在一定条件下，甚至超过语言文字。因此，它被广泛应用于现代社会的各个方面。同时，现代标志设计也成为各设计院校或设计系所设立的一门重要设计课程。

图9-50 公司标志设计效果

企业标志，需要有更高的识别性和代表性，才能让大众对企业有视觉识别效果。总的来说，企业标志的设计应该具备以下5个特点。

- 识别性：它是企业标志设计的基本功能。借助独具个性的标志，来区别本企业及其产品的识别力。而标志则是最具企业视觉认知和识别信息传达功能的设计要素。
- 领导性：企业标志是企业视觉传达要素的核心，也是企业开展信息传达的主导力量，是企业经营理念和经营活动的集中表现，贯穿和应用于企业的所有相关活动中。
- 造型性：企业标志设计造型的题材和形式丰富多彩，如中外文字体、抽象符号和几何图形等。标志图形的优劣，不仅决定了标志传达企业情况的效力，还会影响消费者对商品品质的信心与企业形象的认同。
- 延展性：企业标志是应用最为广泛，出现频率最高的视觉传达要素，并在各种传播媒体上广泛应用。标志图形要针对印刷方式、制作工艺技术、材料质地和应用项目的不同，采用多种对应性和延展性的变体设计，以产生切合、适宜的效果与表现。
- 系统性：企业标志一旦确定，随之就应展开标志的精致化作业，包括标志与其他基本设计要素的组合规定。

3. 操作思路

了解了关于标志设计的相关专业知识后，便可开始进行标志的设计与制作。根据上面的实例目标，本实训的操作思路如图9-51所示。

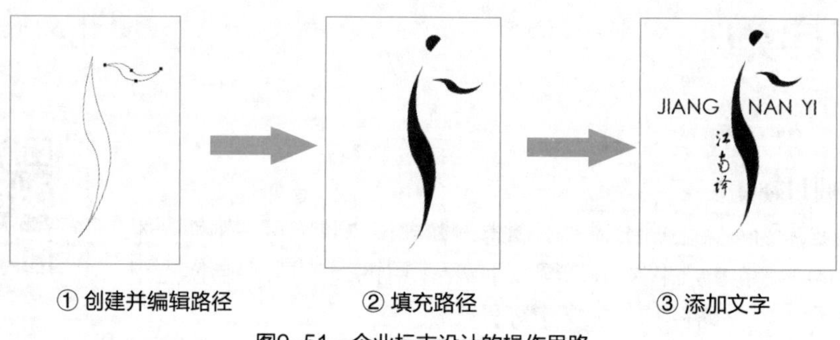

图9-51 企业标志设计的操作思路

【步骤提示】

（1）新建一个空白图像文件，使用钢笔工具绘制出一个路径并进行调整。

（2）继续绘制另一个路径，并对其进行适当的调整。

（3）绘制一个椭圆形状，然后使用删除锚点工具删除右下边的锚点。

（4）将路径转换为选区，然后填充为暗红色。

（5）利用文字工具，在图像中创建文字图层，并设置字符格式，调整到合适位置即可。

9.4.2 制作书签

1. 实训目标

本实训要求为一家餐饮公司制作一张书签，要求具有代表性，可以推广店铺的饮食，本例完成后的参考效果如图9-52所示。

素材所在位置 素材文件\第9章\项目实训\书签\
效果所在位置 效果文件\第9章\项目实训\书签.psd

图9-52 书签效果

2. 专业背景

书签一般可以分为普通书签、电子书签、金属书签、Word书签、植物叶片书签等，其中，电子书签、Word书签多用于对电子读物或文档进行标记，普通书签、金属书签和植物叶片书签等一般用于标记纸版读物，也可用作装饰。书签可以标记读书进度，还可以记录阅读心得。本例中制作的书签是餐饮公司为了推广产品而制作的一种书签，一般为活动小赠品，主要可以通过钢笔工具进行制作。

3. 操作思路

本实训中，书签的制作主要需通过钢笔工具绘制形状，再添加相关产品图片和文字。本实训的操作思路如图9-53所示。

① 编辑背景

② 绘制路径

③ 添加文字和图片

图9-53 书签的操作思路

【步骤提示】

（1）绘制底纹并打开“书签花纹.psd”素材文件，将素材图像拖动到书签图像中。

（2）使用钢笔工具绘制路径并描边路径。

（3）扣取商品图片，将其拖入书签图像文件中，调整大小和位置。

（4）输入文字，设置文本字体与颜色，完成书签的制作。

9.5 课后练习

本章主要介绍了路径和形状的基本操作，包括使用钢笔工具绘制路径、使用路径选择工具选择路径、编辑路径、路径和选区的互换等知识。对于本章的内容，读者应多进行练习，为以后设计绘制图形打下良好的基础。

练习1：绘制俱乐部Logo

本练习要求为一家青少年俱乐部绘制一个Logo。可打开本书提供的素材文件进行操作，参考效果如图9-53所示。

效果所在位置 效果文件\课后练习\第9章\俱乐部标志.psd

要求操作如下。

- 新建一个名称为“俱乐部标志”的图像文件，“宽度”为“21厘米”，“高度”为“17厘米”，“分辨率”为“200像素/英寸”。
- 使用椭圆工具和钢笔工具绘制标志和底纹图案，填充颜色，并设置图层样式。
- 输入路径文本与点文本，设置文本字体与颜色，完成标志的制作。

图9-54 “俱乐部Logo”效果

练习2：制作T恤图案

本练习要求为一件T恤绘制具有个性化特色的图案。可打开本书提供的素材文件进行操作，参考效果如图9-55所示。

素材所在位置 素材文件\第9章\课后练习\T恤.jpg
效果所在位置 效果文件\第9章\课后练习\T恤.psd

要求操作如下。

- 打开“T恤.psd”素材文件，输入英文字母，设置文本格式，然后将其转换为路径，并对字母进行变形处理。
- 使用形状工具绘制形状。
- 为字母和形状路径填充颜色。

图9-55 “T恤图案”效果

9.6 技巧提升

1．使用钢笔工具的技巧

使用钢笔工具时，光标在路径与锚点上会有不同状态。这时就需判断钢笔工具处于什么功能，以便更加熟练地应用钢笔工具：当光标变为形状时，在路径上单击可添加锚点；当光标在锚点上变为形状时，单击可删除锚点；当光标变为形状时，单击并拖动可创建一个平滑点，只单击则可创建一个角点；将光标移动至路径起始点上，光标变为形状时，单击可闭合路径；当前路径是一个开放式路径，将光标移动至该路径的一个端点上，当光标将变为形状时，在该端点上单击，可继续绘制该路径。

2．合并路径

在使用Photoshop绘图时，经常会用到形状工具，而且绘制的某个形状路径可能需要由多个单独的形状组合而成，此时就会涉及路径的合并操作，其方法为：同时绘制需要合并的多个单独路径，按【Ctrl+E】组合键，在工具属性栏中单击“路径操作”按钮▣，在弹出的下拉列表中选择“合并形状组件”选项，即可将多个路径合并为一个路径。

3．减去顶层形状

减去顶层形状是指用上层的形状去裁剪下层的形状，从实现形状的镂空或边缘的造型，其操作方法为：同时绘制多个重叠的单独路径，按【Ctrl+E】组合键，在工具属性栏中单击“路径操作”按钮▣，在弹出的下拉列表中选择“减去顶层形状”选项，即可将该路径从下层的路径中减去，得到新的形状。

4．与形状区域相交

与形状区域相交是指将多个形状相交的区域创建为图形，其方法为：同时绘制多个重叠的单独路径，按【Ctrl+E】组合键，在工具属性栏中单击“路径操作”按钮▣，在弹出的下拉列表中选择“与形状区域相交”选项，创建相交区域为图形。

CHAPTER 10

第10章 滤镜的应用

情景导入

老洪对米拉的图像处理要求越来越严格，比如，近段时间，老洪让米拉完成一些图像的特效制作。米拉觉得这些工作不仅是挑战，也是锻炼。

学习目标

- 认识滤镜和滤镜库，掌握“燃烧的星球”图像的制作方法。

  如扩散滤镜、海洋波纹滤镜、风格化滤镜、扭曲滤镜、模糊滤镜组等。

- 掌握五彩缤纷艺术背景的制作方法。

  如像素化滤镜组、杂色滤镜组、锐化滤镜组、渲染滤镜组等。

案例展示

▲制作“燃烧的星球”图像

▲制作酷炫冰球效果

10.1 滤镜库与滤镜的使用基础

在制作图像特效时，老洪告诉米拉：“Photoshop CS6的滤镜功能非常强大，在处理很多图片时，如果能结合滤镜命令进行处理和美化，那么就可以制作出更加精美、绚丽的图像画面，不过在使用滤镜之前需先熟悉一下滤镜库与滤镜的一些基本操作。”

米拉听了老洪的建议，打开了Photoshop CS6的滤镜库，开始查看其中的命令和参数。

素材所在位置 素材文件\第10章\课堂案例\水果.jpg、美女.jpg、小提琴.jpg
效果所在位置 效果文件\第10章\美女.psd、小提琴.psd

10.1.1 滤镜的一般使用方法

Photoshop CS6中的滤镜命令位于“滤镜”菜单中，选择“滤镜”菜单，在弹出的下拉菜单中选择相应的滤镜命令即可。打开素材文件，选择【滤镜】/【镜头校正】菜单命令，打开“镜头校正”对话框。单击右侧的“自定”选项卡，在其中可进行相应的参数设置，并且在左侧将显示图像应用设置后的预览效果，如图10-1所示。设置完成后，单击 确定 按钮保存设置即可。

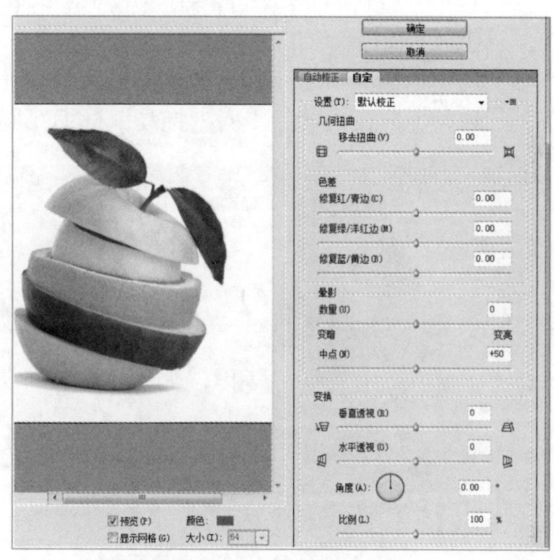

图10-1 镜头校正滤镜

10.1.2 滤镜库的设置与应用

Photoshop CS6中的滤镜库整合了“扭曲”“画笔描边”“素描”“纹理”“艺术效果”和“风格化”等6种滤镜功能。通过该滤镜库，可对图像应用这6种滤镜功能的效果，其方法为：打开素材文件，选择【滤镜】/【滤镜库】菜单命令，打开“滤镜库”对话框，在该对话框中间的列表框中单击左侧的▶按钮展开相应的滤镜组，其中提供了常用的滤镜缩略图，单击即可选择需要的滤镜样式，如图10-2所示。再次单击左侧的▼按钮可将其收回，设置后单击 确定 按钮即可。

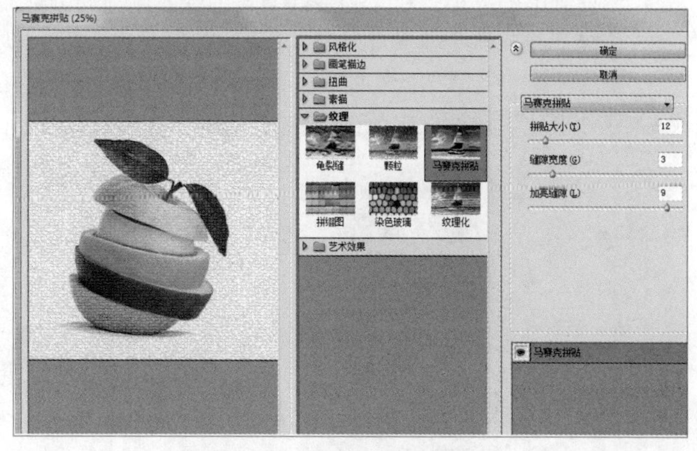

图10-2 使用滤镜库添加滤镜

10.1.3　液化滤镜的设置与应用

使用“液化”滤镜可以对图像的任何部分进行各种各样液化效果的变形处理，如收缩、膨胀、旋转等。在液化过程中可对各种效果程度进行随意控制。下面讲解液化滤镜的设置与应用的方法，具体操作如下。

（1）打开“美女.jpg”素材文件，复制背景图层，选择复制的图层，选择【滤镜】/【液化】菜单命令，打开“液化”对话框。

（2）在“液化”对话框中设置图像的显示为“100%”，观察发现，需对腹部进行液化，从而达到瘦身效果。在对话框左上角选择褶皱工具，在“画笔大小”数值框中输入“500”，在人物腹部处单击鼠标，使其向内收缩，达到细腰效果，单击确定按钮，如图10-3所示。

（3）调整图像的显示比例，放大脸部在预览框中的显示，选择向前变形工具。调整画笔的大小，在人物脸上向内拖动鼠标缩小脸型，如图10-4所示。

图10-3　收腹瘦腰　　　　图10-4　瘦脸

（4）选择膨胀工具，调整图像的显示比例，将鼠标移至人物胸部附近，单击鼠标放大该部分图像的显示，连续单击几次，使效果更明显，如图10-5所示。

（5）观察图片，发现胳膊与人物瘦身之后进行对比显得较胖，因此选择向前变形工具，调整画笔的大小，在人物手臂上向手臂内侧拖动鼠标，达到瘦胳膊的效果。拖动时，可将鼠标指针置于胳膊曲线外，注意控制操作幅度，以免破坏胳膊原有曲线，如图10-6所示。

（6）在“液化”对话框中单击确定按钮，查看到液化后的效果。

图10-5　丰胸

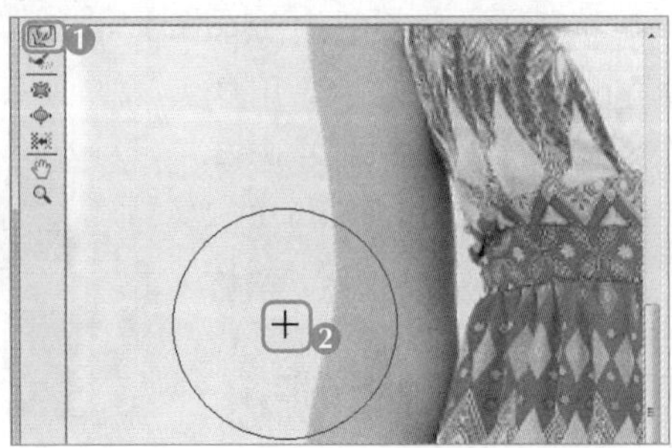

图10-6　瘦胳膊

10.1.4 消失点滤镜的设置与应用

微课视频

消失点滤镜的设置与应用

使用“消失点”滤镜可以在选定的图像区域内进行克隆、喷绘、粘贴图像等操作，使对象根据选定区域内的透视关系自动进行调整，以适配透视关系，其具体操作如下。

（1）打开“小提琴.jpg”素材图像，选择【滤镜】/【消失点】菜单命令，打开“消失点”对话框。单击“创建平面工具”按钮，在画面上定义 个透视框，沿着4个角拉一个平行四边形。使网格覆盖住要修改的范围，然后继续使用创建平面工具创建透视框，效果如图10-7所示。

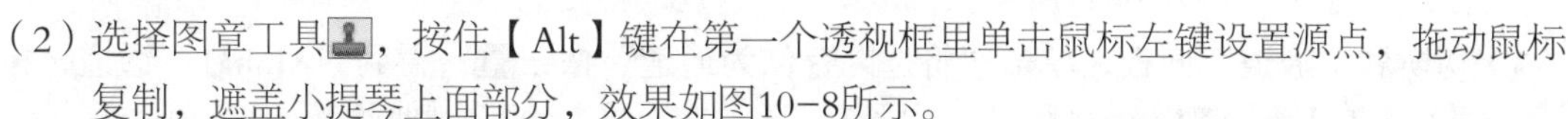
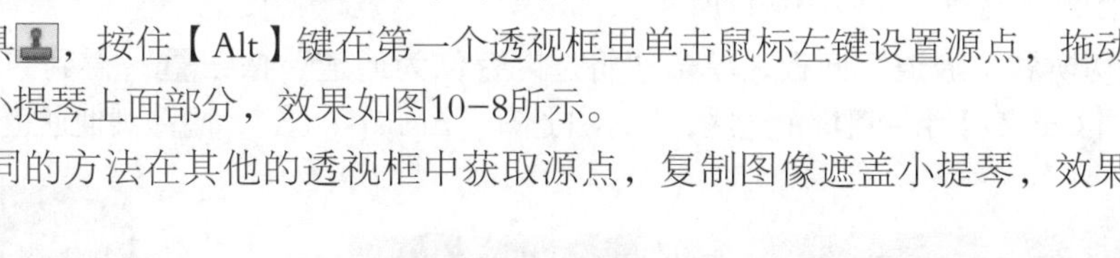

（2）选择图章工具，按住【Alt】键在第一个透视框里单击鼠标左键设置源点，拖动鼠标复制，遮盖小提琴上面部分，效果如图10-8所示。

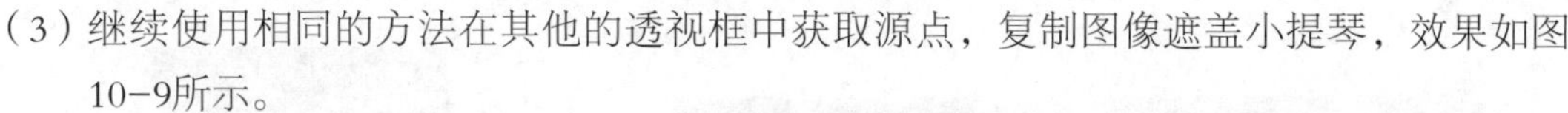

（3）继续使用相同的方法在其他的透视框中获取源点，复制图像遮盖小提琴，效果如图10-9所示。

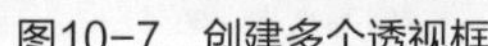
图10-7 创建多个透视框

图10-8 复制图像

图10-9 遮盖小提琴

10.2 课堂案例：制作“燃烧的星球”图像

“燃烧的星球”高清彩图

为了练习滤镜的使用，米拉决定先尝试制作一个图像特效，刚巧老洪要为某杂志制作一个带有科幻色彩的燃烧星球的图片，便将这个任务交给了米拉。米拉思考了一下，决定使用扩散滤镜、海洋波纹滤镜、风格化滤镜、扭曲滤镜和模糊滤镜来实现这个效果。本例完成后的参考效果如图10-10所示，下面具体讲解制作方法。

素材所在位置 素材文件\第10章\课堂案例\燃烧星球\
效果所在位置 效果文件\第10章\燃烧星球.psd

图10-10 燃烧的星球最终效果

10.2.1 使用扩散滤镜

微课视频

使用扩散滤镜

“扩散”滤镜可以根据设置的扩散模式搅乱图像中的像素，使图像产生模糊的效果。本例将使用“扩散”滤镜制作火焰的范围，具体操作如下。

（1）打开“星球.jpg”素材文件，在工具箱中选择快速选择工具，在图像的黑色区域单击创建选区，然后按【Ctrl+Shift+I】组合键反选选区。

（2）按【Ctrl+J】组合键，复制选区并创建图层，按住【Ctrl】键的同时单击“图层1”缩略图载入选区，如图10-11所示。

（3）切换到“通道”面板，单击“将选区存储为通道”按钮；得到“Alpha1”通道，按【Ctrl+D】组合键取消选区，显示并选择“Alpha1”通道，隐藏其他通道，如图10-12所示。

图10-11 复制星球图像并载入选区

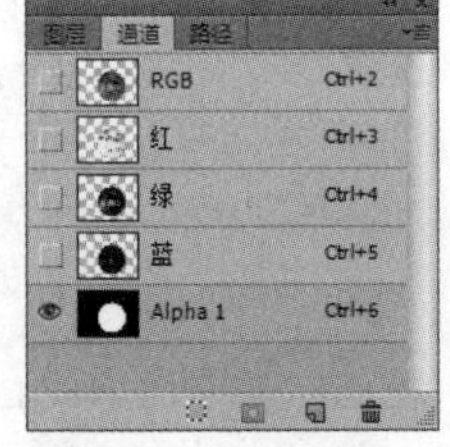

图10-12 创建通道

（4）选择“Alpha1”通道，选择【滤镜】/【风格化】/【扩散】菜单命令，打开“扩散”对话框，在“模式”栏中单击选中“正常(N)”单选项，如图10-13所示。

（5）单击“确定”按钮应用设置，然后按两次【Ctrl+F】组合键，重复应用扩散滤镜，如图10-14所示。

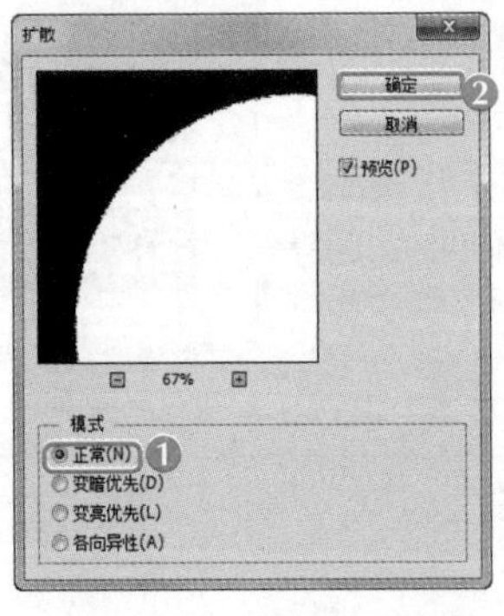

图10-13 “扩散”对话框

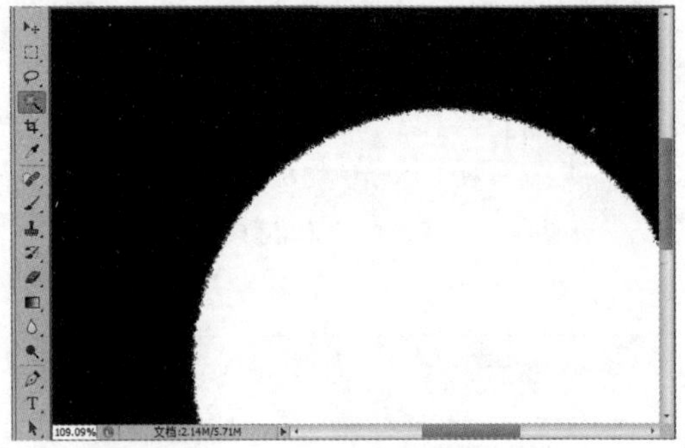

图10-14 重复应用扩散滤镜

10.2.2 使用海洋波纹滤镜

使用“海洋波纹”滤镜可以扭曲图像表面，使图像产生海洋波纹的效果。下面使用“海洋波纹”滤镜制作火焰的燃烧效果，具体操作如下。

（1）选择“Alpha1”通道，选择【滤镜】/【滤镜库】菜单命令，打开“滤镜库”对话框，在“扭曲”滤镜组中选择“海洋波纹”滤镜，在右侧设置波纹大小为“5”，设置波纹幅度为“8”，单击

确定按钮，如图10-15所示。

（2）返回图像编辑窗口，查看设置海洋波纹滤镜后的效果。

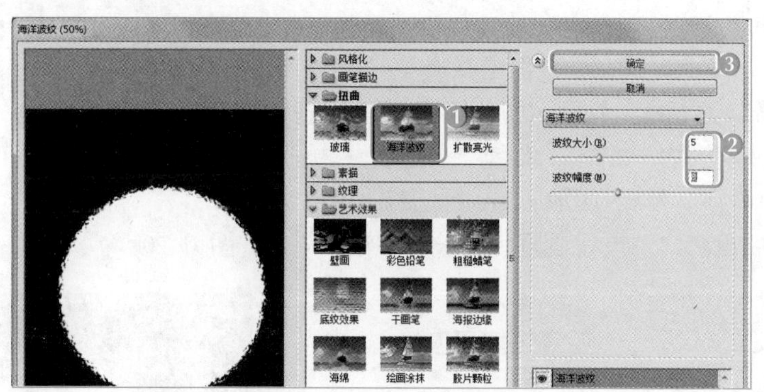

图10-15　设置海洋波纹参数

10.2.3　使用风格化滤镜组

“风”滤镜位于风格化滤镜组中，而“风格化”滤镜组能对图像的像素进行位移、拼贴及反色等操作。下面使用“风”滤镜制作火焰的外形，其具体操作如下。

（1）选择【滤镜】/【风格化】/【风】菜单命令，打开“风”对话框，在“方法”栏中单击选中风(W)单选项，在“方向”栏中单击选中从右(R)单选项，单击确定按钮，如图10-16所示。

（2）再次选择【滤镜】/【风格化】/【风】菜单命令，打开“风”对话框，在“方法”栏中单击选中风(W)单选项，在“方向”栏中单击选中从左(L)单选项，单击确定按钮。

（3）选择【图像】/【图像旋转】/【90度（顺时针）】菜单命令，旋转画布，然后按两次【Ctrl+F】组合键，重复应用风滤镜。

（4）将Alpha1通道拖曳到“通道”面板底部的“创建新通道”按钮上，复制通道得到Alpha1副本通道，按【Ctrl+F】组合键重复应用风滤镜，如图10-17所示。

（5）选择【图像】/【图像旋转】/【90度（逆时针）】菜单命令旋转画布，如图10-18所示。

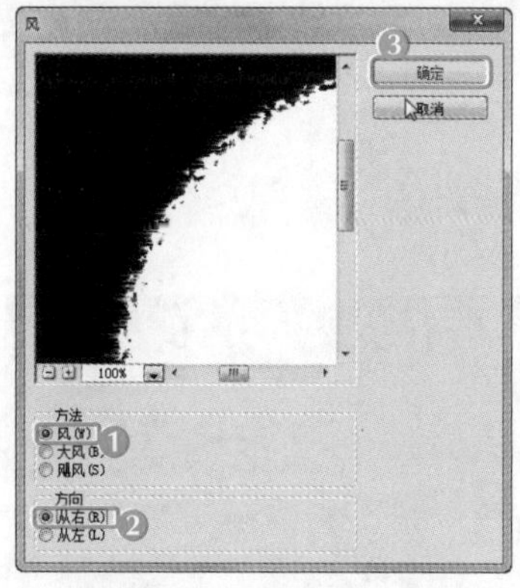

图10-16　设置风格化滤镜

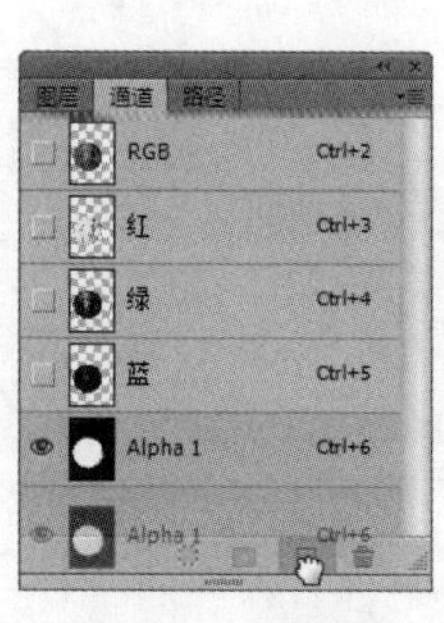

图10-17　新建通道

图10-18　旋转图像

10.2.4 使用扭曲滤镜组

“扭曲”滤镜组主要用于对图像进行扭曲变形。下面使用“扭曲”滤镜组中的玻璃滤镜制作燃烧波纹效果，具体操作如下。

（1）选择“Alpha1副本”通道，选择【滤镜】/【滤镜库】菜单命令，打开“滤镜库”对话框，打开“扭曲”滤镜组，选择“玻璃”滤镜，设置“扭曲度”为“20”，设置“平滑度”为“14”，设置“缩放”为“105%”，单击 确定 按钮，如图10-19所示。

（2）返回图像编辑窗口，查看设置后的玻璃滤镜效果，如图10-20所示。

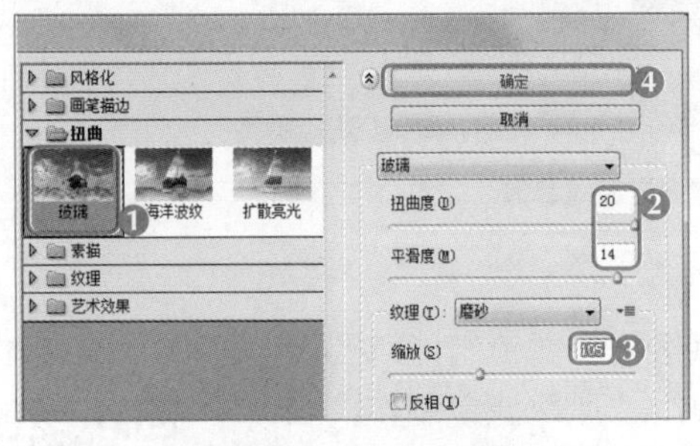

图10-19 设置玻璃参数

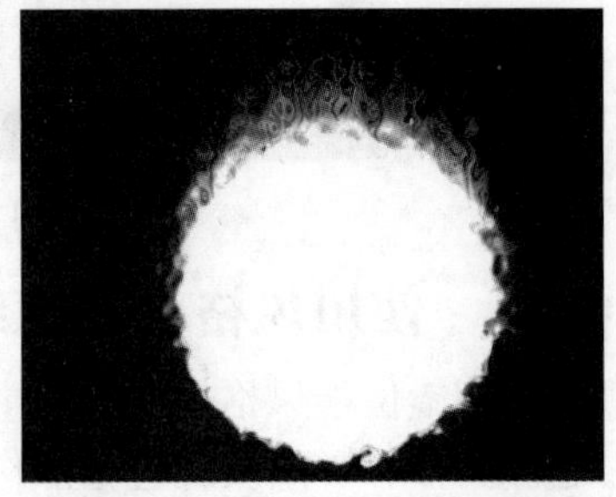

图10-20 查看玻璃滤镜效果

10.2.5 使用模糊滤镜组

“模糊”滤镜组通过削弱图像中相邻像素的对比度，使相邻的像素产生平滑过渡效果，从而产生柔和边缘的效果。下面主要使用高斯模糊制作燃烧时的模糊效果，具体操作如下。

（1）在工具箱中选择魔棒工具，在星球图像上单击，载入选区，按【Ctrl+Shift+I】组合键反选选区，选择【选择】/【修改】/【羽化】菜单命令，打开“羽化”对话框，在其中设置羽化像素为“6”，单击 确定 按钮，如图10-21所示。

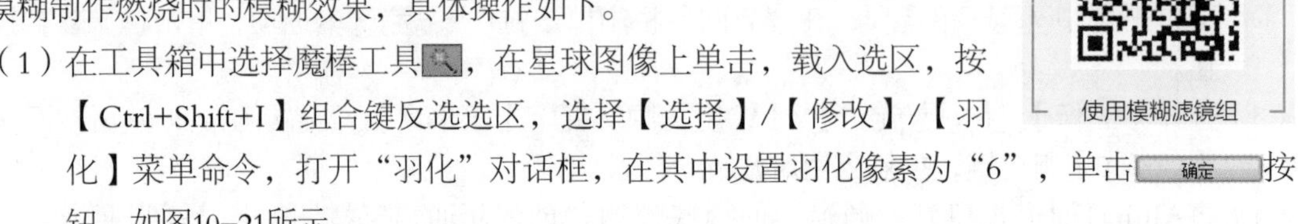

（2）选择【滤镜】/【模糊】/【高斯模糊】菜单命令，打开“高斯模糊”对话框，设置半径为“1”，单击 确定 按钮，如图10-22所示。

（3）取消选区，按【Ctrl】键单击“Alpha1副本”通道缩略图，载入选区，切换到“图层”面板，新建一个图层，按【D】键复位前景色和背景色，按【Ctrl+Delete】组合键填充选区为白色，如图10-23所示。

图10-21 羽化选区

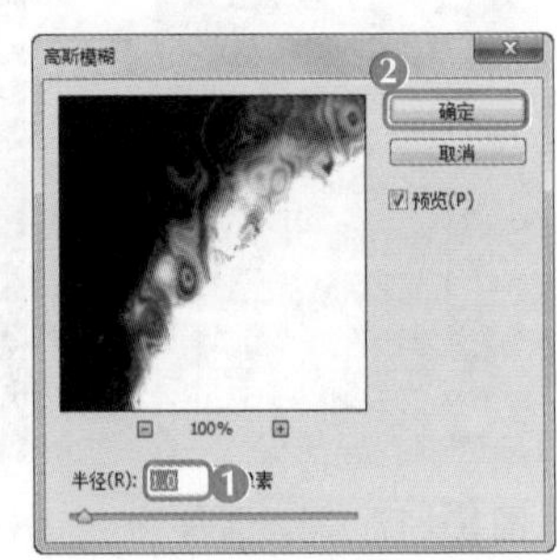

图10-22 应用高斯模糊滤镜

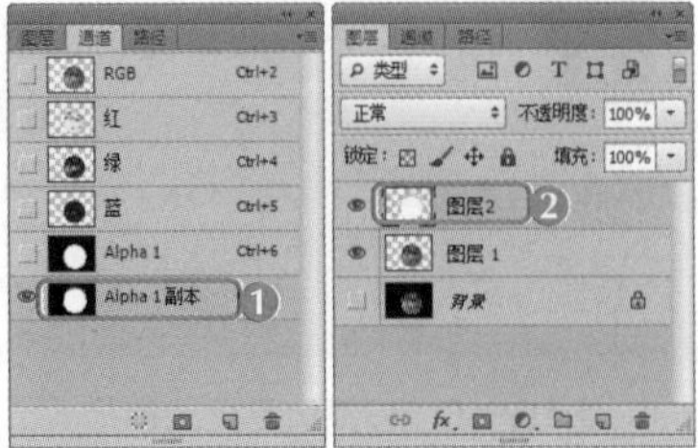

图10-23 载入并填充选区

（4）取消选区，再次新建一个图层，将其移动到图层2下方，按【Alt+Delete】组合键填充黑色。

（5）选择图层2，在“调整”面板中单击“色相/饱和度”按钮，打开“色相/饱和度”面板，在其中设置“色相”为“40”，设置“饱和度”为“100”，单击选中☑着色复选框，如图10-24所示。

（6）在“调整”面板中单击“色彩平衡”按钮，打开“色彩平衡”面板，在“色调 ”下拉列表中选择“中间调”选项，设置青色到红色为“+100”，如图10-25所示。

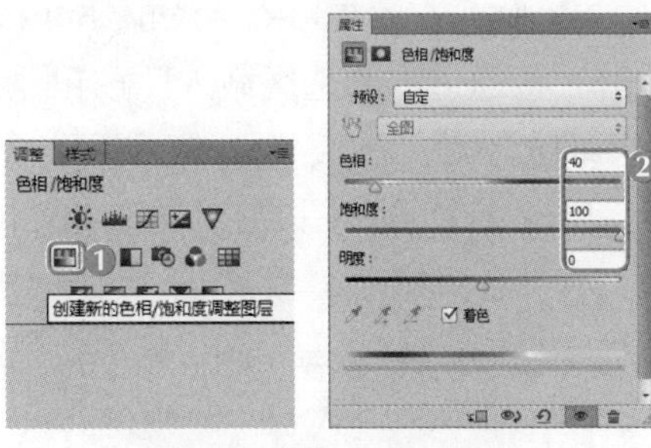

图10-24 调整色相/饱和度

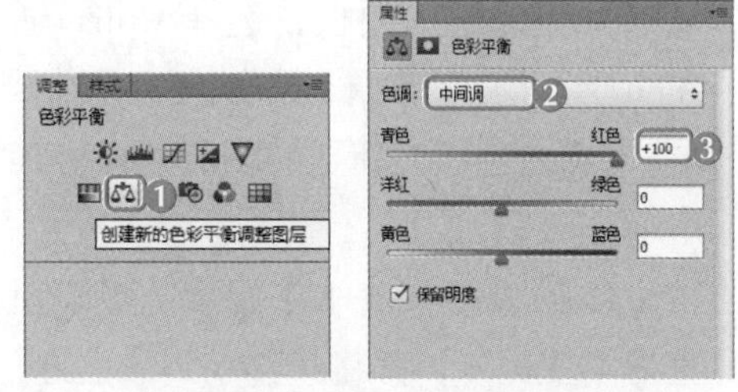

图10-25 调整色彩平衡中间色调

（7）在“色调 ”下拉列表中选择“高光”选项，设青色到红色为“+100”，如图10-26所示。

（8）按【Ctrl+Shift+Alt+E】组合键盖印图层，将盖印图层的混合模式设置为“线性减淡（添加）”，如图10-27所示。

（9）使用魔棒工具选择星球图像，按【Alt+Delete】组合键为选区填充黑色，此时图像未发生变化，取消选区，删除“图层2”图层，此时将显示出填充的黑色星球，与黑色背景融为一体，只显示出火环，如图10-28所示。

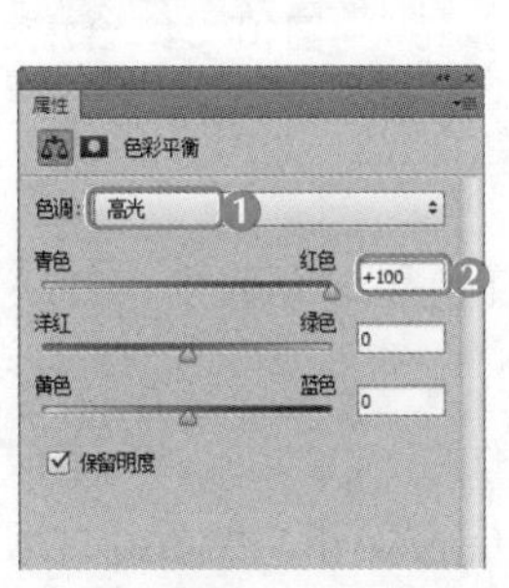

图10-26 调整色彩平衡高光色调

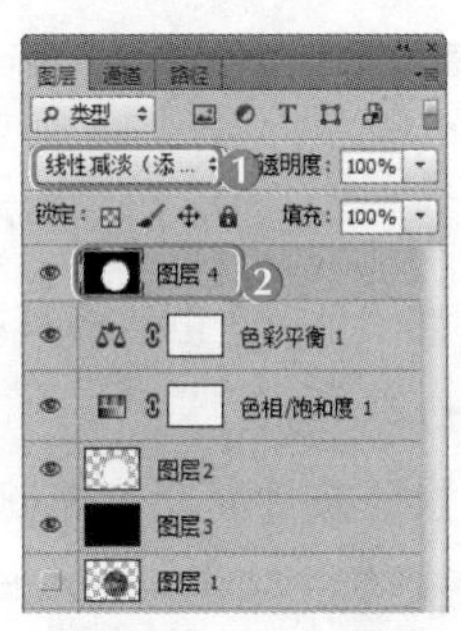

图10-27 盖印图层并设置图层混合模式

图10-28 填充选区

（10）切换到“通道”面板，选择“Alpha1副本”通道，选择【滤镜】/【滤镜库】菜单命令，打开“滤镜库”对话框，打开“扭曲”滤镜组，选择“玻璃”滤镜，在其中设置“扭曲度”为“20”，设置“平滑度”为“15”，设置“缩放”为“52%”，单击确定按钮，如图10-29所示。

（11）使用魔棒工具选择星球，按【Shift+Ctrl+I】组合键反选选区，按【Shift+F6】组合键打开“羽化”对话框，设置羽化值为6像素，单击确定按钮，如图10-30所示。

（12）选择【滤镜】/【模糊】/【高斯模糊】菜单命令，打开“高斯模糊”对话框，设置半径为“2”，单击确定按钮，返回图像编辑窗口取消选区，如图10-31所示。

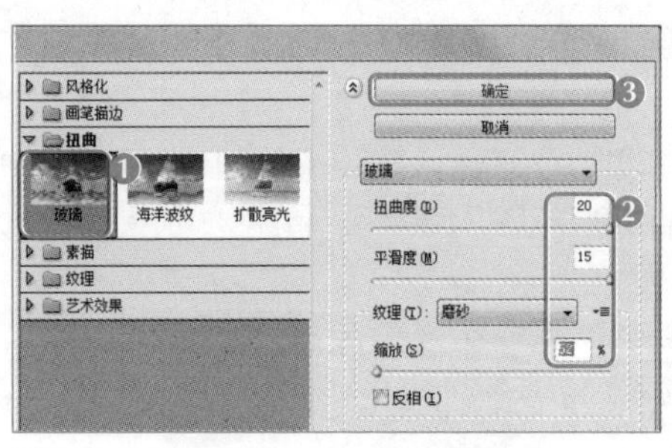

图10-29　设置玻璃参数

图10-30　羽化选区

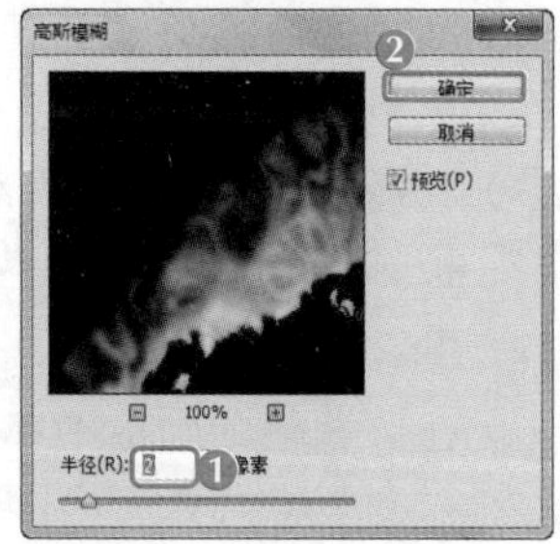

图10-31　应用高斯模糊滤镜

（13）切换到“通道”面板，选择Alpha1通道，单击“将通道作为选区载入”按钮，将Alpha1通道中的图像载入选区，切换到“图层”面板隐藏“图层4”，然后新建一个图层5，用白色填充新建的图层，并将其移动到“色相/饱和度”图层的下方，如图10-32所示。

（14）按【Ctrl+Shift+Alt+E】组合键盖印图层，得到“图层6”，将盖印图层的混合模式设置为“变亮”，并将其移动到最上方，如图10-33所示。

（15）显示“图层4”，选择“图层6”，按【Ctrl+E】组合键向下合并图像，如图10-34所示。

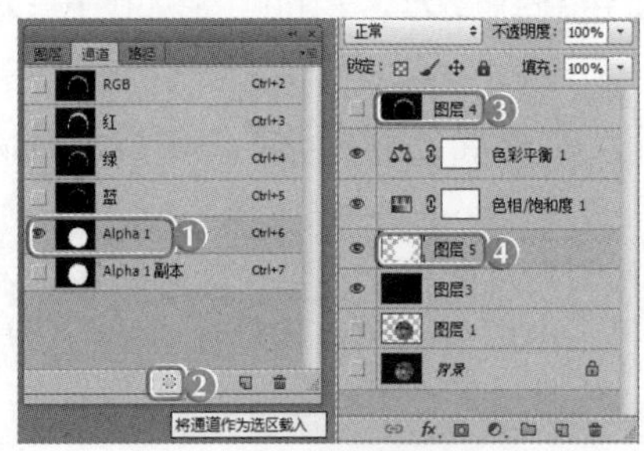

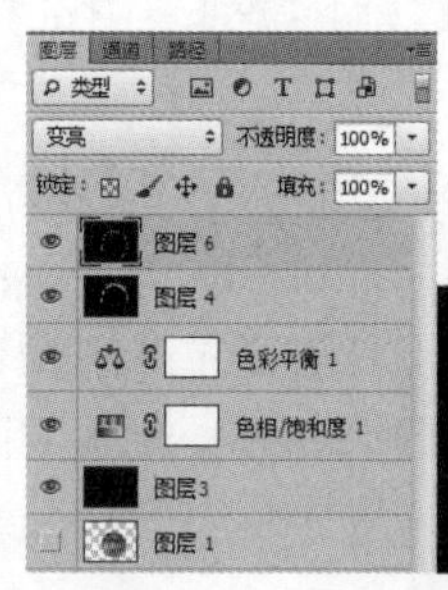

图10-32　新建图层并填充选　图10-33　盖印图层并设置图层混合模式　图10-34　合并图像

（16）将“图层1”拖曳到“图层4”上方，然后复制一层，设置图层混合模式为“线性减淡”，如图10-35所示。

（17）打开“背景.jpg”素材文件，使用移动工具将其拖曳到红色星球图像中，并将图层移动到“图层4”下方，如图10-36所示。

（18）打开“燃烧的地球文本.psd”素材文件，将文本拖动到文件中，为了加强文本效果，可复制“星火”文本图层，调整文本、星球的大小与位置，完成操作，如图10-37所示。

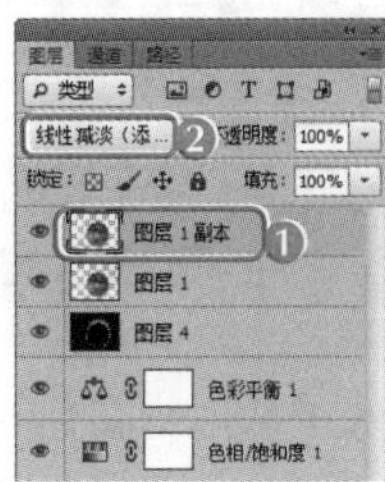

图10-35　复制图层

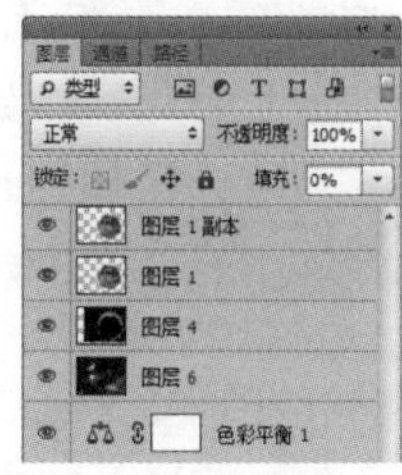

图10-36　盖印图层添

图10-37　添加文本

10.2.6 相关滤镜介绍

下面对本例所使用的滤镜组进行介绍。

1. 模糊滤镜组

模糊滤镜组主要提供了14种模糊效果，各滤镜作用如下。

- 场景模糊："场景模糊"滤镜可以使画面不同区域呈现不同模糊程度的效果。
- 光圈模糊："光圈模糊"滤镜可以将一个或多个焦点添加到图像中，用户可以对焦点的大小、形状，以及焦点区域外的模糊数量和清晰度等进行设置。
- 倾斜偏移："倾斜偏移"滤镜可用于模拟相机拍摄的移轴效果，效果类似于微缩模型。
- 表面模糊："表面模糊"滤镜在模糊图像时可保留图像边缘，用于创建特殊效果及去除杂点和颗粒。
- 动感模糊："动感模糊"滤镜可通过对图像中某一方向上的像素进行线性位移来产生运动的模糊效果。
- 方框模糊："方框模糊"滤镜以邻近像素颜色平均值的颜色为基准值模糊图像。
- 高斯模糊："高斯模糊"滤镜可根据高斯曲线对图像进行选择性地模糊，以产生强烈的模糊效果，是比较常用的模糊滤镜。在"高斯模糊"对话框中，"半径"数值框可以调节图像的模糊程度，数值越大，模糊效果越明显。
- 径向模糊："径向模糊"滤镜可以使图像产生旋转或放射状模糊效果。
- 进一步模糊："进一步模糊"滤镜可以使图像产生一定程度的模糊效果。
- 镜头模糊："镜头模糊"滤镜可使图像模拟摄像时镜头抖动产生的模糊效果。
- 模糊："模糊"滤镜通过对图像中边缘过于清晰的颜色进行模糊处理，来制作模糊的效果。该滤镜无参数设置对话框。使用一次该滤镜命令，图像效果会不太明显，可重复使用多次该滤镜命令，增强效果。
- 平均："平均"滤镜通过对图像中的平均颜色值进行柔化处理，从而产生模糊效果。
- 特殊模糊："特殊模糊"滤镜通过找出图像的边缘及模糊边缘以内的区域，从而产生一种边界清晰、中心模糊的效果。在"特殊模糊"对话框的"模式"下拉列表框中选择"仅限边缘"选项，模糊后的图像呈黑色的效果显示。
- 形状模糊："形状模糊"滤镜使图像按照某一指定的形状作为模糊中心来进行模糊。在"形状模糊"对话框下方选择一种形状，然后在"半径"数值框中输入数值决定形状的大小，数值越大，模糊效果越强，完成后单击 确定 按钮。

2. 滤镜库

本例中使用的风格化滤镜组和扭曲滤镜组是滤镜库中提供的滤镜效果。除了风格化滤镜组和扭曲滤镜组，滤镜中还提供了画笔描边滤镜组、素描滤镜组、纹理滤镜组和艺术效果滤镜组，其中，扭曲滤镜组主要提供了12种滤镜效果，各滤镜作用如下。

- 玻璃："玻璃"滤镜通过设置扭曲度和平滑度使图像产生玻璃质感的效果。
- 海洋波纹："海洋波纹"滤镜可以使图像产生一种在海水中漂浮的效果。该滤镜各选项的含义与"玻璃"滤镜相似，这里不再赘述。
- 扩散亮光："扩散亮光"滤镜用于产生一种弥漫的光照效果，使图像中较亮的区域产生一种光照效果。
- 波浪："波浪"滤镜通过设置波长使图像产生波浪涌动的效果。
- 波纹："波纹"滤镜可以使图像产生水波荡漾的涟漪效果。它与"波浪"滤镜相似。“波纹”对话框中的“数量”还能用于设置波纹的数量，该值越大，产生的涟漪效果越强。

- 极坐标：“极坐标”滤镜可以通过改变图像的坐标方式，使图像产生极端的变形。
- 挤压：“挤压”滤镜可以使图像产生向内或向外挤压变形的效果，主要通过在“挤压”对话框的“数量”数值框中输入数值来控制挤压效果。
- 切变：“切变”滤镜可以使图像在竖直方向产生弯曲效果。在“切变”对话框左上侧方格框的垂直线上单击，可创建切变点，拖动切变点可实现图像的切变变形。
- 球面化：“球面化”滤镜就是模拟将图像包在球上并伸展来适合球面，从而产生球面化的效果。
- 水波：“水波”滤镜可使图像产生起伏状的波纹和旋转效果。
- 旋转扭曲：“旋转扭曲”滤镜可产生旋转扭曲效果，且旋转中心为物体的中心。在“旋转扭曲”对话框的“角度”数值框中输入角度设置旋转方向，为正值时将顺时针扭曲；为负值时将逆时针扭曲。
- 置换：“置换”滤镜可以使图像产生移位效果，移位的方向不仅跟参数设置有关，还跟位移图文件有密切关系。使用该滤镜需要两个文件才能完成，一个是要编辑的图像文件；另一个是位移图文件，位移图文件充当移位模板，用于控制位移的方向。

风格化滤镜中主要提供了9种滤镜，各滤镜作用如下。

- 查找边缘：“查找边缘”滤镜可以查找图像中主色块颜色变化的区域，并为查找到的边缘轮廓描边，使图像看起来像用笔刷勾勒的轮廓一样。该滤镜无参数对话框。
- 等高线：“等高线”滤镜可以沿图像的亮部区域和暗部区域的边界，绘制出颜色比较浅的线条效果。
- 风：“风”滤镜用于文字而产生的效果比较明显，可以将图像的边缘以一个方向为准向外移动远近不同的距离，实现类似风吹的效果。
- 浮雕效果：“浮雕效果”滤镜可以将图像中颜色较亮的图像分离出来，再将周围的颜色降低，生成浮雕效果。
- 扩散：“扩散”滤镜可以使图像产生看起来像透过磨砂玻璃一样的模糊效果。
- 拼贴：“拼贴”滤镜可以根据对话框中设定的值将图像分成许多小贴块，看上去整幅图像像画在方块瓷砖上一样。
- 曝光过渡：“曝光过渡”滤镜可以使图像的正片和负片混合产生类似于摄影中增加光线强度产生的曝光过渡的效果。该滤镜无参数对话框。
- 凸出：“凸出”滤镜可以将图像分成数量不等，但大小相同并有序叠放的立体方块，用来制作图像的三维背景。
- 照亮边缘：“照亮边缘”滤镜可将图像边缘轮廓照亮，效果与查找边缘滤镜相似。

画笔描边滤镜组用于模拟不同的画笔或油墨笔刷来勾画图像，产生绘画效果。该组滤镜主要提供了8种滤镜效果，各滤镜作用如下。

- 成角的线条：“成角的线条”滤镜可以使图像中的颜色按一定的方向进行流动，从而产生类似倾斜划痕的效果。
- 墨水轮廓：“墨水轮廓”滤镜模拟使用纤细的线条在图像原细节上重绘图像，从而生成钢笔画风格的图像效果。
- 喷溅：“喷溅”滤镜可以使图像产生类似笔墨喷溅的自然效果。

- 喷色描边：“喷色描边”滤镜和“喷溅滤镜”效果比较类似，可以使图像产生斜纹飞溅的效果。
- 强化的边缘：“强化的边缘”滤镜可以对图像的边缘进行强化处理。
- 深色线条：“深色线条”滤镜将使用短而密的线条来绘制图像的深色区域，用长而白的线条来绘制图像的浅色区域。
- 烟灰墨：“烟灰墨”滤镜模拟使用蘸满黑色油墨的湿画笔，在宣纸上绘画的效果。
- 阴影线：“阴影线”滤镜可以使图像表面生成交叉状倾斜划痕的效果，其中，“强度”数值框是用来控制交叉划痕的强度。

素描滤镜组主要提供了14种滤镜效果，各滤镜作用如下。

- 半调图案：“半调图案”滤镜可以使用前景色和背景色将图像以网点效果显示。
- 便条纸：“便条纸”滤镜可以将图像以当前前景色和背景色混合，产生凹凸不平的草纸画效果，其中，前景色作为凹陷部分，而背景色作为凸出部分。
- 铬黄渐变：“铬黄渐变”滤镜可以模拟液态金属的效果。
- 粉笔和炭笔：“粉笔和炭笔”滤镜可以产生粉笔和炭笔涂抹的草图效果。在处理过程中，粉笔使用背景色，用来处理图像较亮的区域；炭笔使用前景色，用来处理图像较暗的区域。
- 绘图笔：“绘图笔”滤镜可使用前景色和背景色生成一种钢笔画素描效果，图像中没有轮廓，只有变化的笔触效果。
- 基底凸现：“基底凸现”滤镜主要用来模拟粗糙的浮雕效果。
- 石膏效果：“石膏效果”滤镜可以产生一种石膏浮雕效果，且图像以前景色和背景色填充。
- 水彩画纸：“水彩画纸”滤镜能制作出类似在潮湿的纸上绘图并产生画面浸湿的效果。
- 撕边：“撕边”滤镜可以在图像的前景色和背景色的交界处生成粗糙及撕破的纸片形状效果。
- 炭笔：“炭笔”滤镜可以将图像以类似炭笔画的效果显示出来。前景色代表笔触的颜色，背景色代表纸张的颜色。在绘制过程中，阴影区域用黑色对角炭笔线条替换。
- 炭精笔：“炭精笔”滤镜可以在图像上模拟浓黑和纯白的炭精笔纹理效果。在图像中的深色区域使用前景色，在浅色区域亮区使用背景色。
- 图章：“图章”滤镜可以使图像产生类似生活中的印章的效果。
- 网状：“网状”滤镜将使用前景色和背景色填充图像，产生一种网眼覆盖效果。
- 影印：“影印”滤镜可以模拟影印效果，其中，用前景色来填充图像的高亮度区，用背景色来填充图像的暗区。

纹理滤镜组可以在图像中模拟出纹理效果，主要提供了6种滤镜效果，各滤镜作用如下。

- 龟裂缝：“龟裂缝”滤镜可以使图像产生龟裂纹理，从而制作出浮雕状的立体效果。
- 颗粒：“颗粒”滤镜可以在图像中随机加入不规则的颗粒，以产生颗粒纹理效果。
- 马赛克拼贴：“马赛克拼贴”滤镜可以使图像产生马赛克网格效果，还可以调整网格的大小及缝隙的宽度和深度。
- 拼缀图：“拼缀图”滤镜可以将图像分割成数量不等的小方块，用每个方块内的像素平均颜色作为该方块的颜色，模拟一种建筑拼贴瓷砖的效果。
- 染色玻璃：“染色玻璃”滤镜可以在图像中产生不规则的玻璃网格，每格的颜色由该格的平均颜色来显示。

- 纹理化：“纹理化”滤镜可以为图像添加砖形、粗麻布、画布和砂岩等纹理效果，还可以调整纹理的大小和深度。

艺术效果滤镜组可以模仿传统手绘图画风格，主要提供了15种滤镜效果，各滤镜作用如下。

- 壁画：“壁画”滤镜可以使图像产生类似壁画的效果。
- 彩色铅笔：“彩色铅笔”滤镜可以将图像以彩色铅笔绘画的方式显示出来。
- 粗糙蜡笔：“粗糙蜡笔”滤镜可以使图像产生类似蜡笔在纹理背景上绘图产生的一种纹理浮雕效果。
- 底纹效果：“底纹效果”滤镜可以根据所选纹理类型来使图像产生一种纹理效果。
- 干画笔：“干画笔”滤镜可以使图像生成一种干燥的笔触效果，类似于绘画中的干画笔效果。
- 海报边缘：“海报边缘”滤镜可以使图像查找出颜色差异较大的区域，并将其边缘填充成黑色，使图像产生海报画的效果。
- 海绵：“海绵”滤镜可以使图像产生类似海绵浸湿的图像效果。
- 绘画涂抹：“绘画涂抹”滤镜可以使图像产生类似手指在湿画上涂抹的模糊效果。
- 胶片颗粒：“胶片颗粒”滤镜可以使图像产生类似胶片颗粒的效果。
- 木刻：“木刻”滤镜可以将图像制作成类似木刻画的效果。
- 霓虹灯光：“霓虹灯光”滤镜可以使图像的亮部区域产生类似霓虹灯的光照效果。
- 水彩：“水彩”滤镜可以将图像制作成类似水彩画的效果。
- 塑料包装：“塑料包装”滤镜可以使图像产生质感较强并具有立体感的塑料效果。
- 调色刀：“调色刀”滤镜可以将图像的色彩层次简化，使相近的颜色融合，产生类似粗笔画的绘图效果。
- 涂抹棒：“涂抹棒”滤镜用于使图像产生类似用粉笔或蜡笔在纸上涂抹的图像效果。

10.3 课堂案例：制作五彩缤纷的艺术背景

了解并练习了滤镜的使用后，米拉发现将不同的滤镜组合使用，可以实现更多不同的效果。她开始尝试使用滤镜制作一个霓虹斑斓、五彩缤纷的艺术背景素材，主要通过像素画滤镜组、杂色滤镜组和锐化滤镜组来实现这个效果。本例完成后的参考效果如图10-38所示，下面具体讲解其制作方法。

效果所在位置 效果文件\第10章\艺术背景.psd

图10-38 艺术背景最终效果

扫一扫

“五彩缤纷艺术背景”高清彩图

10.3.1 使用像素化滤镜组

微课视频

使用像素化滤镜组

“像素化”滤镜组主要通过将图像中相似颜色值的像素转化成单元格的方法，使图像分块或平面化。下面使用点状化滤镜制作花纹效果，具体操作如下。

（1）新建一个600像素×600像素，名为“艺术背景”的文件，将背景填充为白色，打开“滤镜库”对话框，打开“纹理”滤镜组，选择“颗粒”滤镜，设置“强度”为“100”，设置“对比度”为“100”，设置“颗粒类型”为“结块”，单击 确定 按钮，如图10-39所示。

（2）按【D】键复位前景色与背景色，选择【滤镜】/【像素化 】/【点状化】菜单命令，打开“点状化”对话框，设置“单元格大小”为“100”，单击 确定 按钮，如图10-40所示。

（3）返回图像编辑窗口，查看为图像应用点状化滤镜后的效果。

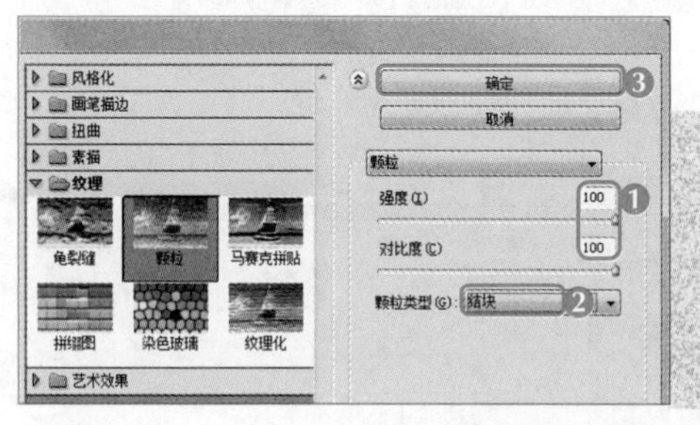

图10-39 创建选区并新建图层

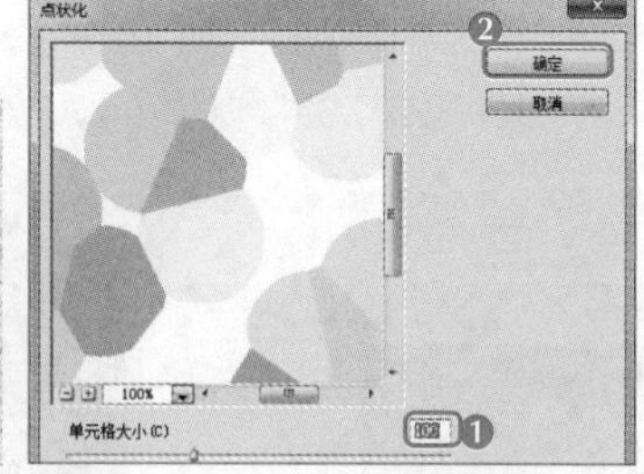

图10-40 设置点状化滤镜参数

10.3.2 使用杂色滤镜组

微课视频

使用杂色滤镜组

“杂色”滤镜组主要是向图像中添加杂点或去除图像中的杂点。下面使用“中间值”滤镜制作彩块的叠加效果，具体操作如下。

（1）按【Ctrl + I】组合键反相，选择【滤镜】/【锐化】/【 中间值】菜单命令，打开“ 中间值”对话框，设置“半径”为“90”像素，单击 确定 按钮，如图10-41所示。

（2）返回图像编辑窗口，查看应用中间值滤镜后的效果，如图10-42所示。

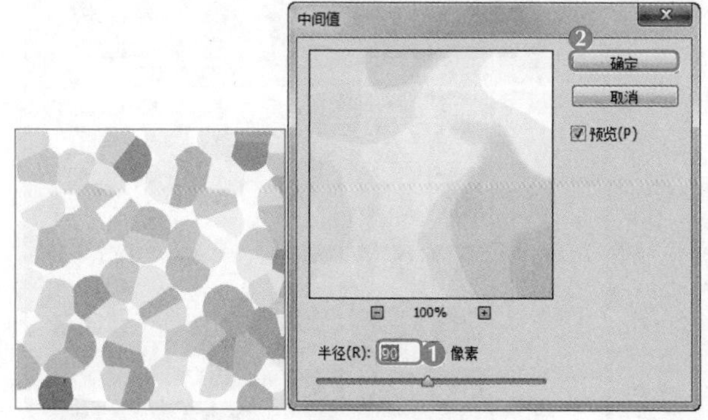

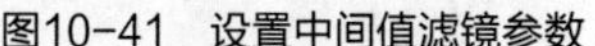

图10-41 设置中间值滤镜参数

图10-42 查看中间值滤镜效果

10.3.3 使用锐化滤镜组

“锐化”滤镜组主要是通过增强相邻像素间的对比度来减弱甚至消除图像的模糊，使图像轮廓分明、效果清晰。下面使用“USM锐化”等滤镜制作不规则的颜色块效果，具体操作如下。

（1）按【Ctrl + I】组合键反相，选择【滤镜】/【锐化】/【USM锐化】菜单命令，打开“USM锐化”对话框，设置“数量”为“500”，设置“半径”为“45”，设置“阈值”为“3”，单击 确定 按钮，如图10-43所示。

（2）返回图像编辑窗口，查看应用USM锐化滤镜后的效果。

（3）选择【滤镜】/【模糊】/【特殊模糊】菜单命令，打开“特殊模糊”对话框，在“半径”数值框中输入“5”，在“阈值”数值框中输入像素的差异化值为“18”，单击 确定 按钮，如图10-44所示。

（4）按【Ctrl+M】组合键打开“曲线”对话框，单击曲线添加控制点，将“输入”设置为“7”，将“输出”设置为“23”，单击 确定 按钮，如图10-45所示。

（5）创建色相/饱和度调节图层，设置饱和度为“70”，将图层不透明度改为“60%”，图层混合模式为“线性减淡（添加）”，如图10-46所示。

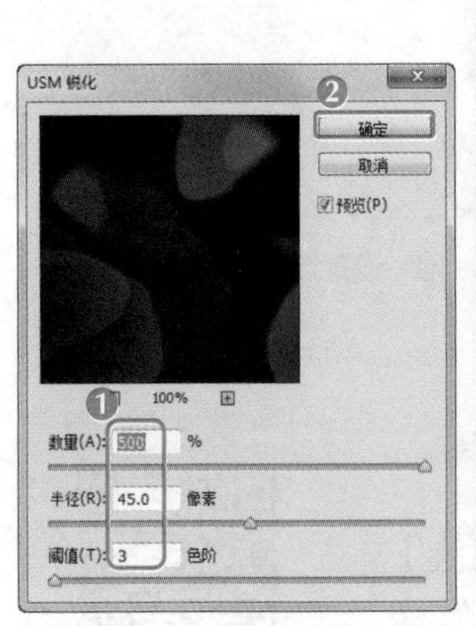

图10-43 设置USM锐化滤镜

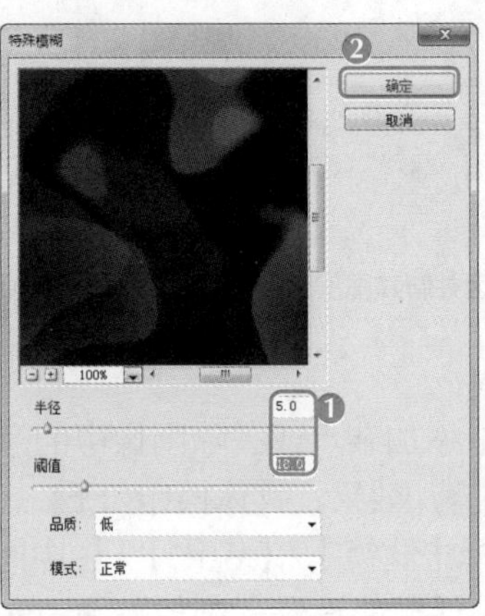

图10-44 应用特殊模糊滤镜效果

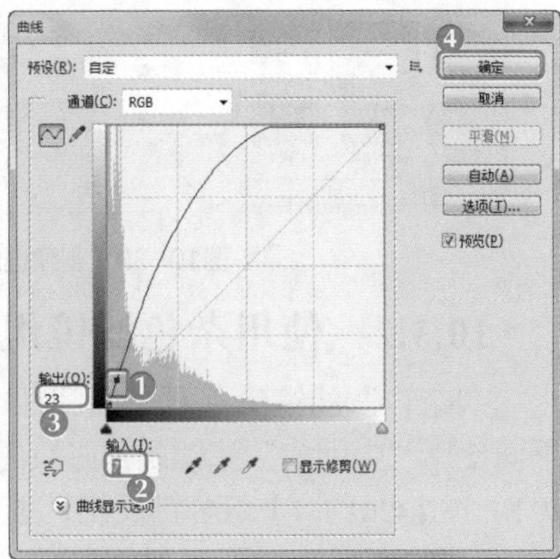

图10-45 调整曲线

（6）打开“滤镜库”对话框，打开“艺术效果”滤镜组，选择“绘画涂抹”滤镜，设置画笔大小为“50”，单击 确定 按钮，如图10-47所示。

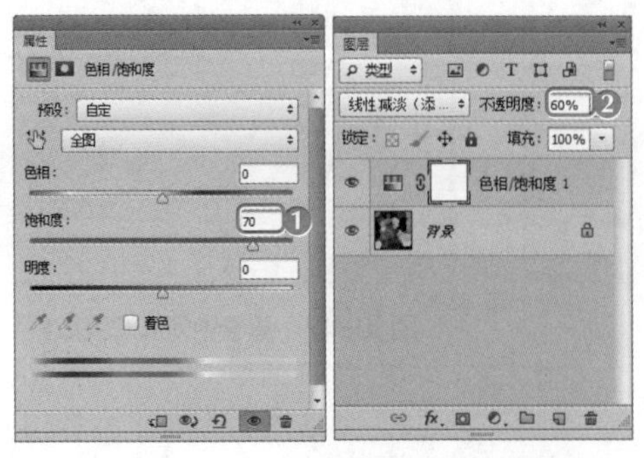

图10-46 设置智能锐化滤镜参数

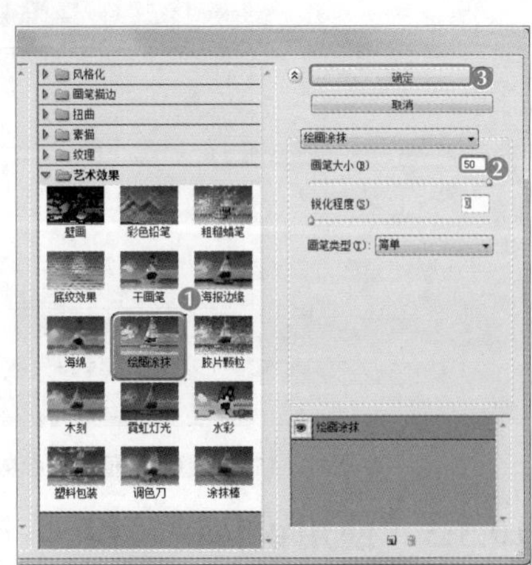

图10-47 设置绘画涂抹滤镜参数

10.3.4 使用渲染滤镜组

“渲染”滤镜组可模拟不同的光源下产生不同的光线照明效果。下面使用“镜头光晕”滤镜制作光影效果，具体操作如下。

（1）选择【滤镜】/【渲染】/【镜头光晕】菜单命令，打开“镜头光晕”对话框，设置“亮度”为“150”，单击选中 50-300 毫米变焦(Z) 单选项，单击 确定 按钮，如图10-48所示。

（2）返回图像编辑窗口，查看应用镜头光晕滤镜后的效果，如图10-49所示。

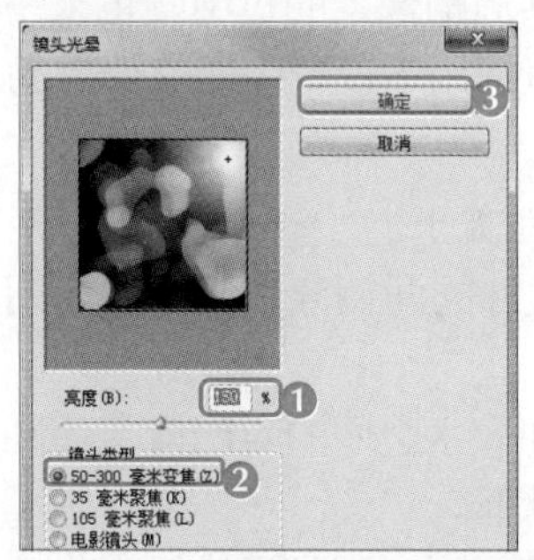

图10-48 设置镜头光晕滤镜参数

图10-49 查看效果

10.3.5 其他滤镜介绍

下面对本例所使用的滤镜组进行介绍。

1．像素画滤镜组

像素画滤镜组主要提供了7种模糊效果，各滤镜作用如下。

- 彩块化：“彩块化”滤镜可以使图像中纯色或相似颜色凝结为彩色块，从而产生类似宝石刻画般的效果。该滤镜没有参数设置对话框。
- 彩色半调：“彩色半调”滤镜可模拟在图像每个通道上应用半调网屏的效果。
- 晶格化：“晶格化”滤镜可以使图像中相近的像素集中到一个像素的多角形网格中，从而使图像清晰化。在“晶格化”对话框中，“单元格大小”数值框用于设置多角形网格的大小。
- 点状化：“点状化”滤镜可以在图像中随机产生彩色斑点，点与点间的空隙用背景色填充。在“点状化”对话框中，“单元格大小”数值框用于设置点状网格的大小。
- 马赛克：“马赛克”滤镜可以把图像中具有相似彩色的像素统一合成更大的方块，从而产生类似马赛克般的效果。在“马赛克”对话框中，“单元格大小”数值框用于设置马赛克的大小。
- 碎片：“碎片”滤镜可以将图像的像素复制4遍，然后将它们平均移位并降低不透明度，从而形成一种不聚焦的“四重视”效果。
- 铜板雕刻：“铜版雕刻”滤镜可以在图像中随机分布各种不规则的线条和虫孔斑点，从而产生镂刻的版画效果。

2．杂色滤镜组

杂色滤镜组主要提供了7种模糊效果，各滤镜作用如下。

- 减少杂色：“减少杂色”滤镜用来消除图像中的杂色。
- 蒙尘与划痕：“蒙尘与划痕”滤镜通过将图像中有缺陷的像素融入周围的像素中，从而达到除尘和涂抹的效果，打开“蒙尘与划痕”对话框，在其中可通过“半径”

选项调整清除缺陷的范围。通过“阈值”选项，确定要进行像素处理的阈值。该值越大，去杂效果越弱。

- 去斑：“去斑”滤镜无参数设置对话框，可对图像或选区内的图像进行轻微的模糊、柔化，从而达到掩饰图像中细小斑点、消除轻微折痕的效果，常用于修复照片中的斑点。
- 添加杂色：“添加杂色”滤镜可以向图像中随机混合杂点，即添加一些细小的颗粒状像素，常用于添加杂色纹理效果。它与“减少杂色”滤镜作用相反。
- 中间值：“中间值”滤镜可以采用杂点和其周围像素的折中颜色来平滑图像中的区域。在“中间值”对话框中，“半径”数值框用于设置中间值效果的平滑距离。

3. 锐化滤镜组

锐化滤镜组主要提供了5种模糊效果，各滤镜作用如下。

- USM锐化：“USM锐化”滤镜可以在图像边缘的两侧分别制作一条明线或暗线来调整边缘细节的对比度，将图像边缘轮廓锐化。
- 进一步锐化：“进一步锐化”滤镜可以增加像素之间的对比度，使图像变清晰，但锐化效果比较微弱。该滤镜无参数设置对话框。
- 锐化：“锐化”滤镜和“进一步锐化”滤镜相同，都是通过增强像素之间的对比度增强图像的清晰度，其效果比“进一步锐化”滤镜明显。该滤镜也没有对话框。
- 锐化边缘：“锐化边缘”滤镜可以锐化图像的边缘，并保留图像整体的平滑度。该滤镜无参数设置对话框。
- 智能锐化：“智能锐化”滤镜的功能很强大，用户可以设置锐化算法、控制阴影和高光区域的锐化量。

4. 渲染滤镜组

锐化滤镜组主要提供了5种模糊效果，各滤镜作用如下。

- 分层云彩：“分层云彩”滤镜产生的效果与原图像的颜色有关。它会在图像中添加一个分层云彩效果。该滤镜无参数设置对话框。
- 光照效果：“光照效果”滤镜的功能相当强大，可以设置光源、光色、物体的反射特性等，然后根据这些设定产生光照，模拟3D绘画效果。
- 镜头光晕：“镜头光晕”滤镜可以通过为图像添加不同类型的镜头来模拟镜头产生眩光的效果。
- 纤维：“纤维”滤镜可根据当前设置的前景色和背景色生成一种纤维效果。
- 云彩：“云彩”滤镜可通过在前景色和背景色之间随机地抽取像素并完全覆盖图像，从而产生类似云彩的效果。该滤镜无参数设置对话框。

10.4 项目实训

10.4.1 制作化妆品广告

1. 实训目标

本实训的目标是为一家化妆品公司设计一个商品推广广告，要求突出化妆品公司鲜明文化个性和品位。本实训最后呈现的效果如图10-50所示。

素材所在位置 素材文件\第10章\项目实训\化妆品广告
效果所在位置 效果文件\第10章\项目实训\化妆品广告.psd

2. 专业背景

化妆品受众十分广泛，通常为了使消费者了解商品，达到更好的推广营销效果，需要为化妆品设计不同的广告。根据使用环境的差异，化妆品广告可以分为电子版和实体版，前者一般用于网上商店进行展示，后者多为招贴海报，多见于地铁、公交站牌、商场等地。一个好的广告，除了需具备广告所要表达的实用的传递信息的作用外，同时还应体现出产品的品质和价值。化妆品广告一般需具有鲜明的个性，最好可以第一时间吸引消费者的关注。

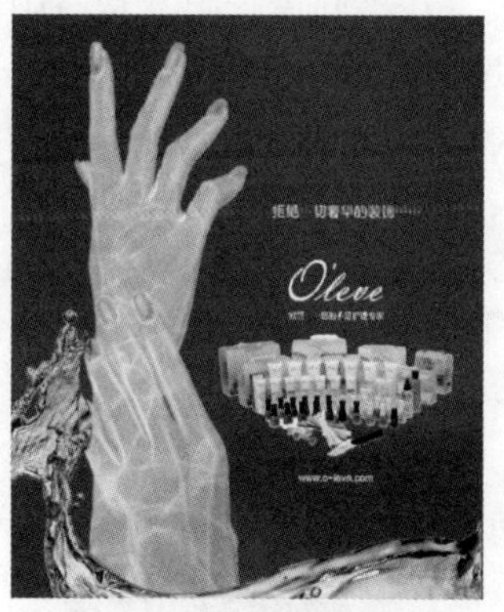

图10-50 化妆品广告效果

3. 操作思路

完成本实训的操作主要包括打开素材编辑手的效果、添加滤镜和色相/饱和度及编辑背景效果，其操作思路如图10-51所示。

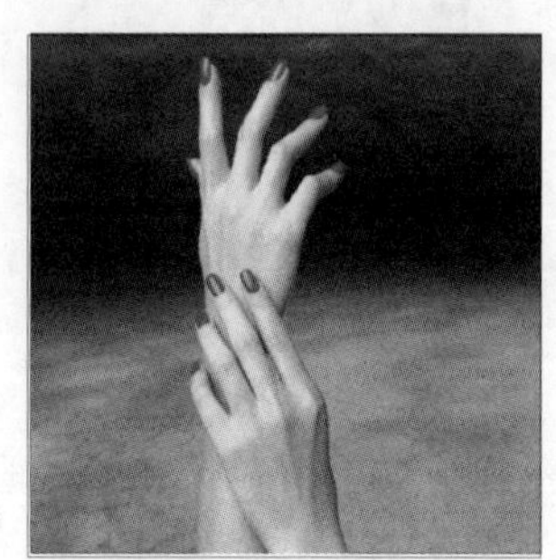

① 打开素材

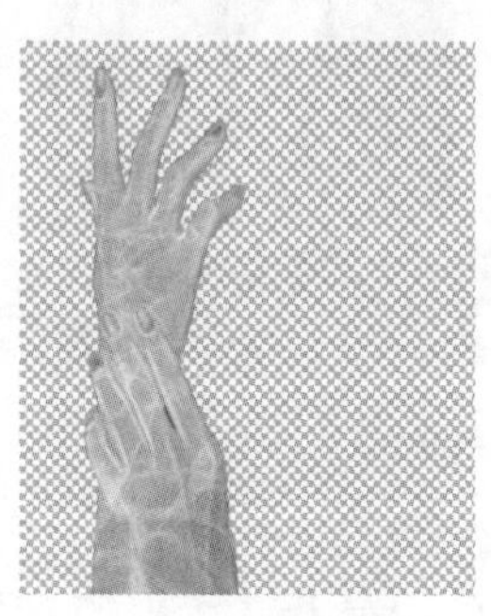

② 编辑手的效果

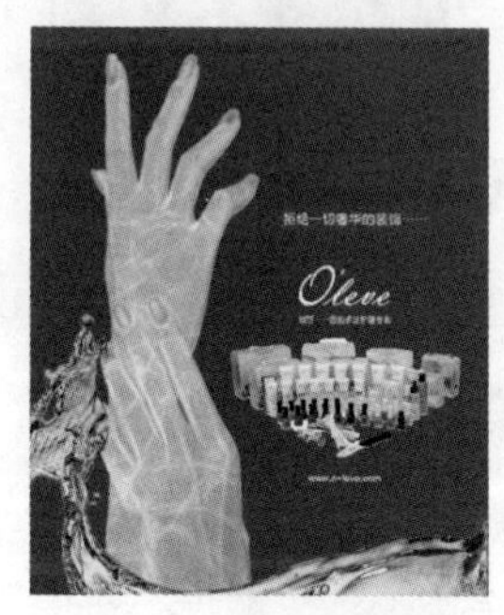

③ 编辑背景效果

图10-51 化妆品广告处理的操作思路

【步骤提示】

(1) 打开“手.psd”图像，使用“铬黄渐变”“照亮边缘”滤镜编辑手的效果，并分别调整图层混合模式为“线性光”和“滤色”。
(2) 编辑图像的“色相/饱合度”命令，并添加图层混合模式。
(3) 添加图层蒙版，使用画笔工具涂抹手部区域，显示波纹效果。
(4) 将手图像拖动到背景图像中并调整大小及位置。

10.4.2 制作水墨荷花

1. 实训目标

本实训的目标是将一张荷花照片处理成水墨荷花图，要求雅致悠远，具有中国风意境。本实训的前后对比效果如图10-52所示。

素材所在位置 素材文件\第10章\项目实训\水墨荷花
效果所在位置 效果文件\第10章\项目实训\水墨荷花.psd

2. 专业背景

图10-52 水墨荷花效果

水墨画一般是由水和墨经过调配后所画出的画，是绘画的一种形式，常被视为中国传统绘画，也是国画的代表。在平面设计中，具有中国传统特色的商品或事物可使用水墨画形式进行设计。水墨画设计在某些时候，更容易体现事物的文化底蕴，展现出一种低调深远的品质。本例的水墨荷花主要是Photoshop效果制作的一种形式，在商品广告设计、影楼风格设计、明信片制作等场合的使用频率都比较高。

3. 操作思路

完成本实训主要包括打开图像，使用滤镜编辑图片效果和添加文本与边框两个步骤，其操作思路如图10-53所示。

① 打开素材

② 编辑滤镜效果

③ 添加文本和边框

图10-53 水墨荷花的操作思路

【步骤提示】

（1）打开“荷花.jpg”图像，使用“其他”滤镜组得到荷花图的线描手稿图，使用“画笔描边”滤镜组编辑纸张渲染效果，使用“纹理”滤镜组编辑宣纸效果。

（2）将文本素材拖入水墨荷花中并进行编辑。

10.5 课后练习

本章主要介绍了滤镜的相关应用。对于本章的内容，读者需要熟练掌握各种滤镜能够实现的效果，并掌握各种滤镜的相关操作方法。

微课视频

制作水边倒影效果

练习1：制作水边倒影效果

本练习要求为一副水边人物照制作倒影效果。可打开本书提供的素材文件进行操作，参考效果如图10-54所示。

素材所在位置 素材文件\第10章\课后练习\水岸.jpg
效果所在位置 效果文件\第10章\课后练习\水岸.psd

要求操作如下。

- 打开“水岸.jpg”素材文件，复制背景图层、垂直旋转并删除图像背景。
- 分别使用“水波”和“波纹”滤镜制作水中倒影。
- 降低图层的不透明度，使倒影更逼真。

练习2：制作炫酷冰球效果

本练习要求将一张篮球照片制作成融化冰球的效果。可打开本书提供的素材文件进行操作，参考效果如图10-55所示。

素材所在位置 素材文件\第10章\课后练习\冰球
效果所在位置 效果文件\第10章\课后练习\冰球.psd

要求操作如下。

- 打开“篮球.jpg”图像文件，使用“水彩”滤镜制作冰的质感效果。
- 用“铬黄渐变”滤镜制作冰球表面的液态效果。
- 通过画笔绘制水滴形状，并使用涂抹工具涂抹水滴，最后通过图层样式制作融化水滴的效果。

图10-54 “水边倒影”效果

图10-55 “炫酷冰球”效果

10.6 技巧提升

1．使用自适应广角滤镜

“自适应广角”滤镜能对图像的范围进行调整，使图像得到类似使用不同镜头拍摄的视觉效果。Photoshop中的“自适应广角”滤镜能对图像的透视、完整球面和鱼眼等进行调整。

2．使用镜头校正滤镜

“镜头校正”滤镜主要用于修复因拍摄不当或相机自身问题，而出现的图像扭曲等问题。在Photoshop CS6中选择【滤镜】/【镜头校正】菜单命令，打开“镜头校正”对话框，在“自动校正”选项卡中进行设置或单击“自定”选项卡，切换到其中进行自定义校正设置，其中，几何扭曲用于校正镜头的失真；晕影用于校正由于镜头缺陷而造成的图像边缘较暗的现象；变换用于校正图像在水平或垂直方向上的偏移。

3. 使用油画滤镜处理图像

"油画"滤镜可以将普通的图像效果转换为手绘油画效果，通常用于制作风格画，其方法为：选择【滤镜】/【油画】菜单命令，打开"油画"对话框，在其中对"画笔"和"光照"参数进行设置即可。

4. 使用其他滤镜处理图像

"其它"滤镜组主要用来处理图像的某些细节部分，也可自定义特殊效果滤镜。选择【滤镜】/【其它】菜单命令，在弹出的子菜单中选择相应的滤镜命令即可。

- 高反差保留："高反差保留"滤镜可以删除图像中色调变化平缓的部分而保留色彩变化最大的部分，使图像的阴影消失而亮点突出。该对话框中的"半径"数值框用于设定该滤镜分析处理的像素范围，值越大，图中所保留原图像的像素越多。
- 自定："自定"滤镜可以创建自定义的滤镜效果，如创建锐化、模糊和浮雕等滤镜效果。"自定"对话框中有一个5像素×5像素的数值框矩阵，最中间的方格代表目标像素，其余的方格代表目标像素周围对应位置上的像素；在"缩放"数值框输入一个值后，将以该值去除计算中包含像素的亮度部分；在"位移"数值框中输入的值则与缩放计算结果相加，自定义后再单击 存储(S)... 按钮可将设置的滤镜存储到系统中，以便下次使用。
- 位移："位移"滤镜可根据在"位移"对话框中设定的值来偏移图像。偏移后留下的空白可以用当前的背景色填充、重复边缘像素填充或折回边缘像素填充。
- 最大值/最小值："最大值"滤镜可以将图像中的明亮区域扩大，将阴暗区域缩小，产生较明亮的图像效果；"最小值"滤镜可以将图像中的明亮区域缩小，将阴暗区域扩大，产生较阴暗的图像效果

5. 使用智能滤镜

智能滤镜能够对画面中的滤镜效果进行调整，如对参数、滤镜的移除或隐藏等进行编辑，方便用户对滤镜的反复操作，以达到更协调的效果。使用智能滤镜前，需要将普通图层转换为智能对象。只要选择【滤镜】/【转换为智能滤镜】菜单命令，或在图层上单击鼠标右键，在弹出的快捷菜单中选择"转换为智能对象"命令，即可将图层转换为智能对象。此后，用户使用过的任何滤镜都会被存放在该智能滤镜中。此时在"图层"面板中的"智能滤镜"图层下方的滤镜效果上单击鼠标右键，在弹出的快捷菜单中选择"编辑智能滤镜混合选项"命令，在打开的"混合选项"对话框中即可对滤镜效果进行编辑。

CHAPTER 11

第11章 使用动作与输出图像

情景导入

老洪让米拉给公司的一些素材添加水印，结果发现米拉竟然在一张一张地添加，于是他告诉米拉可使用Photoshop的动作和批处理快速完成。

学习目标

- 掌握录制、保存并载入动作的方法。

  如应用与录制动作、储存与载入动作组、批处理图像等。

- 熟悉印刷图像设计与印前流程的相关知识。

  如设计稿件的前期准备、设计提案、设计定稿、色彩校准、分色和打样等。

- 熟悉图像打印与输出的相关知识。

  如设置打印图像、Photoshop与其他软件的文件交换等。

案例展示

▲录制浪漫紫色调动作

▲录制冷色调动作

11.1 课堂案例：录制“浪漫紫色调”动作

米拉听了老洪的提醒，觉得使用动作和批处理图像来完成相同的操作真的能提高工作效率。她试着录制了一个图像调色的动作，加强自己对批处理图像操作的练习。本例完成后的参考效果如图11-1所示，下面具体讲解其制作方法。

素材所在位置 素材文件\第11章\课堂案例\浪漫紫色调\
效果所在位置 效果文件\第11章\浪漫紫色调\

图11-1 “浪漫紫色调”动作最终效果

扫一扫

“浪漫紫色调”高清彩图

11.1.1 应用与录制动作

在Photoshop的“动作”面板中预置了命令、图像效果和处理等若干动作和动作组，用户可直接使用，也可根据需要创建新的动作，下面分别进行介绍。

1. 录制新动作

虽然系统自带了大量动作，但很多时候并不与实际操作匹配。这时就需要用户录制新的动作，以满足图像处理的需要。本例将录制一个“浪漫紫色调”动作，并通过新建调整图层来对图像的色彩进行调整，然后再通过图层样式的叠加改变局部的色调，使清新的绿色变为浪漫的紫色，具体操作如下。

微课视频

录制新动作

（1）打开“清新绿色.jpg”素材文件，选择【窗口】/【动作】菜单命令，打开“动作”面板，单击底部的“创建新组”按钮，在打开的“新建组”对话框中输入名称为“浪漫紫色”，单击确定按钮新建动作组。新建动作组是为了将接下来要创建的动作放置在该组内，便于管理，如图11-2所示。

（2）在“动作”面板底部单击“创建新动作”按钮，在打开的“新建动作”对话框中设置名称为“紫色调”，设置组为“浪漫紫色”，设置“功能键”为“F11”，设置颜色为“紫色”，单击记录按钮，如图11-3所示。

（3）选择【图层】/【新建调整图层】/【可选颜色】菜单命令，新建“选取颜色1”调整图层，在“属性”面板中的“颜色”下拉列表框中选择“绿色”选项，设置青色为“-61”，设置洋红为“+64”，设置黄色为“-63”，设置黑色为“-1%”。返回图像编辑窗口中进行查看，绿色被减淡，如图11-4所示。

图11-2 新建动作组

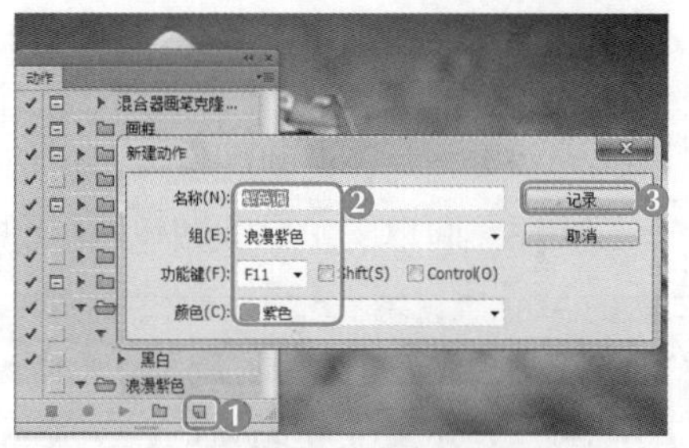

图11-3 新建动作

（4）选择【图层】/【新建调整图层】/【曲线】菜单命令，新建“曲线1”调整图层，在“属性”面板中的“通道”下拉列表框中选择“RGB”选项，在调整框中单击并拖动鼠标调整图像的色调，返回图像编辑窗口中查看调整后的效果，如图11-5所示。

图11-4 新建可选颜色调整图层

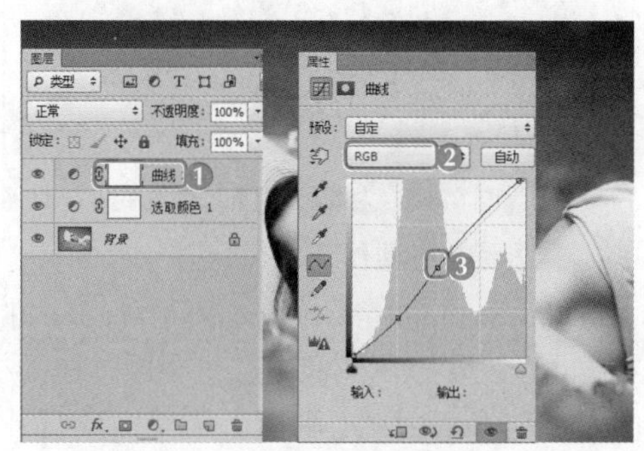

图11-5 新建曲线调整图层

（5）在“属性”面板中的“通道”下拉列表框中选择“红”选项，在调整框中单击并拖动鼠标调整图像的色调，返回图像编辑窗口中查看调整后的效果，如图11-6所示。

（6）在“属性”面板中的“通道”下拉列表框中选择“绿”选项，在调整框中单击并拖动鼠标调整图像的色调，返回图像编辑窗口中查看调整后的效果，如图11-7所示。

图11-6 调整红色调

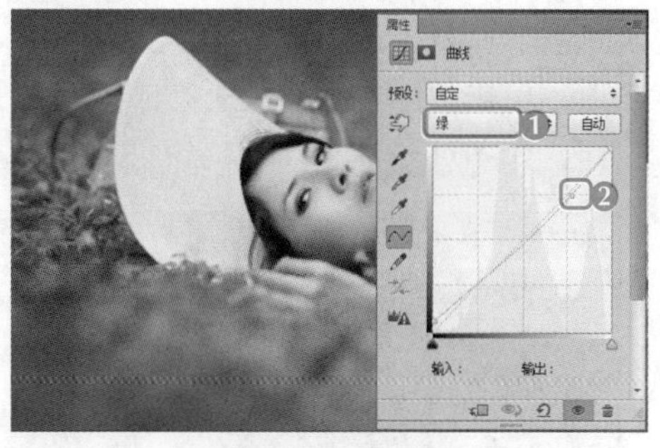

图11-7 调整绿色调

（7）新建“图层1”图层，在工具箱中选择渐变工具，设置渐变类型为“背景色到前景色渐变”，渐变颜色为“R:166，G:40、B:245”到白色，单击“线性渐变”按钮，在“图层1”图层中填充线性渐变。完成后设置图层的不透明度为“80%”。设置图层的混合模式为“柔光”，返回图像编辑窗口中查看填充后的效果，如图11-8所示。

（8）新建“图层2”图层，在工具箱中选择渐变工具，设置渐变类型为“背景色到前景色渐变”，渐变颜色为“R:166，G:40、B:245”到白色，单击“径向渐变”按钮，在“图层2”图层中填充线性渐变。完成后设置图层的不透明度为“30%”，设置图层的混合模式为“柔光”，返回图像编辑窗口中查看填充后的效果，如图11-9所示。

（9）在“动作”面板中，单击面板底部的“停止录制”按钮。完成后保存文件即可。

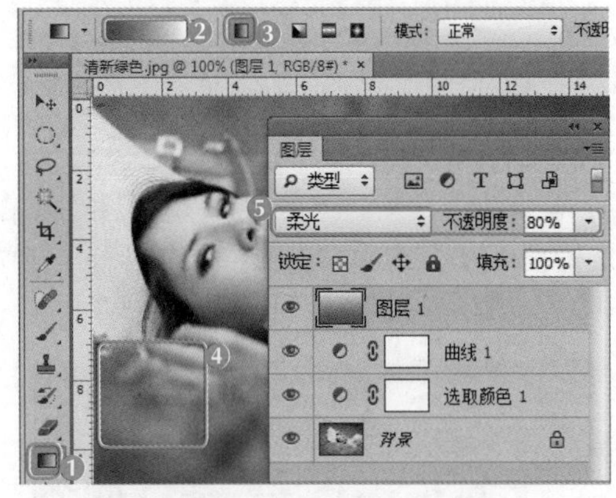

图11-8　为图层1填充线性渐变

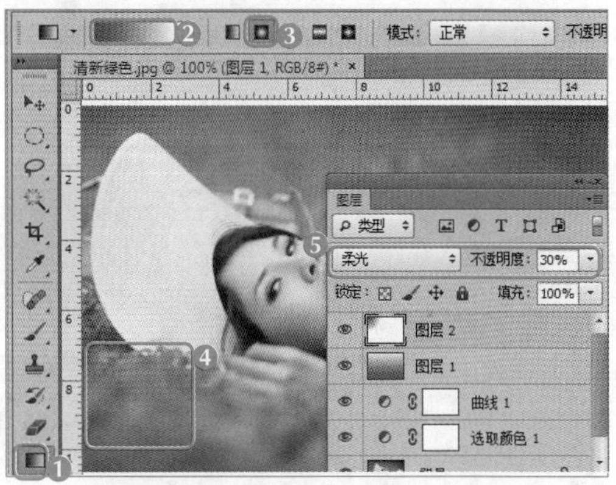

图11-9　为图层2填充线性渐变

2. 使用内置动作

在Photoshop的“动作”面板中有默认的内置动作，要将动作包含的图像处理操作应用图像中，也要通过该面板完成，具体操作如下。

微课视频

使用内置动作

（1）选择【窗口】/【动作】菜单命令打开“动作”面板，在动作列表框中单击右上角的按钮，在弹出的下拉列表中选择“图像效果”选项。

（2）单击“图像效果”动作组前面的展开按钮，展开“图像效果”动作组，选择“仿旧照片”选项，展开该动作选项，可发现该动作组由多个动作组成，单击“动作”面板下方的“播放选定的动作”按钮，Photoshop CS6将执行该动作，如图11-10所示。

（3）单击“画框”动作组前面的展开按钮，展开“画框”动作组，选择“拉丝铝画框”选项，单击“动作”面板下方的“播放选定的动作”按钮，Photoshop CS6将执行该动作，如图11-11所示。

图11-10　选择并使用仿旧照片动作

图11-11　选择并使用画框动作

多学一招 **“动作”面板常用操作**

系统默认“动作”面板位于工作界面的右侧，按【Alt+F9】组合键可快速显示或隐藏该面板。此外，在“历史记录”面板中单击快照名称可返回相应的图像效果。

11.1.2 储存与载入动作组

当创建了某个动作后，如果需要将该动作保存便于以后使用，可以将其保存下来。如果觉得动作不够丰富，还可以载入外部的动作，以便快速制作出需要的图像效果。下面对储存与载入动作组的方法进行具体介绍。

1. 存储动作

若“动作”面板中的动作过多可能造成Photoshop CS6运行速度下降，可将动作定时保存为文件，需要时再调用，提高工作效率。下面将前面录制的“紫色调动作”保存到计算机中，其具体操作如下。

（1）在“动作”面板中选择要存储的动作组，单击右上角的按钮，在弹出的下拉列表中选择“存储动作”选项，如图11-12所示。

（2）打开“存储”对话框，在其中选择存放动作文件的目标文件夹，输入要保存的动作名称后，单击 保存(S) 按钮即可，如图11-13所示。

图11-12 选择储存的动作组

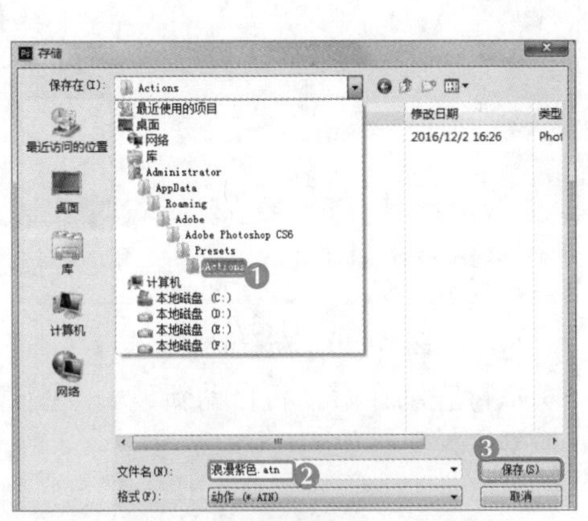

图11-13 设置储存名称与路径

2. 载入动作

默认情况下，“动作”控制面板中只有“默认动作”动作组。用户可以载入外部的画框、纹理、图像和文字等动作。下面为普通文字应用载入的外部动作，将其制作成特殊效果的文字，具体操作如下。

（1）新建一个透明背景的图像文件，在工具箱中选择横排文字工具T，设置“字体”为“华文行楷”，设置“字号”为“96点”，在下方图像编辑窗口中输入文本“邂逅浪漫时光”，如图11-14所示。

（2）在“动作”面板中选择要存储的动作组，这里选择“浪漫紫色”，单击右上角的按钮，在弹出的下拉列表中选择“载入动作”选项，如图11-15所示。

图11-14　输入文本

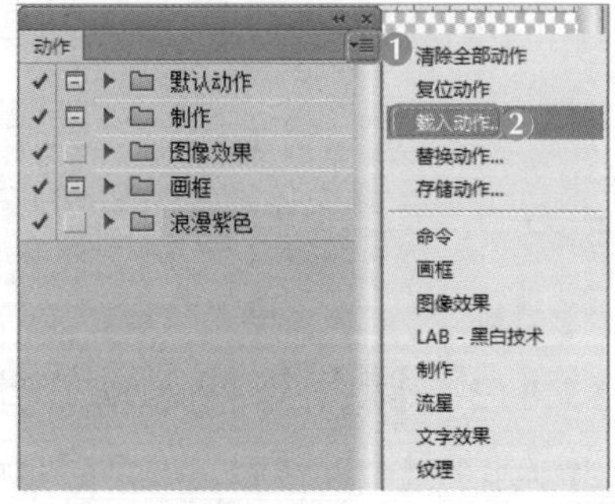

图11-15　载入动作

（3）打开“载入”对话框，在其中选择要载入的动作文件“文字动作.atn”，单击 载入(L) 按钮，如图11-16所示。

（4）在“动作”面板中选择刚载入的动作，单击“播放选定的动作”按钮▶，如图11-17所示。此时，将自动新建一个图像文件，且系统将自动将该动作应用到图像中，在应用过程中可单击 继续(C) 按钮继续执行动作。

图11-16　选择载入的动作

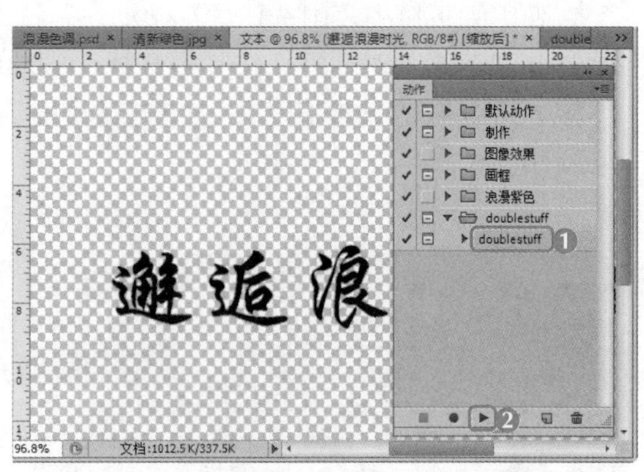

图11-17　播放载入的动作

（5）执行完动作后，将自动新建一个图像文件，查看载入的动作效果，然后根据需要调整文本效果，如图11-18所示。

图11-18　查看效果

11.1.3 批处理图像

在“动作”面板中，一次只能对一个图像执行动作。如果想对一批图像同时应用某动作，可通过“批处理”命令完成对图像的处理。下面使用“批处理”命令将一个文件夹中的所有照片都转换为紫色调，具体操作如下。

（1）将需要批处理的所有图像移动到一个文件夹中，选择【文件】/【自动】/【批处理】菜单命令，打开“批处理”对话框。

（2）在“组”下拉列表中选择“浪漫紫色”选项，在“动作”下拉列表中选择“紫色调”选项，在“源”下拉列表框中选择“文件夹”选项，单击 选择(C)... 按钮，在打开的“浏览文件夹”对话框中将“照片”文件夹作为当前要处理的文件夹，单击 确定 按钮，如图11-19所示。

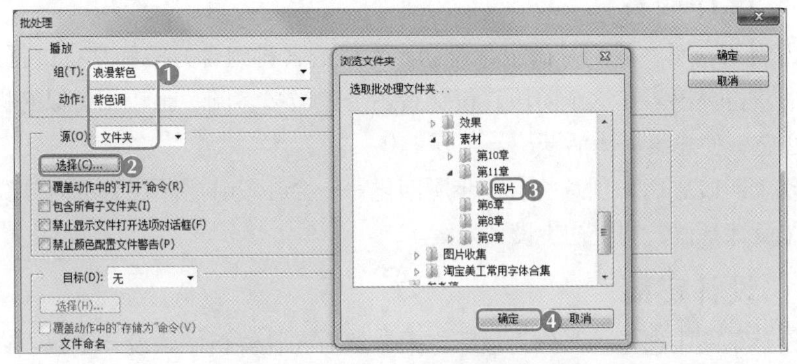

图11-19 选择批处理的图像与动作

（3）在“目标”下拉列表框中选择“文件夹”选项，单击 选择(C)... 按钮，打开“浏览文件夹”对话框中选择“照片”文件夹，将处理后的图像保存放到该文件夹中，单击 确定 按钮，返回“批处理”对话框，继续单击 确定 按钮，如图11-20所示。

（4）完成上述步骤后，Photoshop CS6将会对图像进行处理并存储，完成后可打开“照片”文件夹查看效果。

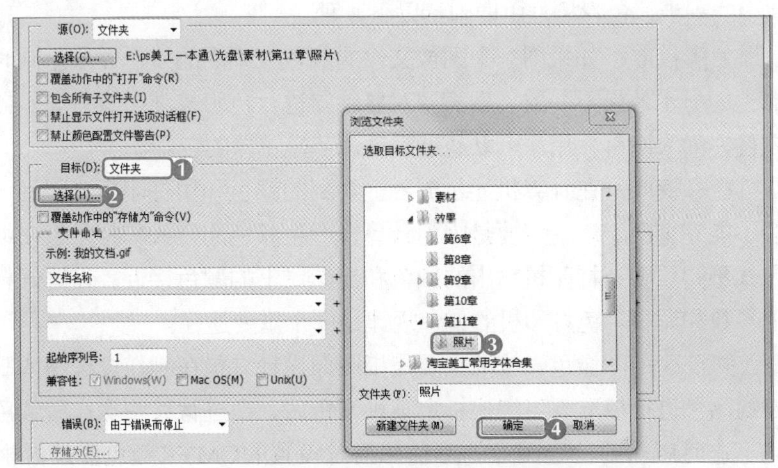

图11-20 设置处理文件后的保存位置

11.2 印刷图像设计与印前流程

老洪告诉米拉："很多设计作品在设计完成后都会根据需要进行印刷打印，作为一个设计师，还应该对印刷图像设计与印前的相关流程进行了解，以完善自己的设计水平。"

老洪找了一些这方面的相关资料给米拉，希望米拉能够学以致用，提高自己的制作水平。下面就具体讲解印刷图像设计和印前流程的相关知识。

11.2.1 设计稿件的前期准备

在设计广告之前，首先需要在对市场和产品调查的基础上，对获得的资料进行分析与研究，通过对特定资料和一般资料的分析与研究，初步寻找出产品与这些资料的连接点，并探索它们之间各种组合的可能性和效果，并从资料中去伪存真、保留有价值的部分。

11.2.2 设计提案

在大量占有第一手资料的基础上，对初步形成的各种组合方案和立意进行选择和酝酿，从新的思路去获得灵感。在这个阶段，设计者还可适当多参阅、比较相类似的构思，以便于调整创意与心态，使思维更为活跃。

在经过以上阶段之后，创意将会逐步明朗化——会在设计者不注意的时候突然涌现。此时便可以制作设计草稿，制定初步设计方案。

11.2.3 设计定稿

从数张设计草图中选定一张作为最后方案，然后在计算机中做设计正稿。针对不同的广告内容可以选择使用不同的软件来制作，现在运用的最为广泛的是 Photoshop 软件。它能制作出各种特殊图像效果，为画面增添丰富的色彩。

11.2.4 色彩校准

如果显示器显示的颜色有偏差或者打印机在打印图像时造成的图像颜色有偏差，将导致印刷后的图像色彩与在显示器中所看到的颜色不一致。因此，图像的色彩校准是印刷前处理工作中不可缺少的一步。色彩校准主要包括以下 3 种。

- 显示器色彩校准：如果同一个图像文件的颜色在不同的显示器或不同时间在同一显示器上的显示效果不一致，就需要对显示器进行色彩校准。有些显示器自带色彩校准软件，如果没有，用户可以通过手动调节显示器的色彩。
- 打印机色彩校准：在计算机显示屏幕上看到的颜色和用打印机打印到纸张上的颜色一般不能完全匹配。这主要是因为计算机产生颜色的方式和打印机在纸上产生颜色的方式不同。要让打印机输出的颜色和显示器上的颜色接近，设置好打印机的色彩管理参数和调整彩色打印机的偏色规律是一个重要途径。
- 图像色彩校准：图像色彩校准主要是指图像设计人员在制作过程中或制作完成后对图像的颜色进行校准。当用户指定某种颜色后，在进行某些操作后颜色有可能发生变化。这时就需要检查图像的颜色和当时设置的CMYK颜色值是否相同，如果不同，可以通过"拾色器"对话框调整图像颜色。

11.2.5 分色和打样

图像在印刷之前必须进行分色和打样，二者也是印刷前处理工作中的重要步骤，下面将分别进行讲解。

- **分色：**在输出中心将原稿上的各种颜色分解为黄色、品红色、青色和黑色等4种原色。在计算机印刷设计或平面设计软件中，分色工作就是将扫描图像或其他来源图像的颜色模式转换为CMYK模式。
- **打样：**印刷厂在印刷之前，需要将所印刷的作品交给出片中心。出片中心先将CMYK模式的图像进行青色、品红色、黄色和黑色等4种胶片分色，再进行打样，从而检验制版阶调与色调能否取得良好再现，并将复制再现的误差及应达到的数据标准提供给制版部门，作为修正或再次制版的依据。打样校正无误后，交付印刷中心进行制版和印刷。

11.3 图像的打印与输出

熟悉了印刷图像设计与印前流程后，老洪让米拉对一张图像进行打印输出，练习输出打印图像的方法。米拉打开之前设计的广告图像，设置了打印条件，并将图像打印出来交给了老洪，老洪看后非常满意。下面就具体讲解图像的打印输出的相关知识。

素材所在位置 素材文件\第11章\课堂案例\资讯广告.psd

11.3.1 转换为CMYK模式

CMYK模式是印刷的默认模式，为了能够预览印刷出的效果，减少计算机上图像与印刷出的图像产生色差，可先将图像转换为CMYK格式，出片中心将以CMYK模式对图像进行四色分色，即将图像中的颜色分解为C（青色）、M（品红）、Y（黄色）、K（黑色）等4张胶片。下面将需要印刷的图像转换为CMYK颜色模式，其具体操作如下。

（1）打开“资讯广告.psd”素材文件，选择【图像】/【模式】/【CMYK颜色】菜单命令。

（2）在打开的对话框中单击 拼合(F) 按钮，保留图层设置的效果，如图11-21所示。

（3）转化为CMYK模式后，可发现图层被拼合为一个背景图层，图像的色彩没有RGB模式的色彩亮丽。

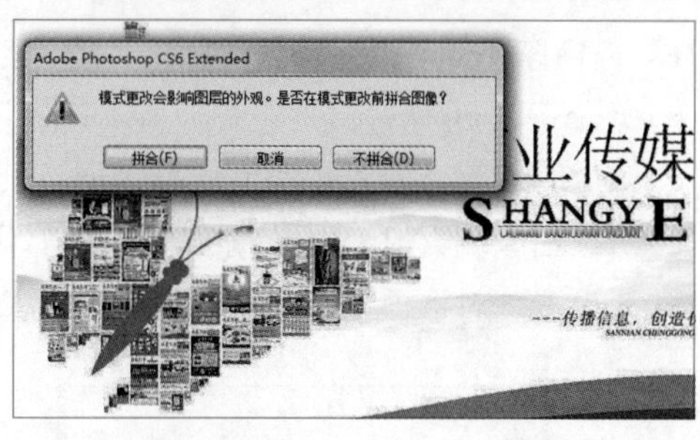

图11-21 转换为CMYK模式

11.3.2 打印选项设置

打印的常规设置包括选择打印机的名称，设置“打印范围”“份数”“纸张尺寸大小”“送纸方向”等参数，设置完成后即可进行打印，其具体操作如下。

（1）选择【文件】/【打印】菜单命令，打开“Photoshop打印设置”对话框，选择计算机连接的打印机，单击 打印设置... 按钮。

（2）打开“文档属性”对话框，在“基本”选项卡中设置文件的打印属性，如纸张大小、打印方向、打印份数、分辨率等，单击 确定 按钮，返回“Photoshop 打印设置”对话框，如图11-22所示。

（3）在“位置与大小”栏中单击选中 居中(C) 复选框，图像在页面中居中摆放，撤销选中 居中(C) 复选框，可设置图像距离顶部与左部的距离。

（4）在“缩放后的打印尺寸”栏中单击选中 缩放以适合介质(M) 复选框，单击 完成(E) 按钮即可完成打印设置，返回图像编辑窗口，如图11-23所示。

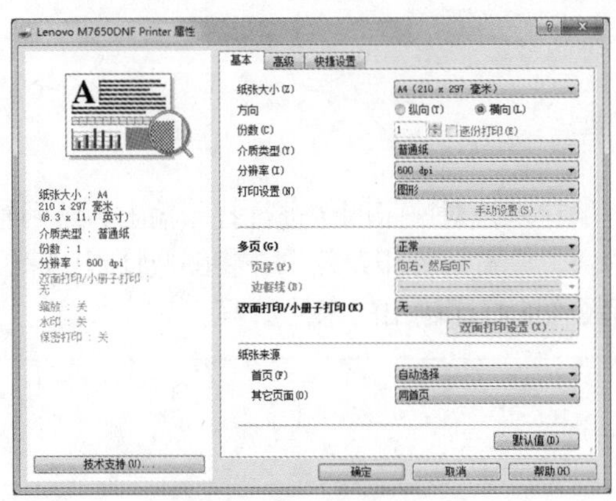

图11-22　打印基本设置

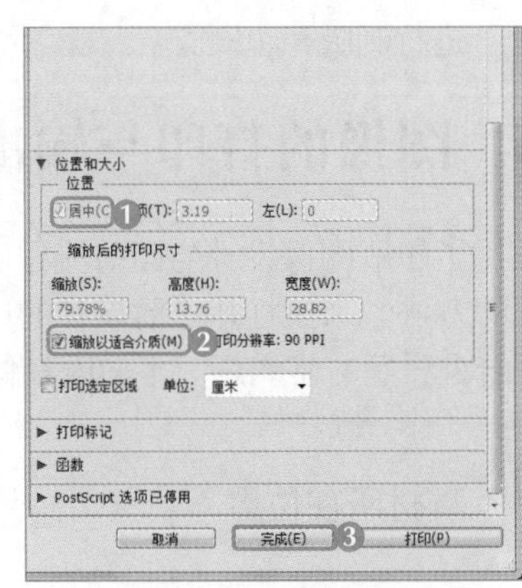

图11-23　设置位置和大小

11.3.3　预览并打印图层

在打印图像文件前，为防止打印出错，一般会通过打印预览功能来预览打印效果，以便能发现问题并及时改正。

1．打印并预览可见图层中的图像

微课视频

打印并预览可见图层中的图像

图像绘制完成后，可预览绘制效果，并对图层中的图像进行打印操作，具体操作如下。

（1）在“Photoshop 打印设置”对话框的左侧预览框中可预览打印图像的效果，若发现有问题应及时纠正，如图11-24所示。

（2）在图像编辑窗口中隐藏不需要的打印的图层，在“Photoshop 打印设置”对话框预览打印无误后单击 打印(P) 按钮即可打印图像，如图11-25所示。

图11-24　预览打印效果

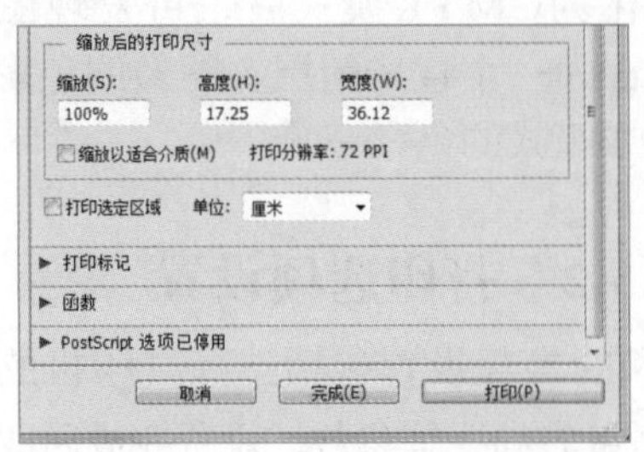

图11-25　打印可见图层中的图

2. 打印选区

在Photoshop CS6中，用户不仅可以打印单独的图层，还可以创建并打印图像选区，其具体操作如下。

（1）使用工具箱中的选区工具在图像中为右侧图像创建选区。

（2）打开“Photoshop 打印设置”对话框，设置打印参数，单击选中☑打印选定区域复选框，若选区不合适，可拖动预览框左侧和上面的三角形滑块调整打印区域，单击 打印(P) 按钮即可打印图像，如图11-26所示。

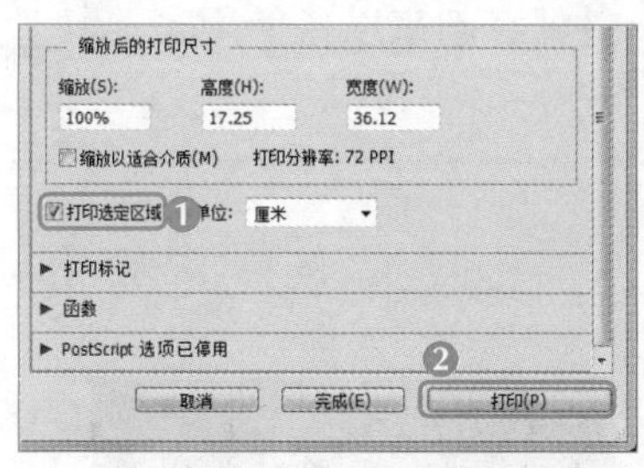

图11-26 打印选区

11.4 项目实训

11.4.1 处理和打印印刷小样

1. 实训目标

本实训要求将一个需要印刷的作品进行处理，然后将其打印出来交给客户审查。

素材所在位置 素材文件\第11章\项目实训\标志.psd

2. 专业背景

印刷小样是指优先交给客户确认稿件内容、图片、文字、设计等元素的稿件。客户签名确认后再交由印刷厂进行印刷，因此，印刷小样在印刷作品中尤为重要。

3. 操作思路

了解了印刷小样的作用后，根据实例目标，本例的操作思路如图11-27所示。

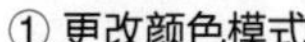

① 更改颜色模式　② 打印预览图像　③ 打印设置和打印图像

图11-27 处理和打印印刷小样的操作思路

【步骤提示】

（1）打开“标志.psd”素材文件，改变颜色模式为CMYK。

（2）选择【文件】/【打印】菜单命令，在打开的对话框中设置打印参数。

（3）设置完成后单击 打印(P) 按钮即可将图像打印输出。

11.4.2 录制并保存照片冷色调的动作

1. 实训目标

本实训要求录制一个冷色调处理的动作，并保存起来以备使用，本实训的前后对比效果如图11-28所示。

素材所在位置 素材文件\第11章\项目实训\人物.jpg
效果所在位置 效果文件\第11章\项目实训\冷色调

图11-28 冷色调处理前后对比效果

2. 专业背景

图像色调处理是Photoshop中十分常见的一种操作，使用频率很高，如操作特殊图像效果，艺术的色调，商品图片调色等都需要使用到这一功能。当某一批图片出现相同偏色时，不能对其进行调色批处理操作。

3. 操作思路

完成本实训，首先应打开素材，新建动作组，然后录制调色动作，最后保存动作。本例的操作思路如图11-29所示。

① 打开素材

② 录制调色动作

③ 保存动作

图11-29 冷色调处理的操作思路

【步骤提示】

（1）打开“人物.jpg”照片，新建“冷色调”动作组，再在该组中录制一个名称为“冷色调处理”的新动作。

（2）为图像添加相机滤镜。

（3）停止录制，并查看录制的动作，将该动作保存到计算机中。

11.5 课后练习

本章主要介绍了动作与输出图像的相关知识，如录制动作、播放动作、载入动作、批处理图像，以及印刷图像设计与印前流程和图像的打印输出等知识。对于本章的内容，读者需要熟练掌握各种操作，以提高工作效率和作品制作水平。

练习1：批处理一批商品图片

本练习要求对一批商品照片进行批处理操作，录制快速对图片进行自动调色的操作。可打开本书提供的素材文件进行操作。

素材所在位置 素材文件\第11章\课后练习\女包\
效果所在位置 效果文件\第11章\课后练习\女包\

要求操作如下。

- 打开“女包”素材文件夹中的任意图片，打开“动作”面板新建动作并开始录制，然后对图片进行自动调色的操作。
- 录制结束后选择【文件】/【自动】/【批处理】菜单命令，对图片进行批处理操作。

练习2：打印招聘海报

本练习要求对用来公布招聘信息的海报进行设置并打印。可打开本书提供的素材文件进行操作。

效果所在位置 素材文件\第11章\课后练习\招聘海报.psd

要求操作如下。

- 打开“招聘海报.psd”图像，将图像转换为CMYK模式。
- 打开“Photoshop 打印设置”对话框，设置打印参数。
- 选择打印机并打印图像。

11.6 技巧提升

1. 印刷前的准备工作

印刷是指通过印刷设备将图像快速、大量地输出到纸张等介质上，是广告设计、包装设计或海报设计等作品的主要输出方式。为了便于图像的输出，用户在设计过程中还需要在印刷前进行必要的准备工作，主要包括以下6点。

- 转换图像的颜色模式：如作品需要印刷，则必须使用CMYK颜色模式。需要注意的是，如果图像是以RGB模式扫描的，在进行色彩调整和编辑的过程中，应尽可能保持RGB模式，最后一步再转换为CMYK模式，再在输出成胶片前进行一些色彩微调。此外，在转换为CMYK模式之前，将RGB模式的没有合并图层的图像存储为一个副本，以方便以后进行其他编辑或较大修改。

- 调整图像的分辨率：一般用于印刷的图像，为了保证印刷出的图像清晰，在制作图像时，应将图像的分辨率设置在300～350像素/英寸之间。
- 选择图像的存储格式：在存储图像时，要根据要求选择文件的存储格式。若是用于印刷，则要将其存储为“tif”格式，因在出片中心都以此格式来进行出片；若用于观看的图像，则可将其存储为“jpg”或“rgb”格式即可。由于高分辨率的图像大小一般都在几兆到几十兆，甚至几百兆，因此磁盘常常不能满足其储存需要。对于此种情况，用户可以使用可移动的大容量介质来传送图像。
- 准备图像的字体：当作品中运用了某种特殊字体时，需要准备好该字体的安装文件，以便在制作分色胶片时一并提供给输出中心。因此，一般情况下都不采用特殊的字体进行图像设计。
- 整理图像的相关文件：在提交文件给输出中心时应将所有与设计有关的图片文件、字体文件，以及设计软件中使用的素材文件准备齐全，一起提交。
- 选择输出中心与印刷商：输出中心主要制作分色胶片，因价格和质量不等，所以在选择输出中心时应进行相应的调查。印刷商主要根据分色胶片制作印版、印刷和装订。

2．将Photoshop路径导入到Illustrator中

通常情况下，Illustrator能够支持许多图像文件格式，但有一些图像格式不行，包括raw和rsr格式。打开Illustrator软件，选择【文件】/【置入】菜单命令，找到所需的.psd格式文件即可将Photoshop图像文件置入到Illustrator中。

3．将Photoshop路径导入到CorelDRAW中

在Photoshop中绘制好路径后，选择【文件】/【导出】/【路径到Illustrator】菜单命令，将路径文件存储为AI格式。然后打开CorelDRAW软件，选择【文件】/【导入】菜单命令，即可将存储好的路径文件导入到CorelDRAW中。

4．Phtoshop与其他设计软件的配合使用

Photoshop除了与Illustrator、CorelDRAW配合起来使用之外，还可以在FreeHand和PageMaker等软件中使用。

将FreeHand置入Photoshop文件可以通过按【Ctrl+R】组合键来完成。如果FreeHand的文件是用来输出印刷的，置入的Photoshop图像最好采用TIFF格式，因为这种格式储存的图像信息最全，输出最安全，当然文件也最大。

在PageMaker中，多数常用的Photoshop图像都能通过置入命令来转入图像文件，但对于.psd、.png、.iff、.tga、.pxr、.raw、.rsr等格式文件，由于PageMaker并不支持，所以需要将它们转换为其他可支持的文件来置入，其中，Photoshop中的.eps格式文件可以在PageMaker中产生透明背景效果。

CHAPTER 12

第12章 综合案例——设计洗面奶广告

情景导入

米拉经过不懈的努力后，对于平面设计行业有了较高的认识，已经可以独立设计各种作品。

学习目标

- 掌握设计和制作洗面奶广告的方法。

  如平面设计概念、平面设计种类、绘制洗面奶瓶身、在瓶身添加文字、编辑细节及合成图像等。

- 了解UI视觉设计。

  如手机UI界面设计的方法等。

案例展示

▲制作洗面奶广告

▲设计手机UI视觉效果

12.1 实训目标

米拉学习了Photoshop CS6软件的相关设计知识后，已经成为了一名优秀的设计师，经过老洪推荐，现任公司设计师一职，刚上任不久，就接到一位老客户的订单，要求为该公司生产的洗面奶产品制作一个广告。米拉对该公司生产的洗面奶的相关资料进行了解后，便开始进行广告的初始设计。

制作本实例时，首先要绘制洗面奶的瓶身，结合钢笔工具和渐变工具进行绘制，再添加相关的文字和细节，并制作广告背景，以得到更为逼真的效果，效果如图12-1所示。通过本例的制作，读者可以熟练掌握钢笔工具、渐变工具、文本工具，以及图像的移动、复制等操作方法和技巧。下面具体讲解制作方法。

素材所在位置 素材文件\第12章\课堂案例1\洗面奶广告\
效果所在位置 效果文件\第12章\洗面奶广告.psd

图12-1 洗面奶广告的最终效果

12.2 专业背景

使用Photoshop CS6能够制作出许多种平面广告设计，但到底什么是平面设计、平面广告的种类有哪些？下面将做详细介绍。

12.2.1 平面设计的概念

设计是有目的的策划，平面设计是这些策划将要采取的形式之一。在平面设计中需要用视觉元素来为人们传播设想和计划，用文字和图形把信息传达给大众，让人们通过这些视觉元素了解广告画面中的设想和计划。

12.2.2 洗面奶广告的创意设计

现在市场中，各类产品都面临着竞争，怎样从各式各样的产品中脱颖而出，成为各大品牌无时无刻不在思考的问题。因此，制作产品广告时，要突出产品的优势和使用人群等。本例制作的是洗面奶广告，具体制作分析如下。

- 确认洗面奶的主题颜色和大小等。
- 准备素材进行创意分析与设计，确定布局和色彩搭配，确定洗面奶的设计风格。
- 开始制作。本例分为洗面奶的绘制、添加文字和细节处理。在绘制瓶子时，首先要使用钢笔工具绘制整个洗面奶，要注意瓶身与瓶盖相邻处的角度要平滑一些，然后再是填充颜色瓶子完成后即可添加产品的相关文字信息，最后添加素材图像，在进行一些细节处理即可。

12.3 制作思路分析

了解上面的平面设计专业知识后，就可以开始设计制作了。根据上面的实训目标，本例的操作思路如图12-2所示。

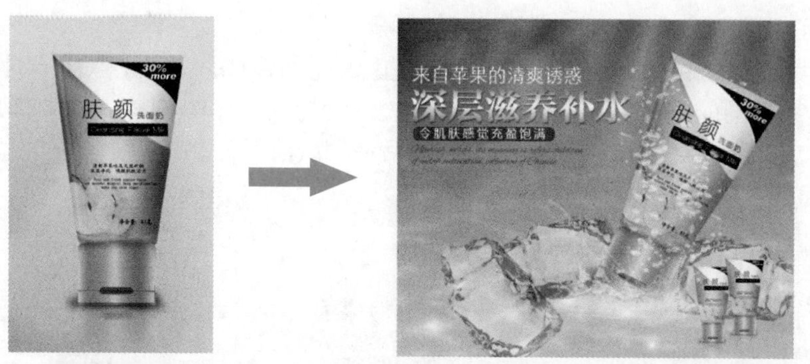

① 绘制洗面奶瓶身 ② 添加并设置素材和文字

图12-2 洗面奶广告设计思路

12.4 操作过程

根据对洗面奶广告制作过程的分析，相关操作可分为4部分，即绘制洗面奶、添加文字、制作细节和合成广告图像，下面将分别进行绘制。

12.4.1 绘制洗面奶

首先新建图像文件，然后使用钢笔工具和渐变工具等绘制洗面奶，具体操作步骤如下。

（1）新建一个“洗面奶广告”的图像文件，设置宽度和高度为700像素×1000像素，分辨率为300像素/英寸。

（2）选择工具箱中的渐变工具，设置颜色分别为灰色（R:201、G:201、B:201）和浅灰（R:241、G:241、B:241），然后进行径向渐变填充，如图12-3所示。

（3）新建图层，选择工具箱中的钢笔工具绘制瓶身，并填充为灰色（R:212、G:212、B:212），如图12-4所示。

（4）新建图层，选择工具箱中的钢笔工具绘制瓶盖，并填充为灰色（R:202、G:202、B:202），如图12-5所示。

（5）将瓶盖所在的图层载入选区，选择工具箱中的渐变工具，设置颜色分别为（R:253、G:220、B:186）（R:247、G:161、B:66）（R:247、G:161、B:66）（R:253、G:220、B:186）（R:247、G:161、B:66）（R:247、G:161、B:66）和（R:253、G:220、B:186），然后进行线性渐变填充，如图12-6所示。

图12-3 填充背景

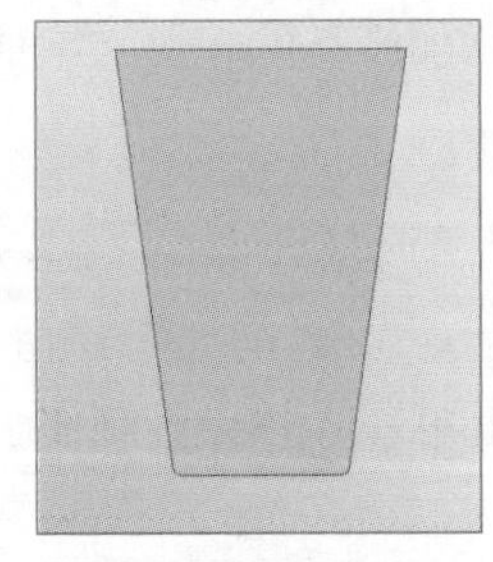
图12-4 绘制瓶身

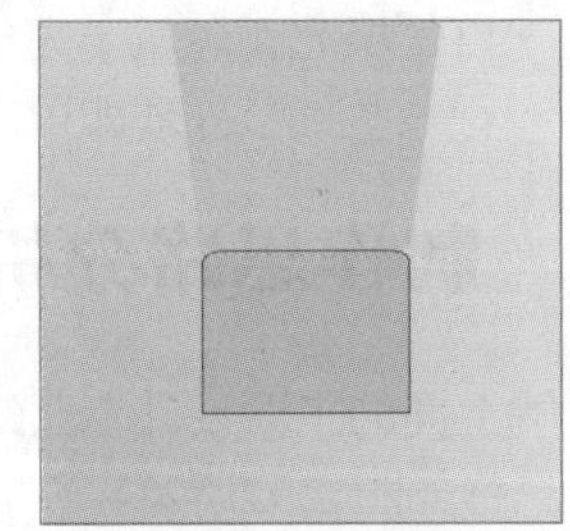
图12-5 绘制瓶盖

（6）选择工具箱中的加深工具，在瓶盖的上边缘处进行涂抹，突出立体感，如图12-7所示。

（7）继续使用相同的方法绘制瓶身，颜色依次设置为灰色（R:231、G:231、B:231）、白色、灰色（R:231、G:231、B:231），然后使用减淡工具和加深工具适当进行处理，效果如图12-8所示。

图12-6 填充瓶盖

图12-7 突出瓶盖立体感

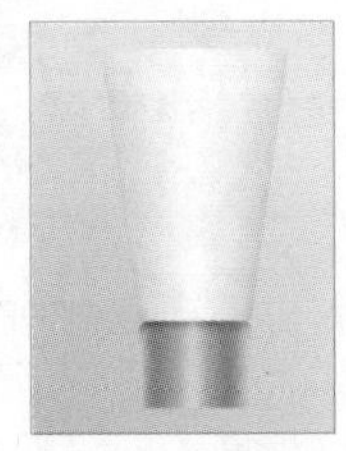
图12-8 填充瓶身并适当处理

（8）将瓶身所在图层载入选区，然后将前景色设置为灰色（R:163、G:163、B:163），选择工具箱中的画笔工具，在瓶身的边缘处进行绘制，处理瓶身细节，取消选区后的效果如图12-9所示。

（9）新建图层，使用钢笔工具绘制如图12-10所示的路径，然后将其进行线性渐变填充，颜色依次为绿色（R:100、G:135、B:3）、淡绿（R:180、G:240、B:18）和绿色（R:100、G:135、B:3），如图12-11所示。

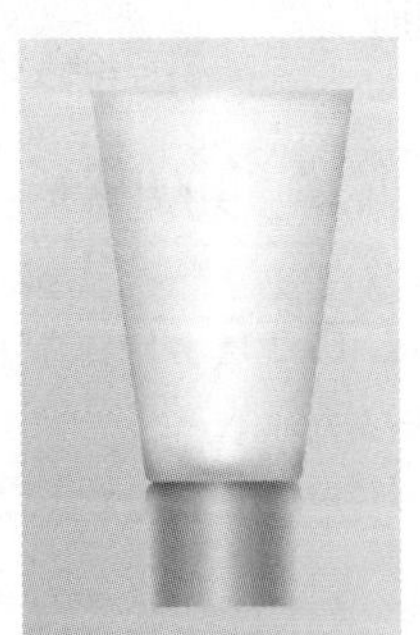
图12-9 处理瓶身细节

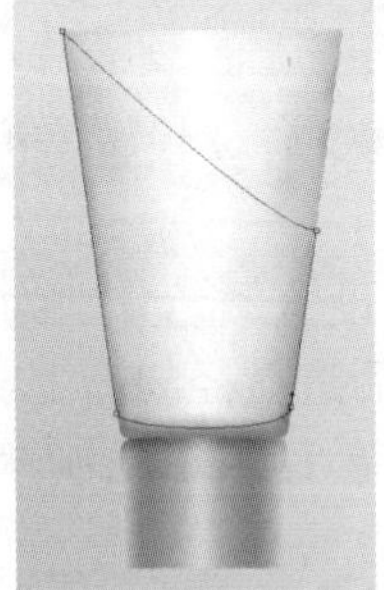
图12-10 绘制路径

图12-11 填充颜色

（10）使用加深工具和减淡工具进行适当处理，然后取消选区，如图12-12所示。

（11）打开“苹果.jpg”图像文件，然后利用魔棒工具选择苹果的切面图像，将其拖动到要编辑的图像窗口中，如图12-13所示。

（12）选中工具箱中的矩形选框工具，在苹果图像的左侧进行框选，然后按【Ctrl+T】组合键进行变换，如图12-14所示。

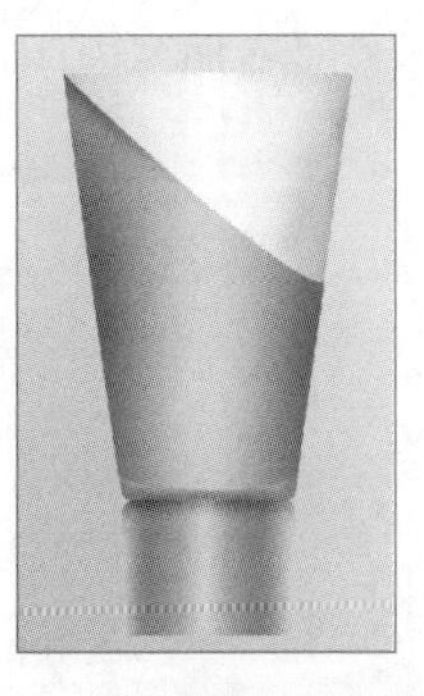
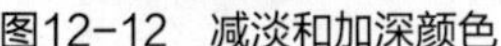

图12-12 减淡和加深颜色

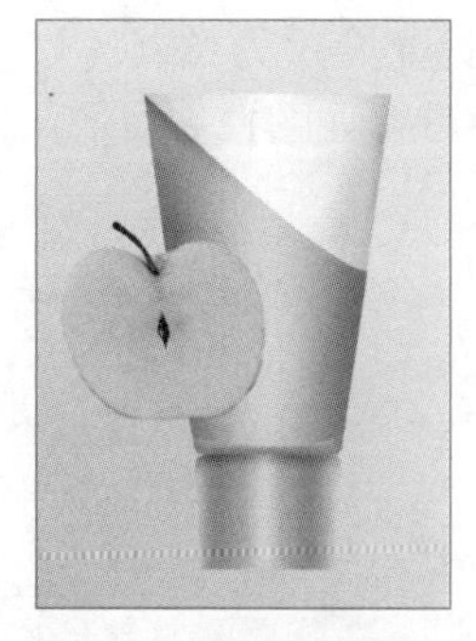

图12-13 拖入素材图像

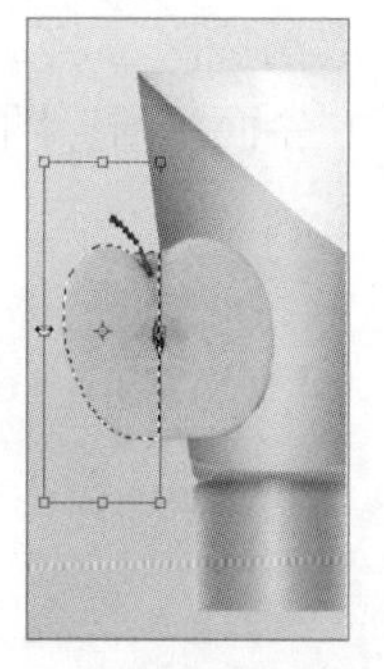

图12-14 选择变换图像

（13）按【Enter】键确认变换，并取消选区，将其移到到瓶身上，将绿色区域所在的图层载入选区，按【Shift+Ctrl+I】键反选，按【Delete】键即可删除多余的苹果图像，如图12-15所示。

（14）再将苹果的切面图像拖入到要编辑的图像窗口中，将其移到到瓶身上，并缩放其大小，如图12-16所示。

（15）设置前景色为黑色，选择绿色图像所在的图层，将其载入选区，选择画笔工具，设置不透明度为“10%”，在其中进行涂抹添加适当的阴影效果，如图12-17所示。

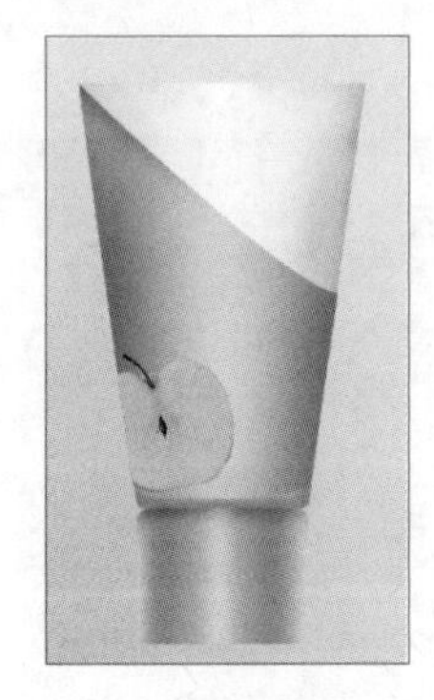

图12-15 删除多余图像

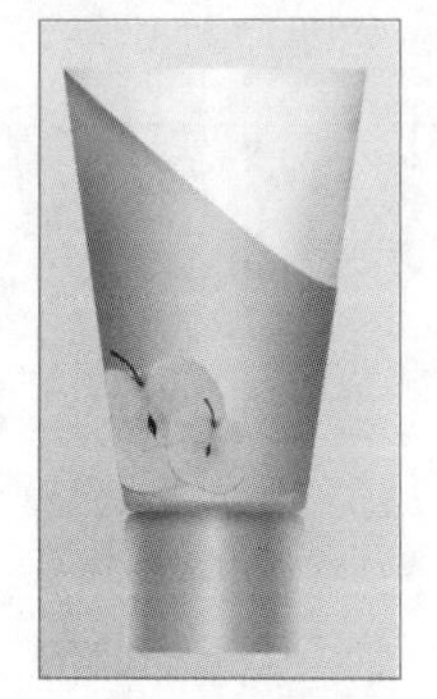

图12-16 添加素材图像

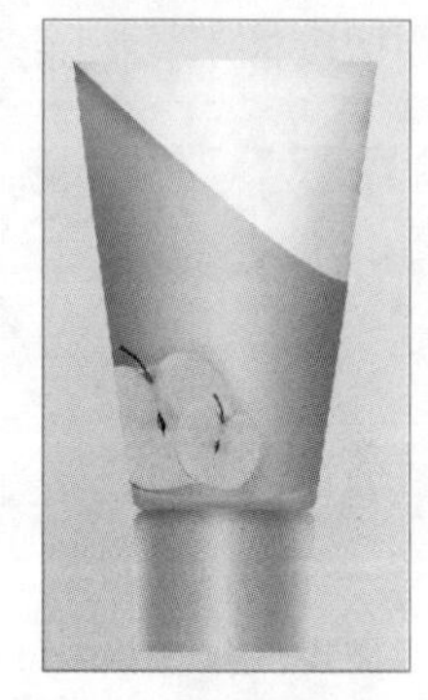

图12-17 添加阴影

（16）选择瓶身所在的图层，选择工具箱中的矩形选框工具，在工具属性栏中设置为与选区相交，然后在瓶身顶部绘制选区，并填充为灰色（R:221、G:221、B:221），如图12-18所示。

（17）选择工具箱中的圆角矩形工具，设置圆角半径为“30px”，绘制一个圆角矩形，将路径载入选区，新建图层，然后将其填充为棕色（R:160、G:70、B:0），如图12-19所示。

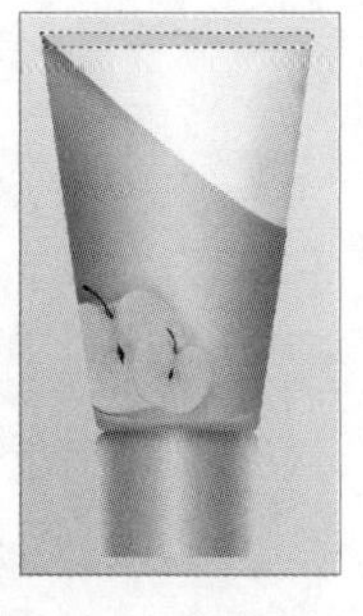

图12-18 填充选区

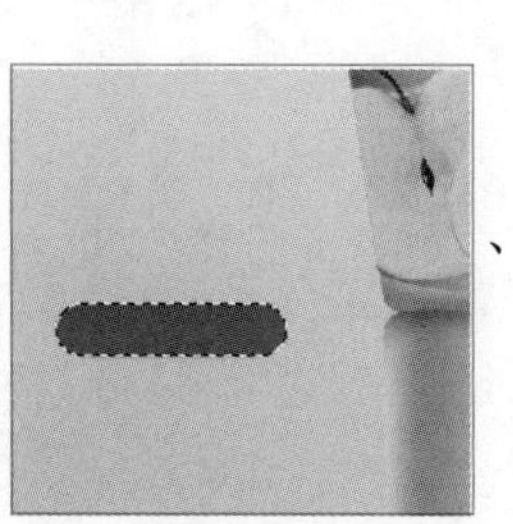

图12-19 绘制圆角矩形并填充

（18）取消选区，将该图层的不透明度设置为“80%”，接下来为图层添加“内阴影”和“斜面浮雕”图层样式，参数设置如图12-20所示。

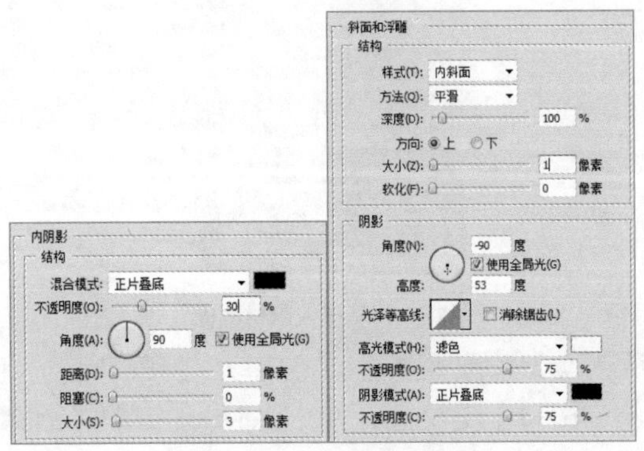

图12-20　设置图层样式

（19）设置完成后按【Ctrl+T】键进行适当变换，移动到瓶盖相应位置处，如图12-21所示。

（20）使用钢笔工具绘制一条水平路径，然后使用画笔描边路径，设置直径为“3像素”，颜色为橙色（R:185、G:90、B:1），如图12-22所示。

（21）使用相同的方法继续绘制路径并描边，其中颜色为（R:250、G:158、B:6），最后使用橡皮擦工具擦除多余的图像，如图12-23所示。

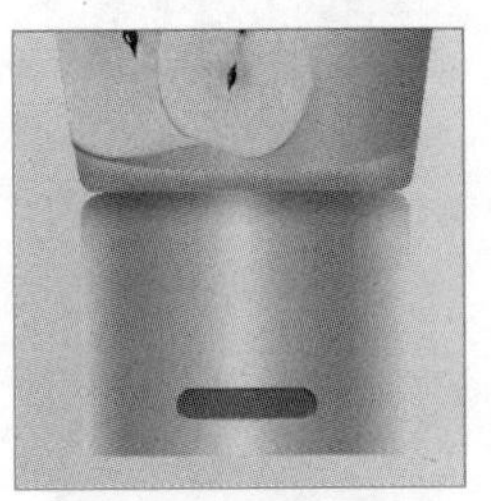

图12-21　变换图像

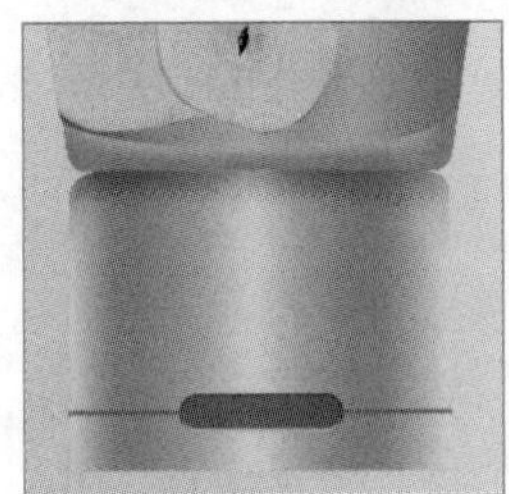

图12-22　描边路径

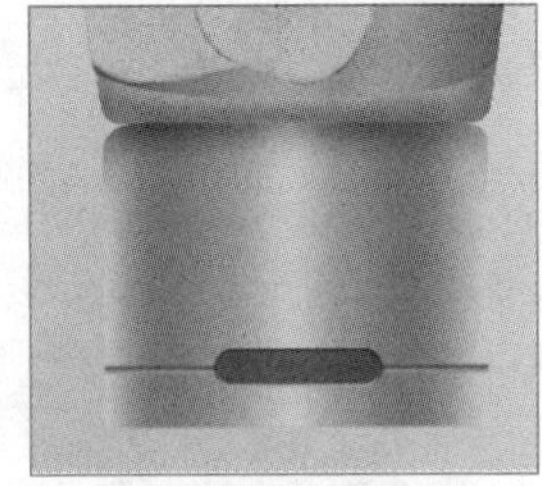

图12-23　擦除多余图像

（22）继续使用钢笔工具在圆角矩形的图像上绘制路径，使用直径为“3像素”，颜色为深棕色（R:100、G:45、B:0）描边，如图12-24所示。

（23）新建图层，使用钢笔工具在瓶身上绘制路径，并填充为白色，将图层的不透明度设置为“20%”，如图12-25所示。

（24）新建图层，使用钢笔工具绘制直线路径，使用直径为“15像素”，颜色为白色的画笔描边路径，设置图层的不透明度为“30%”，如图12-26所示。

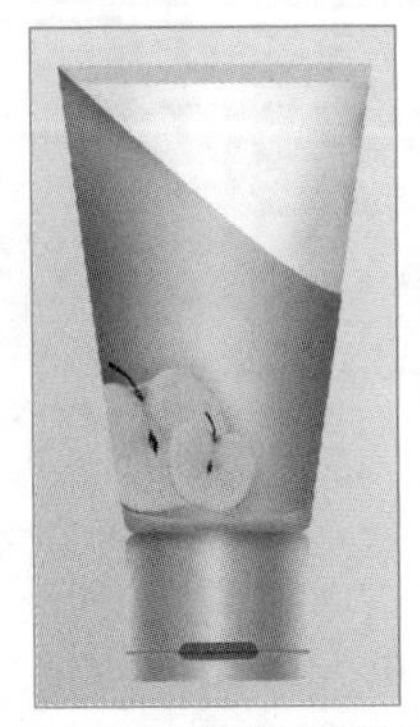

图12-24　描边后的效果

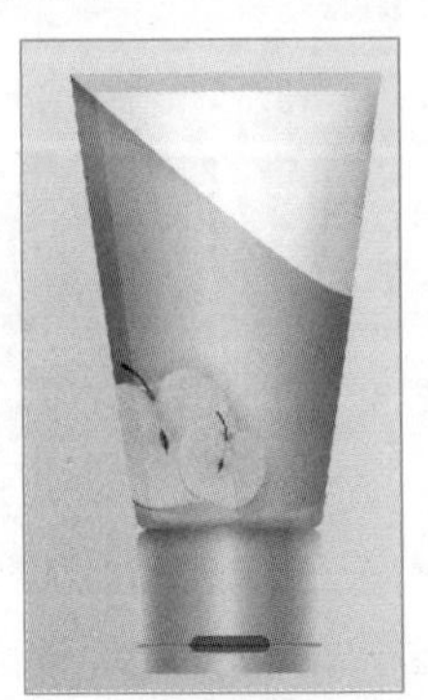

图12-25　调整图层不透明度

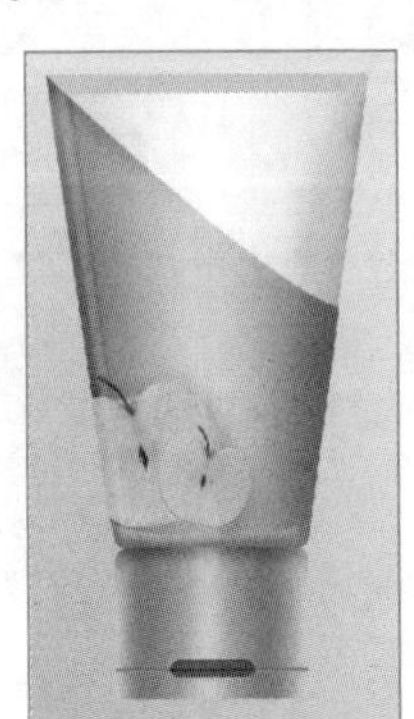

图12-26　描边路径

12.4.2 添加文字

使用文字工具在瓶身上添加相关文字，其具体操作如下。

（1）选择工具箱中的横排文字工具T，在图像中输入文字，设置字体为“汉仪细圆简”，字体大小为“18点”，颜色为黑色，如图12-27所示。

（2）在文字的下方绘制矩形选区，并填充为黑色，使用横排文字工具T输入英文字母，并按【Ctrl+T】组合键进行变换，如图12-28所示。

（3）继续使用横排文字工具T在中文字的旁边输入文字“洗面奶”，字体为“汉仪细圆简”，字体大小为“5点”，字距为“200”，颜色为黑色，如图12-29所示。

图12-27 输入文字并设置字符格式

图12-28 变换大小

图12-29 输入文字并设置字符格式

（4）新建图层，选择工具箱中的钢笔工具，绘制一条直线路径，并使用直径为“2像素”，颜色为黑色的画笔进行描边，再次新建图层，使用白色的画笔进行描边，将白色描边的直线靠紧黑色的直线，然后合并两个图层，按【Ctrl+J】组合键复制图层，直至铺满整个封口区域，最后合并图层，并删除多余图像，如图12-30所示。

（5）新建图层，选择工具箱中的钢笔工具并在瓶身的右上角处绘制路径，并填充为黑色，如图12-31所示。

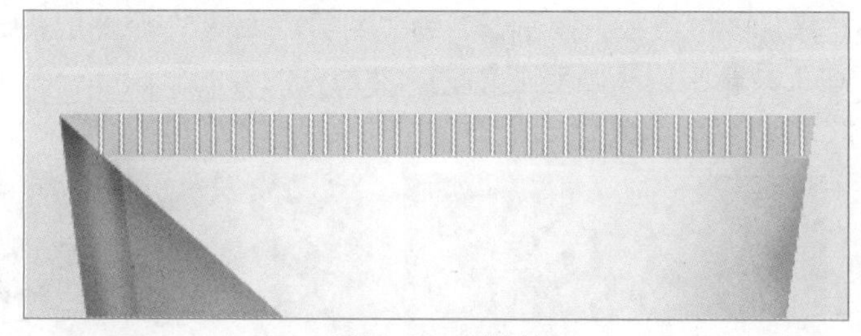

图12-30 制作封口

图12-31 绘制图形并填充

（6）选择工具箱中的横排文字工具T，在右上角输入文字，设置字体为“Arial Black”，字体大小为“6点”，颜色为白色，其中“30%”文本的字体大小为“7点”，如图12-32所示。

（7）继续输入文字，设置字体为“楷体-GB2312”，颜色为黑色，其中字体大小按【Ctrl+T】组合键进行调整，如图12-33所示。

（8）使用相同的方法输入其他产品的相关文字，如图12-34所示。

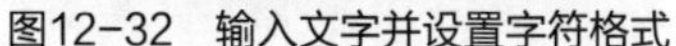

图12-32 输入文字并设置字符格式

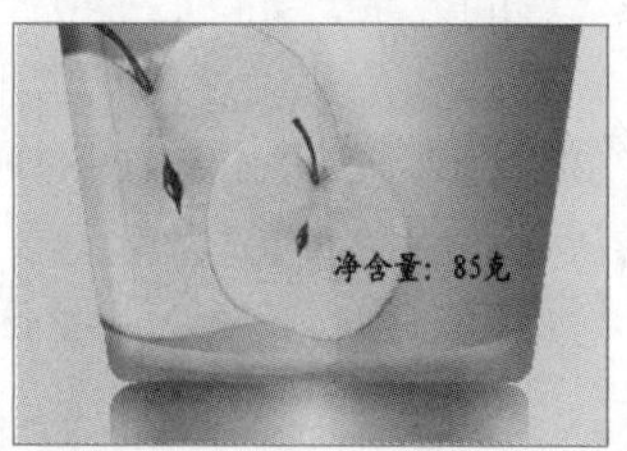

图12-33 输入文字并设置字符格式

图12-34 输入其他相关文字

12.4.3 制作细节

微课视频

制作细节

输入文字后，洗面奶瓶身的大致效果已经完成，下面再为其制作一些细节，具体操作步骤如下。

（1）在背景图层上新建图层，选择工具箱中的画笔工具，设置不透明度为“60%”，在瓶盖下方绘制阴影，如图12-35所示。

（2）选择瓶盖所包含的图层，复制图层，然后将其合并，垂直翻转图层，调整图层的不透明度为“20%”，再使用橡皮擦工具擦除多余图像，制作倒影，如图12-36所示。

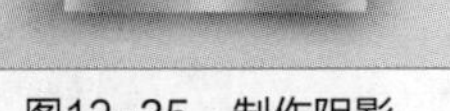

图12-35 制作阴影

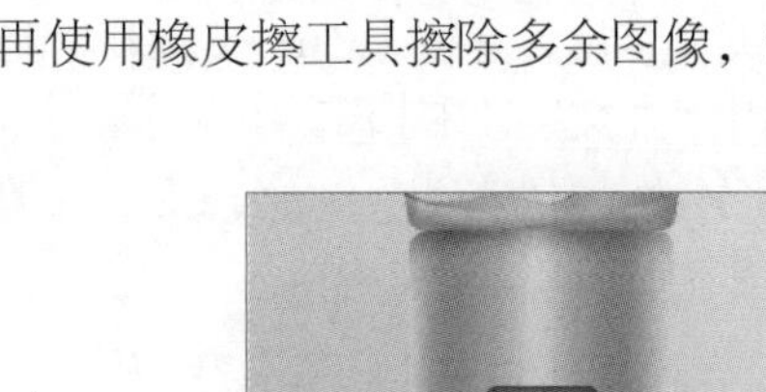

图12-36 制作倒影

12.4.4 合成广告图像

微课视频

合成广告图像

制作好洗面奶瓶体的模型后就可以对其进行合成，具体操作如下。

（1）在“图层”面板中将“背景”图层隐藏，按【Ctrl+Shift+Alt+E】组合键盖印图层，得到“图层17”，打开“水底.jpg”素材文件，如图12-37所示。

（2）切换到洗面奶瓶身所在的图像文件，选择移动工具，将盖印的洗面奶模型拖入“水底.jpg”素材文件，并自由变换到如图12-38所示效果。

（3）在“图层”面板底部单击“添加图层蒙版”按钮，为“图层1”添加一个图层蒙版，然后设置前景色为黑色。在工具箱中选择画笔工具，然后在图像的瓶底部分涂抹，隐藏不需要的图像部分，效果如图12-39所示。

图12-37 水底素材

图12-38 变换图像文件

图12-39 添加图层蒙版

（4）在“图层”面板中新建一个透明图层，在工具箱中选择画笔工具，载入提供的飞溅水花笔刷素材，然后选择该画笔笔刷，设置笔刷大小为“400像素”，前景色为白色，在图像中单击绘制水珠飞溅的效果，如图12-40所示。

（5）打开“冰块.psd”图像文件，利用移动工具将其移动到水底图像文件中，生成“图层3”，并自由变换其位置和大小，效果如图12-41所示。

（6）将“图层3”拖曳到图层面板底部的“创建新图层”按钮按钮上，连续两次，复制两个副本图层，并对其进行进行自由变换，效果如图12-42所示。

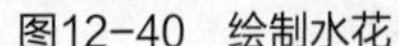
图12-40 绘制水花

图12-41 添加冰块图像

图12-42 复制冰块图像

（7）选择3个冰块所在的图层，单击按钮将其链接，然后将这3个图层拖曳到“图层1”下方，效果如图12-43所示。

（8）在“调整”面板中单击“色相/饱和度”按钮，创建一个“色相/饱和度”调整图层，在其中按照如图12-44所示设置参数。

（9）按【Ctrl+Alt+G】组合键将调整图层创建为剪贴蒙版。

（10）将该调整图层复制两个，并分别将每个冰块图层创建为剪贴蒙版，效果如图12-45所示。

图12-43 调整图层顺序

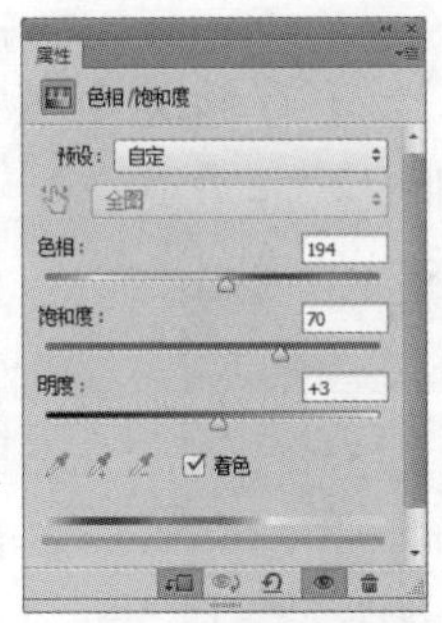

图12-44 调整色相/饱和度

图12-45 调整冰块颜色

（11）再次复制两个洗面奶模型到图像中，并对其进行自由变换，调整大小和位置到如图12-46所示效果。

（12）新建一个空白“图层4”，载入提供的飞溅水珠画笔，然后设置画笔面板如图12-47所示效果。

（13）然后在图像中单击鼠标绘制水珠飞溅效果，如图12-48所示。

图12-46 复制图像

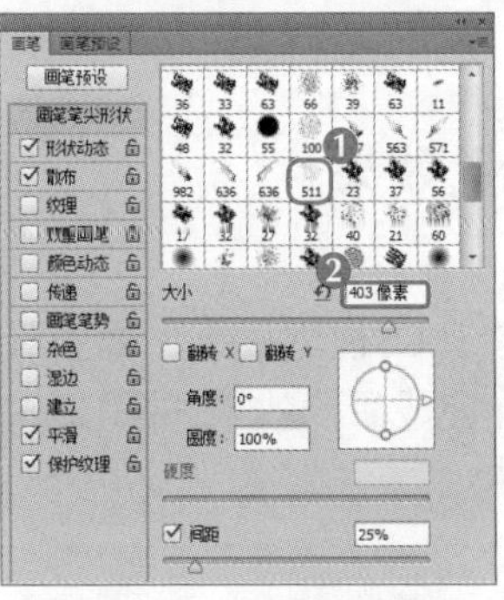

图12-47 设置画笔样式

图12-48 绘制水珠

（14）根据制作情况适当调整图像中各图层的大小和位置。使用圆角矩形工具绘制一个圆角矩形，将其颜色填充为“R:0、G:79、B:187”。选择横排文字工具T，在图像中输入文本，分别设置其字体格式为华文细黑、方正粗雅宋简体和微软雅黑，根据需要将文本调整到合适大小，效果如图12-49所示。

（15）选择“深层滋养补水”文本图层，打开“图层样式”对话框，单击选中☑渐变叠加复选框，设置其颜色为“R:163、G:166、B:166”到“R:249、G:253、B:252”到“R:159、G:162、B:162”的渐变，其他参数如图12-50所示。

图12-49　设置文本格式

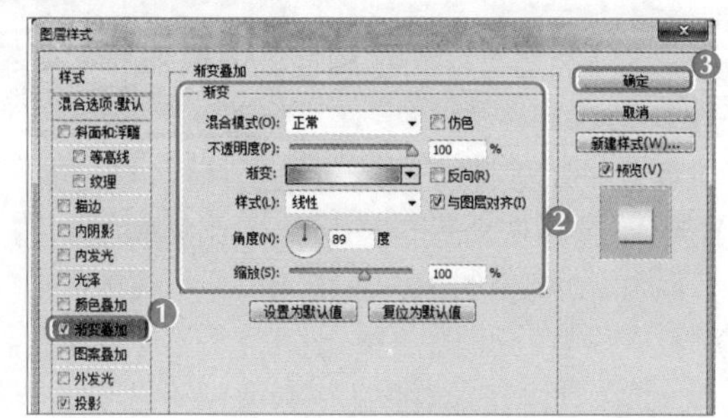

图12-50　设置渐变叠加效果

（16）单击选中☑投影复选框，设置其投影颜色为“R:0、G:57、B:103”，其他参数如图12-51所示。

（17）设置完成后，选择【文件】/【存储为】菜单命令，将文件另存为“洗面奶广告.psd”，完成制作，效果如图12-52所示。

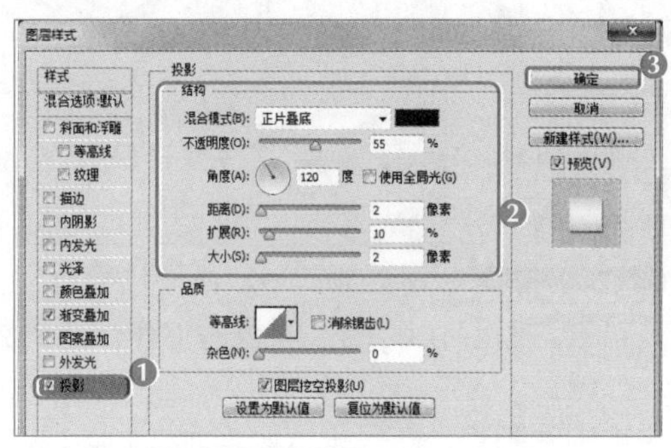

图12-51　设置投影效果

图12-52　查看设置后效果

12.5　项目实训

12.5.1　设计手机UI视觉效果

微课视频

设计手机 UI 视觉效果

1．实训目标

本实训的目标是为一款手机设计UI视觉效果，需要综合运用多项Photoshop功能和操作。本实训制作完成后的效果如图12-53所示。

素材所在位置　素材文件\第12章\项目实训\手机UI视觉效果\

效果所在位置　效果文件\第12章\项目实训\手机UI界面设计.psd

图12-53　手机UI视觉效果

2. 专业背景

手机等移动设备的普及和发展，使手机软件的需求日益增加。手机UI设计是对手机界面的整体设计，要求视觉效果良好，且具有良好操作体验的手机界面无疑更能赢得消费者的青睐。手机UI设计一般是字体、颜色、布局、形状、动画等元素的设计与组合，同时还应注意细节的精心化和设计的个性化。本例的手机UI设计以舒适、实用为基本设计理念。

3. 操作思路

完成本实训主要包括设计锁屏界面、设计应用界面和设计音乐播放界面等三大步操作，其操作思路如图12-54所示。

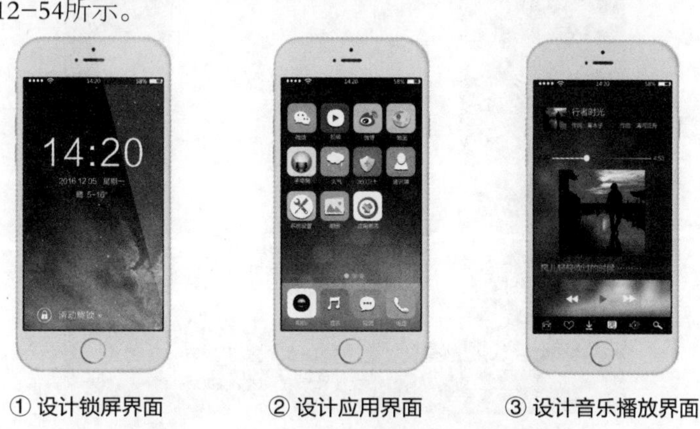

图12-54　设计手机UI视觉效果的操作思路

【步骤提示】

（1）打开“手机.psd”素材文件，新建图层添加背景，将“手机壁纸1.jpg”素材文件拖入“手机.psd”素材文件中并调整大小位置。

（2）对手机壁纸进行描边，创建剪切蒙版，将壁纸裁剪到屏幕中。

（3）分别绘制屏幕顶端黑色矩形、信号图标、螺纹圆形、无线信号图标、电池图标等，为屏幕绘制高光区，输入文本，并绘制解锁图标，完成锁屏界面的设计。

（4）复制并修改“锁屏界面”图层组，为背景添加模糊效果，然后使用画笔添加光斑，并为光斑添加模糊效果。

（5）在屏幕上底端绘制渐变填充选区，然后绘制应用页面圆形缩略按钮。

（6）绘制应用界面图标，并分别为其添加图层样式。绘制完成后为应用图标添加文本，完成应用界面的设计。

（7）复制并修改“锁屏界面”图层组，添加“手机壁纸2.jpg”素材文件到图像中，创建剪切蒙版并调整色阶。

（8）选择“壁纸2”所在的图层，对其添加高斯模糊滤镜，复制背景图层，为其添加冷却滤镜。

（9）添加“手机壁纸3.jpg”素材文件到图像中，创建剪切蒙版并绘制黑色矩形，在黑色矩形上绘制主页等形状图标。

（10）绘制播放按钮、进度条等对象，然后输入文本并添加图片，最后为歌词文本设置渐变叠加效果，完成音乐播放界面的设计。

12.5.2 手提袋包装设计

1．实训目标

本实训的目标是为一家服饰公司设计一个专门的手提袋，要求简洁大方，便于顾客记忆和识别。本实训制作完成后的效果如图12-55所示。

素材所在位置 素材文件\第12章\项目实训\手提袋包装\
效果所在位置 效果文件\第12章\项目实训\手提袋包装.psd

图12-55 手提袋包装设计效果

2．专业背景

手提袋是一种非常常见的用于盛放物品的包装收纳袋，因其一般可以用手提携带而得名。手提袋形态各异，功能作用、外观内容根据使用环境和使用情况的不同而存在很大的差异，从具体形式来划分，可分为广告性手提袋、礼品性手提袋、装饰性手提袋、知识型手提袋、纪念型手提袋、简易型手提袋、趋时型手提袋、仿古型手提袋等。手提袋的制作材料主要包括纸张、塑料、无纺布等，本例设计的手提袋为纸质手提袋，主要用于服装公司出售服装时包装商品，还可以起到推广公司的作用。

3．操作思路

完成本实训主要包括设计手提袋主体部分、对包装袋进行变形和设计手提袋三维效果等三大步操作，其操作思路如图12-56所示。

① 编辑包装袋主体

② 对包装袋进行变形

③ 添加图层样式

图12-56　手提袋包装设计的操作思路

【步骤提示】

（1）新建“宽度”为36厘米、“高度”为35厘米、“分辨率”为150像素/英寸的图像文件，打开素材图像“花纹.tif”，使用移动工具将其拖拽到当前图像窗口中，调整大小和位置。

（2）输入文本，并设置文本格式。使用矩形选框工具选择下方两行文字，按【Ctrl+J】组合键对其进行复制，然后将其拖动到左侧，并逆时针旋转90°

（3）合并图层，设置画布的宽度为“45”厘米，高度为“40厘米”。将原本背景图层转换为普通图层，然后新建背景图层，设置“渐变颜色”从黑色到白色渐变。

（4）在图像左方创建矩形选区，剪切选区内的图像至一个新的图层中，使用“变形”和“扭曲”功能对新剪切的图层和原图层进行变形。

（5）为新剪切的图层设置内阴影效果。为手提袋绘制绳子和绳孔，设置斜面和浮雕、投影等图层样式。

（6）复制除背景图层外的图层，对其进行翻转，然后添加图层蒙版，并使用画笔工具对图像底部进行涂抹，隐藏部分图像。设置该图层的“不透明度”为33%，制作倒影效果。

12.6　课后练习

本章主要介绍了平面广告的一般制作方法和流程，并以综合案例的方式制作了一个洗面奶产品的平面设计。对于本章知识，读者需要掌握利用所学的Photoshop图像处理知识来实现广告效果的制作技巧。在设计过程中，要通过画面、文字等元素表现设计者的设计理念。

练习1：制作美食APP页面

本练习要求为一个美食商店设计一个食品APP页面。可打开本书提供的素材文件进行操作，参考效果如图12-57所示。

素材所在位置　素材文件\第12章\课后练习\美食APP页面\
效果所在位置　效果文件\第12章\课后练习\美食APP页面\

要求操作如下。

- 新建1080像素×1920像素的名为“美食引导页”的图像文件，使用形状工具绘制形状和图案，并设置其填充样式、图层样式和不透明度等。

- 添加图片和文本，绘制线条等对图片进行装饰，根据需要对图片进行裁剪和排版。

图12-57　“美食APP页面”效果

练习2：制作棉袜商品详情页

本练习要求为销售棉袜的淘宝网店制作一个商品详情页。可打开本书提供的素材文件进行操作，参考效果如图12-58所示。

素材所在位置　素材文件\第12章\课后练习\棉袜商品详情页\
效果所在位置　效果文件\第12章\课后练习\棉袜商品详情页.psd

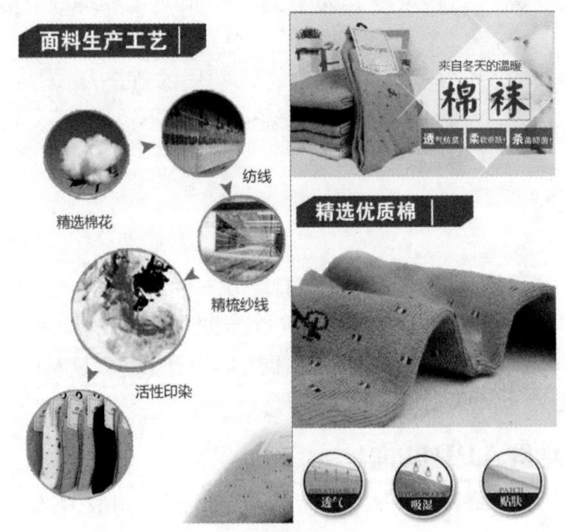

图12-58　“棉袜商品详情页”效果

要求操作如下。

- 新建“640×3623”像素的图像文件，将素材文件拖入其中，调整图片的位置和大小。
- 绘制不同的形状，将其颜色填充为（R:3、G:115、B:132）、（R:63、G:148、B:160）和（R:232、G:114、B:157）。
- 添加文本，完成排版。

附　录

APPENDIX

附录1　Photoshop常用快捷键

为了提高Photoshop图像处理的效率，本附录整理了Photoshop CS6的常用快捷键，通过使用快捷键可以快速完成图像处理的相关操作。

表附 -1　文件操作快捷键

作用	快捷键	作用	快捷键
向后一步	Ctrl+Alt+Z	打开为	Alt+Ctrl+O
打开	Ctrl+O	关闭	Ctrl+W
关闭全部	Ctrl+Alt+W	存储	Ctrl+S
存储为	Shift+Ctrl+S	存储为网页格式	Ctrl+Alt+S
页面设置	Ctrl+Alt+P	打印	Ctrl+P
退出	Ctrl+Q	打印一份	Ctrl+Shift+Alt+P
文件简介	Ctrl+Shift+Alt+I	恢复	F12

表附 -2　编辑快捷键

作用	快捷键	作用	快捷键
撤销	Ctrl+Z	向前一步	Ctrl+Shift+Z
向后一步	Ctrl+Alt+Z	退取	Ctrl+Shift+F
剪切	Ctrl+X	复制	Ctrl+C
合并复制	Ctrl+Shift+C	粘贴	Ctrl+V
原位粘贴	Ctrl+Shift+V	自由变换	Ctrl+T
再次变换	Ctrl+Shift+T	色彩设置	Ctrl+Shift+K
首选项”对话框	Ctrl+K	预先调整管理器	Alt+E 放开后按 M
从历史记录中填充	Alt+Ctrl+Backspace	“填充”对话框	Shift+BackSpace
用前景色填充	Alt+Delete	用背景色填充	Ctrl+Delete
删除选框中的对象	Delete	取消变形	Esc

表附 -3　图像调整快捷键

作用	快捷键	作用	快捷键
色阶	Ctrl+L	自动色阶	Ctrl+Shift+L
自动对比度	Ctrl+Shift+Alt+L	曲线	Ctrl+M
色彩平衡	Ctrl+B	色相 / 饱和度	Ctrl+U

续表

作用	快捷键	作用	快捷键
去色	Ctrl+Shift+U	反向	Ctrl+I
抽取	Ctrl+Alt+X	液化	Ctrl+Shift+X

表附 -4　图层快捷键

作用	快捷键	作用	快捷键
新建图层	Ctrl+Shift+N	将当前层下移一层	Ctrl+[
建立默认的新图层	Ctrl+Alt+Shift+N	将当前层上移一层	Ctrl+]
通过复制新建图层	Ctrl+J	将图层移到最下面	Ctrl+Shift+[
与前一图层编组	Ctrl+G	将图层移到最上面	Ctrl+Shift+]
合并图层	Ctrl+E	激活下一个图层	Alt+[
合并可见图层	Ctrl+Shift+E	激活上一个图层	Alt+]
通过对话框复制新图层	Ctrl+Alt+J	激活底部图层	Shift+Alt+[
通过剪切新建图层	Ctrl+Shift+J	激活顶部图层	Shift+Alt+]
柔光	Shift+Alt+F	盖印	Ctrl+Alt+E
取消编组	Ctrl+Shift+G	盖印可见图层	Ctrl+Alt+Shift+E
保留图层透明区域	/	强光	Shift+Alt+H
循环选择混合模式	Shift+ – 或 +	颜色减淡	Shift+Alt+D
正常	Shift+Alt+N	颜色加深	Shift+Alt+B
溶解	Shift+Alt+I	变暗	Shift+Alt+K
正片叠底	Shift+Alt+M	变亮	Shift+Alt+G
滤色	Shift+Alt+S	差值	Shift+Alt+E
叠加	Shift+Alt+O	排除	Shift+Alt+X
从对话框创建剪切的图层	Ctrl+Shift+Alt+J	色相	Shift+Alt+U
饱和度	Shift+Alt+T	光度	Shift+Alt+Y
颜色	Shift+Alt+C		

表附 -5　选择快捷键

作用	快捷键	作用	快捷键
全选	Ctrl+A	反选	Ctrl+Shift+I
取消选择	Ctrl+D	羽化	Ctrl+Alt+D
重新选择	Ctrl+Shift+D	载入选区	Ctrl+ 图层缩略图

表附 -6　视图快捷键

作用	快捷键	作用	快捷键
校验颜色	Ctrl+Y	锁定参考线	Ctrl+Alt+；
色域警告	Ctrl+Shift+Y	选择彩色通道	Ctrl+~
放大	Ctrl+ +	选择单色通道	Ctrl+ 数字
缩小	Ctrl+ −	选择快速蒙板	Ctrl+\
满画布显示	Ctrl+0	以 CMYK 方式预览	Ctrl+Y
实际像素	Ctrl+Alt+0	显示 / 隐藏路径	Ctrl+Shift+H
显示附加	Ctrl+H	"颜色" 面板	F6
显示网格	Ctrl+Alt+'	"图层" 面板	F7
显示标尺	Ctrl+R	"信息" 面板	F8
启用对齐	Ctrl+；	"动作" 面板	F9

表附 -7　工具箱快捷键

作用	快捷键	作用	快捷键
矩形、椭圆选框工具	M	铅笔、直线工具	N
裁剪工具	C	模糊、锐化、涂抹	R
移动工具	V	减淡、加深、海棉	O
套索工具	L	钢笔工具	P
魔棒工具	W	添加锚点工具	+
喷枪工具	J	文字工具	T
画笔工具	B	度量工具	U
橡皮图章、图案图章	S	渐变工具	G
历史记录画笔工具	Y	油漆桶工具	K
橡皮擦工具	E	吸管、颜色取样器	I
抓手工具	H	临时使用抓手工具	空格
缩放工具	Z	循环选择画笔	[或]
默认前景色背景色	D	选择第一个画笔	Shift+[
切换前景色背景色	X	选择最后一个画笔	Shift+]
切换标准模式	Q	删除锚点工具	−
切换标准屏幕模式	F	直接选取工具	A
临时使用移动工具	Ctrl	临时使用吸色工具	Alt

附录2　Photoshop能力提升网站推荐

为了提高学生平面设计的水平和能力，这里列举了Photoshop的一些经典设计网站。这些网站提供了很多优秀的设计作品供用户学习，同时还提供了一些设计类的小技巧，帮助用户进阶。

1. 设计在线（http://www.dolcn.com/）

设计在线中有各种设计作品比赛，坚持用专业的设计资讯内容服务中国设计群体，与国内外设计院系、设计行业组织、设计公司及企业建立了广泛的联系，成功地协办或推广了大量国内外重大设计活动。设计竞赛活动更是成为设计在线网站的特色。设计在线网站现为教育部高等学校工业设计专业教学指导分委员会唯一指定网站。

2. 设计前沿（http://www.foreidea.com/）

前沿网包含各种工业设计案例，是面向一线工业设计师的媒体式专业化网站，关注工业设计行业的发展状态、联结工业设计上下游资源、促进工业设计在整个产业价值链中贡献率的提升，促进跨领域跨产业的合作伙伴关系。这个平台建立起艺术与产业的纽带关系，为工业设计行业提供多元化的情报资讯，让设计美学融入日常生活中。

3. 中国建筑与室内设计师网（http:// www.china-designer.com）

中国建筑与室内设计师网是服务于中国建筑与设计行业的专业垂直网站，包含各种室内设计选材与图库。通过设计师为核心用户群体形成从设计展示、设计选材、专业交流、行业活动等一套完整的服务链。凭借领先的技术平台和优质的内容服务，成为中国设计师第一门户，并将成为全球最大的华人设计交易平台。

4. 亚洲CI网（http://bbs.asiaci.com/）

亚洲CI网是专业CI战略规划、品牌管理、视觉设计的网络互动平台，包含各种设计精英高手交流作品，目前为亚洲地区最大的CI（Corporate Identity，企业标志）门户网站。该网站聚集了上万家来自海内外的专业品牌设计机构、超过20万名专业策划设计人才。

5. 千图网（http://www.58pic.com/）

千图网包含很多广告设计、淘宝设计等作品，主要为用户进行免费素材分享，为中小企业、自媒体、设计师等提供优质的图片素材服务，还为用户提供免费、高质量的下载服务，需要用户登录网站，普通用户每天可免费下载一次。

6. 花瓣网（http://huaban.com/）

花瓣网汇聚了许多精美的素材，网站内容十分丰富，包含平面、网页、插画、UI、动漫、摄影等，并且更新较快，对于该网站上的素材，用户可直接下载或收藏，无需登录网站。